深 圳
发展现代气象服务的实践与启示

孙石阳　兰红平
刘东华　邱宗旭　/著

气象出版社
China Meteorological Press

内容简介

本书按照统筹研究规划发展、机制建设、信息融合、标准管理、质效评估等多维度有机运行的内在机理和协同发展的科学原理,从气象服务创新与应急、智慧服务与大数据融合、气象服务评估与标准、气象服务转型与管理、气象创新发展研究五个方面介绍了取得的实践成果和经验,综合诠释了深圳发展现代气象服务实践模式的理论、运行、数智、保障和发展逻辑。本书可供从事气象服务、业务管理、发展规划研究及智慧气象工程建设、服务业标准化等领域管理者、技术人员及科研工作者参考。

图书在版编目（CIP）数据

深圳发展现代气象服务的实践与启示 / 孙石阳等著.
北京 ： 气象出版社，2024. 6. -- ISBN 978-7-5029
-8209-6

Ⅰ．P451

中国国家版本馆 CIP 数据核字第 2024CX7466 号

深圳发展现代气象服务的实践与启示
Shenzhen Fazhan Xiandai Qixiang Fuwu de Shijian yu Qishi

出版发行：气象出版社

地　　址：北京市海淀区中关村南大街 46 号	邮政编码：100081
电　　话：010-68407112（总编室）　010-68408042（发行部）	
网　　址：http://www.qxcbs.com	E-mail：qxcbs@cma.gov.cn
责任编辑：黄红丽　高菁蕾	终　审：张　斌
责任校对：张硕杰	责任技编：赵相宁
封面设计：艺点设计	
印　　刷：北京中石油彩色印刷有限责任公司	
开　　本：710 mm×1000 mm　1/16	印　张：13.25
字　　数：265 千字	
版　　次：2024 年 6 月第 1 版	印　次：2024 年 6 月第 1 次印刷
定　　价：90.00 元	

作者简介

孙石阳，毕业于成都信息工程大学（原成都气象学院），天气气候高级工程师，深圳市气象局首席预报员，广东省一届、二届气象标准化技术委员会委员，中国气象局气象发展研究中心访问学者（2018年），首个国家级气象服务标准化试点项目工作组副组长。现任深圳市国家气候观象台气候与气象服务主任。从事基层气象预报服务及相关研究工作30多年，主要研究领域为重点行业气象风险预警预报及服务、数字气象、气象经济、服务标准化、气象科技创新、气象科技与数据管理等，公开发表学术论文30多篇，主持或作为骨干参与国、省、市重点研究课题、技术标准30余项，曾先后获全国优秀值班预报员、广东省重大气象服务先进个人和深圳市科学技术进步奖一等奖等荣誉，获深圳市等政府部门科学技术进步奖6项。

兰红平，毕业于南京信息工程大学（原南京气象学院），在深圳从事30多年的天气气候预报、技术发展及灾害风险管理等工作。现在深圳市气象局工作，正高级工程师，公开发表40多篇学术论文。曾先后获得深圳市政府特殊津贴人员、深圳市地方级领军人才和深圳市劳动模范等称号。主持开发的深圳气象灾害分区预警系统，使深圳市成为全球首个实施气象灾害分区预警的城市；主持的深圳市大城市精细化预报业务被中国气象局命名为"大城市精细化预报服务深圳模式"。先后获得中国气象局全国气象创新奖、中国气象局气象服务创新奖、广东省科学技术奖三等奖和深圳市科学技术进步奖一等奖等荣誉和称号。

刘东华，毕业于深圳大学，深圳市气象局科技与数据管理处处长，高级工程师，深圳市数字政府行业专家委员会成员。长期负责"深圳天气"、智慧城市（数字政府）信息化建设、天文与气象科普服务等相关工作，是深圳市气象局首席数据官的数据专员，承担了全国气象数据交易试点、智慧城市数字孪生平台建设等工作；先后组织推出了叫应系统、深圳台风网、智慧气象服务平台、"i深圳"气象服务专区、粤政易气象信息专区、智慧气象"安全伞""气象＋城市生命线应用场景"等多个具有实用性、可推广、可示范的气象信息平台。多次获得国、省、市气象科技成果奖。

邱宗旭，毕业于成都信息工程大学（原成都气象学院），天气气候正高级工程师，现任深圳市国家气候观象台台长。主要从事气候与气候变化、应用气象、防雷减灾技术研究与服务，主持完成国、省、市级科研项目、技术标准20多项，公开发表科技论文30多篇。

前　言

气象事业是科技型、基础性、先导性社会公益事业。筑牢气象防灾减灾第一道防线,提高气象服务经济高质量发展水平,优化人民美好生活气象服务供给,是现代气象服务高质量发展的根本体现,是全国各级气象部门共同关注的重点,更是大城市气象现代化发展的根本目的和努力方向。高质量发展以智慧气象为标志的现代化气象服务体系是深圳气象社会服务现代化最显著的特征。

近些年来,深圳气象工作在深圳市委和市政府直接领导下,取得显著成就,现代气象服务体系创新发展在全国大城市中居于前列地位。为保障深圳经济社会快速发展、安全发展,深圳气象人坚持气象服务创新,打破气象服务常规,突破气象服务现状,打破思维定势,直接与香港气象发展比较,谋划和实施具有深圳实践模式特征的现代气象服务高质量发展行动,使深圳气象服务发展走过了辉煌的创新历程,展示了先行先试先见成效的发展前景。深圳智慧气象紧跟气象高科技发展前沿,紧跟现代高科技发展最新技术应用,通过云计算、物联网、移动互联、大数据、人工智能等新技术的深入应用,已经使深圳气象系统基本成为一个具备自我感知、判断、分析、选择、行动、创新和自适应能力的智慧系统,气象业务、服务、管理、创新活动全过程已充满智慧。"互联网+"公共气象服务已经覆盖深圳100%的社会公众,智慧气象预警与市民实现了零距离联动。深圳气象灾害应急举措、智慧气象赋能数字政府和智慧城市建设更多地体现了全方位创新,为全国大城市气象灾害防御、智慧气象融入智慧城市建设提供了有益借鉴。

同时,深圳以"需求牵引、目标引领、问题导向、创新驱动"的循环式驱动、螺旋式上升方式,不断创新实践和发展现代气象服务体系。在创新发展应急气象、行业气象、减灾气象、数字气象、气象标准化等领域进程中均取得了许多令人瞩目、刮目相看的发展成果和事业成绩,铸就了具有深圳现代气象服务实践模式的高质量发展特征:高水平规划、高水平融合、高水平践行、高水平质效等源要素能力的共同提升和协同互促发展，其核心理念是"机制融通、数据流通、供给畅通、服务智通、体系互通"。基于这一实践模式特征的先进体现和可持续发展的核心理念，统筹分析和研究规划发展、机制建设、信息融合、标准管理、质效评估等多维度有机运行的内在机理和协同发展的科学原理就显得尤为重要：需要从内部运行保障有力、统一协调、高效有序，外部服务成效彰显、绩效突出、投入性价比高，内外科技支撑有力、机制融合有机、互动及时高效、持续改进机制健全等各方面的协同发展来实现。

当前，气象服务评估已经成为现代气象服务体系的一项重要内容，是气象服务业务工作的一个重要环节；科学利用公众对气象服务的评价和反馈，科学度量和评估气象服务所产生的综合效益，是当前气象服务中一项非常重要的工作；气象服务标准则是现代气象服务重要组成部分，为气象服务实现高质量发展提供重要技术支撑和保障作用；气象服务转型发展既是顺应国家事业单位改革所面临的重要问题，也是经济社会发展和现代智能技术发展对气象服务提出的客观要求，更是气象服务实现高质量发展的必然选择。因此，多年以来，孙石阳、兰红平、刘东华、邱宗旭等主要作者与有关专家围绕以上问题开展了研究，并取得了一系列重要研究成果。同时，为促进这些成果转化和充分利用，对其进行了系统整理和分类。

本书分为五章。第一章气象服务创新与应急，主要内容包括深圳市气象70年发展历程及成果与启示、深圳市行业气象服务发展的创新历程、深港气象现代发展特征分析与启示、气象灾害防御示范发展的实践与启示、现场应急气象服务保障模式与改进思考、海上突发公共事件应急气象服务保障研究；第二章智慧服务与大数据融合，主要内容包括深圳市"互联网＋"公共气象服务发展瓶颈与改进策略、"互联网＋"物流交通气象服务系统研发及模式推广、深圳构建精准化智能化预报业务体系的实践和启示、深圳市气象赋能数字政府和智慧城市的发展对策研究、依托大数据深化智慧气象服务的对策研究、高气象风险行业中科技服务的信息化能力建设、气象服务数据开放与共享平台建设的创新策略、智慧气象全方位赋能经济发展的策略研究；第三章气象服务评估与标准，主要内容包括深圳市高气象风险行业的影响与预评估策略、台风"珍珠"气象服务高风险行业的减灾效益评估、基于质量发展的气象预报服务概念评估模型的构建及应用、国家级气象服务标准化试点项目的实践与启示、标准化在气象服务可持续发展中的效用探讨、标准化是突破特区气象服务发展瓶颈的有力措施、气象服务标准化实施要点及改进建议；第四章气象服务转型与管理，主要内容包括当前专业气象服务转型发展思路探索、关于我国专业气象服务转型发展的策略、智能专业气象信息融合与服务系统建设、2011年世界大学生运动会专业气象服务系统建模、气象服务质量管理体系实施指南研究、气象服务数据交易试点探索初步研究；第五章气象创新发展研究，主要内容包括全球气象创新发展分析与启示、极端天气过程在公共气象服务领域中的纽带作用，这部分成果基于全国、全球素材收集来开展研究，但研究成果对深圳气象发展仍具有较强针对性和指导性。

本书从五个角度系统诠释了深圳发展现代气象服务实践模式成果的理论逻辑、运行逻辑、数智逻辑、保障逻辑和发展逻辑：一是气象服务创新与应急，气象服务创新过程也是不断提升气象应急保障能力过程；二是智慧服务与大数据融合应用，提升智慧气象服务水平与大数据的融合应用密不可分；三是气象服务评估与标准，服务评估与标准化实施是保障气象服务高质量发展和高水平发挥的必要内驱力；四是气象服务转型与管理，是气象服务实现高质量发展的必然选择和实施途径；五是气象创新发展研究，为气象科技融合行业气象服务经济社会发展提供了新方法、新模式、新途径。产业数字化、数字产业化，深圳市发展现代气象服务模式的实践与启示主要有三点：一是创新发展现代气象服务体系是高质量推动发展现代气象服务能力和提升智慧气象服务水平的必然选择和实施途径；二是创新发展现代气象服务体系的重点是发展现代化的以数据安全流通为基础的、以数据赋能经济社会发展为目标的现代气象产业体系；三是以科技创新引领，加快"智慧气象与智慧城市、数值技术与信息技术、智能模型与智能评估、气象产业与产业赋能"的深度融合是高水平质量发展现代气象服务体系的关键，是催生现代气象服务新动能、大力发展气象数字经济、孕育新质生产力、赋能产业经济发展、乘数增强新质气象服务能力和服务效能的重要法宝。

本书在编研过程中，对相关项目的资助、相关成果的主要贡献人员已用页下脚注予以说明，在参考文献中，对相关已发表的成果也予以列出。其中徐文文、肖芳、姜海如、唐历、刘敦训、张习科、林霖、罗红艳、唐小新、高瑞泉等专家的相关研究成果，丰富了深圳现代气象服务高质量发展内容。正是这些成果的加入，使整个研究更具整体性和系统性，在此，对这些成果的贡献者表示由衷感谢！本书成果在研究过程中得到了深圳市气象局、中国气象局气象发展与规划院、深圳市国家气候观象台的大力支持。本书出版得到了深圳市国家气候观象台的科技成果转化专项基金项目资助(项目编号：9-2023-000-43)，深圳市气象局、深圳市国家气候观象台和气象出版社的支持，姜海如研究员也对本书给予了悉心指导，在此一并表示衷心感谢！

新形势下，深圳市着力加快打造宜居、枢纽、韧性、智慧城市，扎实推进"四个先锋城市"建设，对深圳市气象科技能力现代化和社会服务现代化的发展基础、技术路线、场景实施的高质与新质要求不言而喻。现代气象服务高质量发展没有止境，涉及需要研究的领域非常宽广，相关研究也没有止境，"标准化、网格化、数字化、集约化、一体化、智能化、体系化"将成为气象服务转型发展和高质量发展的强劲驱动力和强盛创新力，高质量发展深圳市现代气象服务体系和快速提高现代气象服务水平的道路任重道远，相关研究仍需继续努力前行。鉴于本人研究水平有限，书中难免有一些错误和不足之处，诚请各位读者、专家人士、行业领导提出宝贵意见和改进建议。

孙石阳
2024 年 3 月 3 日于深圳

目　　录

第一章　气象服务创新与应急

气象服务创新是打破气象服务常规,突破气象服务现状,敢为人先,敢于挑战未来,打破思维定势,谋划现代气象服务发展新境界的行动。改革开放以来,深圳市气象服务发展走过了辉煌的创新历程,展示了先行先试、先见成效的发展前景。深圳气象灾害应急举措更多地体现了坚持创新,为全国大城市气象灾害防御提供有效借鉴。

一、气象服务创新

提高突发事件应急气象保障服务水平,各省(区、市)也均制定了突发事件应急气象保障服务机制,气象服务创新是深圳气象创新发展的主要抓手、重点领域、重要推力,深圳气象 70 年的发展,特别是深圳经济特区(简称特区)40 年来的发展,在灾害防御、行业专项服务、现代化发展等领域的创新发展上取得了一些成功经验。

(一)深圳气象 70 年发展历程、成果与启示(1952—2022 年)①

深圳气象 70 年的发展历程分为基本气象业务艰苦创业期、争创四个一流(一流装备、一流技术、一流人才、一流台站)能力建设期、城市气象防灾减灾机制创建期、气象现代化全面建设期、高质量发展再出发期(深圳市气象局,2022a)。深圳气象局成立 70 年来,特别是特区成立 40 多年来,取得了气象治理率先步入法治化轨道、服务城市安全与发展成效显著、气象关键业务能力全国领先、"气象+"服务领域不断拓展、科技创新能力显著提升,发展成果、发展经验、发展目标、发展措施对高质量发展大城市气象特别是大城市智慧气象服务领域具有较强的借鉴意义。

1. 发展历程

(1)1952—1981 年——基本气象业务艰苦创业期

随着气象站从军队建制转为政府建制,气象既为国防建设服务,又为经济建设服务,克服人员、物资、经费、技术等各种困难,建成基本站地面观测业务,开展预报服务,为后续发展奠定了坚实基础。从 1952 年宝安县气象站成立到 1980 年深圳经

---

① 注:参考深圳市气象局《庆祝深圳气象事业 70 周年(1952—2022)》报告。

济特区成立,深圳市只有位于罗湖区蔡屋围气象观测基地的一个观测点。就这一个"点",在将近30年的时间里为深圳市不间断地提供云状云量、能见度、天气现象、气温、气压、大气湿度、风速风向和降水等基础气象数据服务。

(2)1982—2002年——争创四个一流能力建设期

深圳市气象局作为深圳市农业局下属处级事业单位,聚焦特区建设发展的需求完善基础设施,率先建立气象灾害预警信号发布制度,建成全国首个中尺度自动气象站网。1990年,深圳市气象局利用自行研制的Ⅰ型自动气象站,建成"深圳市三防雨量监测网",深圳气象监测建设由此驶入快车道。1993年建成大亚湾核电事故应急系统气象自动监测网;1997年在全市范围内建成45个自动气象站,率先建成全国首个中尺度自动气象站网,每小时观测一次雨量、风向、风速和温度四个气象要素,标志深圳市气象探测在"面"上的部署拉开了帷幕(深圳市气象局,2022b)。1993年两场连续大暴雨给深圳市造成14.64亿元的直接经济损失和26人死亡,重创正在快速建设起步腾飞的特区。深圳市市政府痛定思痛,从体制机制、设施建设等方面开始了对深圳市气象事业的系列创新:1994年6月,深圳市人民政府以政府令颁布了《深圳经济特区防洪防风规定》第27号令,首次以政府规章的形式确定了以城市防灾为主要目的的暴雨、台风预警信号。深圳市率先发布气象灾害预警信号,比广东省其他地区早了8年,比全国早了13年。深圳市最早的一份预警信号为1994年7月22日发布的暴雨红色预警信号,经过5任市长和4次修改,经历了20多年的历程,形成4部《深圳市气象灾害预警信号发布规定》的深圳市人民政府令。由最初的台风、暴雨2种信号发展成今天的12种,几乎涵盖了深圳可能发生的所有气象灾害及衍生灾害,预警的精细度越来越高(深圳市气象志编撰委员会,2020)。

(3)2003—2009年—— 城市气象防灾减灾机制创建期

深圳市气象局(挂深圳市气象台牌子)作为副局级行政事务机构,建立了"政府主导、预警先导、部门联动、社会响应"的气象防灾减灾制度体系和市区街道三级防灾减灾服务体系,建成新气象台、新一代多普勒雷达等,气象探测实现从点、面到立体的跨越。2006年,开始建设新一代区域气象观测网,增加核心城区和天气敏感区观测站密度,新建了60多个区域气象观测站。2007年7月,深圳在全国范围内率先探索推出精细至街道的气象灾害分区预警,预警信号由原来的全市统一发布一种信号,变成按照灾害性天气严重程度分区分街道进行分级发布。2013年推出了台风预警信号预发布服务,对涉及停课、停工的台风黄色、橙色和红色预警提前2小时告知,受到公众普遍赞许。气象灾害预警信号真正成为全社会启动防御气象灾害的"发令枪"和"消息树""政府组织、预警先导、部门联动、社会响应"机制拧紧气象防灾减灾链条。

(4)2010—2018年——气象现代化全面建设期

深圳市气象局(挂深圳市气象台牌子)作为深圳市政府工作部门,以第26届世界大学生运动会气象服务保障为契机,形成大城市精细化气象预报服务深圳模式。建成天文台、气象梯度观测塔、海洋探测体系、双偏振雷达等基础设施和南方强天气研究重点实验室、CNAS(中国合格评定国家认可委员会)雷电实验室等科研装置,专业技术队伍不断壮大。深圳市气象紧密结合防灾减灾和城市运行的精细化服务需求,开展大城市精细化预报服务创新,完美保障第26届世界大学生运动会,被中国气象局授予"大城市精细化预报服务深圳模式",精细化预报业务体系在全国成为首创。

(5)2019年至今——高质量发展再出发期

深圳市气象局(挂深圳市气象台牌子)作为正局级市政府直属事业单位,围绕"双区"建设、"双改"示范等要求,建立趋利避害的全方位保障城市发展大局的工作机制。探索"一核两翼"气象事业发展格局,建设粤港澳大湾区气象监测预警预报中心、国家气候观象台等,以创新驱动为核心的高质量发展日益凸显。目前已建成2部天气雷达、4部风廓线雷达、2部X波段相控阵天气雷达、1部气溶胶激光雷达,与246个区域气象自动站(覆盖全市78个街道(含深汕特别合作区4个街道))、高山站、高层楼宇站共同搭建起城市综合立体气象观测站网。

2. 发展成果

深圳气象成立70年来,特别是特区成立40多年来,深圳气象事业始终根植于城市发展大局,伴随着深圳飞速发展,历经数轮体制机制变革,始终坚持以人民为中心的初心,从宝安县级站发展成超大城市气象服务示范窗口,走出了一条引进集成、开拓创新、开放共享、全方位保障的发展道路。从2018年迎战35年最强台风"山竹",到2022年鏖战近十年最强龙舟水,深圳气象预报预警服务经受住了一次又一次实战考验,生动诠释了深圳气象与城市经济高质量发展深度融合之真谛。

(1)气象治理率先步入法治化轨道

深圳气象率先构建了"法制治理、制度管理、标准先行、内外兼修"的气象治理文化。一是深圳在全国首创气象灾害预警信号发布制度,制定"一令一案三制"率先建成四级气象防灾减灾机制,纳入深圳经济特区40年法治建设创新案例。二是深圳气象在工作规则、党建管理、人事管理、财务管理、政务公开、安全管理、后勤管理、业务管理方面形成8大类近40项协同保障的管理制度。三是在气象服务、预警发布等方面形成了11件部门规范性文件,主持编制6项行标和13项地标。

(2)服务城市安全与发展成效显著

深圳气象在服务城市安全与高质量发展上,聚焦安全风险防御和保障生态文明建设,敢于创新体制机制,不断创新发展与服务城市安全与发展相适应的服务体制机制,成效显著:一是创新预警服务机制。"31631"递进式气象服务模式("31631"模式:在台风、暴雨等重大天气来临前,气象部门提前3天加密区域天气会商,发布(重大)气象信息快报,给出过程风雨预测、风险预估、预警信号发布节奏及防御建议;提前1天预报精细到区的风雨落区、具体量级和重点影响时段,加密与应急管理、三防、水务、海洋等多部门联合会商;提前 6 小时进入临灾精细化气象预警状态,定位高风险区;提前 3 小时发布分区预警和分区风险提示,滚动更新落区、过程累计雨量、最大雨强、最大风速等风情雨情信息;提前 1 小时发布精细到街道的定量预报)纳入深圳47 条创新举措和经验做法内容之一,由国家发展和改革委员会向全国推广。二是支撑城市有效应对强灾害天气成效显著,如在有效应对超强台风"山竹"、近 10 年最强龙舟水等重大灾害天气过程中,气象灾害造成的经济损失和人员伤亡已明显大幅下降。三是主动融入"双区"建设、生态文明、军民融合、"一带一路"等国家和城市重大战略,年均完成约 30 项重大活动专题气象保障服务,获得中国气象局重大活动气象保障服务先进单位。

（3）气象关键业务能力全国领先

一是监测更精密。70 年的发展,尤其是深圳改革开放 40 年来,深圳气象观测的手段逐渐发展壮大,已经从原有的单一圈层的地面观测,升级为直接观测、遥感遥测、地基探空、垂直廓线等形式,涵盖了雷电探测、多种下垫面温度检测、太阳辐射、大气成分、温室气体,气象全景实时观测,GPS（全球定位系统）水汽等多种要素的观测业务。初步构建了一套无缝隙、精准化、智慧型的现代气象监测体系,该体系由灾害天气、城市气候、环境气象、海洋气象和社会气象五张子网组成。目前已积累了时序达 70 年覆盖陆海天空的 5 大类 75 种本地观测原始数据 12.6 TB。二是预报更精准。持续评估、集中优化区域数值天气预报模式的资料同化及应用,加大力度重点对台风、季风、强对流等天气系统的数值预报模式进行评估、检验、应用、改进及业务化。大城市智能网格预报服务体系的技术支撑力越来越强大。目前,深圳市气象灾害监测率达 98.5%,预警提前量 55 分钟,暴雨 24 小时预报准确率 72%。三是服务更精细。为解决老百姓难以快速及时收到预警信息的痛点问题,深圳市气象局持续打造面向十三种渠道的靶向发布技术。2015 年精细至街道、恶劣天气呼叫直达社区防灾责任人,2017 年精准至百米级风险区域,2018 年实现学生家长、老师等特定人群的对点发布;灾害风险预警信息发布效率大幅提升,手机全网预警短信发布速度由百条/秒提升至最高 5000 条/秒,可在 2 小时内覆盖在深及来深漫游 2400 万用户,5～10 分钟覆盖任意街道办或灾害风险影响区域,形成了以用户为中心,以手机短信、微信、微博、App、恶劣天气呼叫等全媒体"一键式"发布,有效解决了预警信息发布"最后一公里"的问题(深圳市气象局,2022c)。

（4）"气象+"服务领域不断拓展

深圳气象系统构建了智慧气象六个一业务体系(六个一业务体系:一是立体观测实现一张网的全面感知;二是精细预报实现一网格全面覆盖;三是根据深圳市只设一级气象机构的实际,形成"一级预警、两级监管、四级联动、对点服务、社会响应"的气象灾害防御协同化管理机制,成为全国气象行业气象防灾减灾的范例;四是气象服务实现一站式智享生活;五是信息服务实现一键式可控全局;六是科技创新实现一盘棋共研共享),深圳市气象局以智慧气象为标志的气象现代化,在广东省气象现代化考评和广东省公众气象服务满意度评价中,连续十年保持全省"双第一"。现代化的"气象+"业务服务体系不断得到拓展:一是"大城市精细化气象服务深圳模式"由中国气象局命名并发文推广,并列为世界气象组织示范项目;二是"+气象"融服务直通交通、供水、供电、文旅等80多个行业,轨道交通防御气象灾害"520"模式已成为智慧城市一体化保障城市安全运行的行业防灾减灾典型范式;三是集约化、专业化、普惠式打造了"深圳天气"两微一端、天气小剧场、天文台打卡点等深受市民喜爱的气象天文公众服务品牌。其中,通过建设天文台暗夜社区,被人民日报、中央电视台等权威媒体纷纷报道。

(5)科技创新能力显著提升

近年来,深圳气象快速进入高质量发展期,深圳气象发展指数平均增长12.16,较全国气象发展指数的平均增长率高1.86个百分点。在2022年全国大城市气象高质量发展评估中,深圳为82.6,排在北京、上海之后位列第3名,居全国副省级城市第1名,科技创新能力显而易见。一是协同打造创新平台。建成粤港澳大湾区气象监测预警预报中心、深圳国家气候观象台、深圳南方强天气研究重点实验室等4大协同创新平台。二是持续发力核心科技攻关。短时临近预报技术、台风影响预报、预警靶向发布等4方面不断有新突破,获深圳市科技进步一等奖、广东省科技进步三等奖等省部级科技奖励8项。三是融合构建创新团队。形成了中国气象局领军人才、国家特聘专家、深圳市领军人才、国省气象青年英才等13位气象专家和2支国省气象科技创新团队。

3. 发展启示

(1)经验启示

回顾深圳气象改革发展七十年取得的经验,主要体现在五个坚持:一是坚持中国共产党的全面领导是深圳气象事业发展的根本保证;二是坚持人民至上是深圳市气象事业发展的根本宗旨;三是坚持气象现代化建设不动摇是深圳市气象事业发展的兴业之路;四是坚持敢闯敢试敢为天下先的特区精神是深圳市气象事业发展的根本动力;五是坚持融入气象行业大网络是深圳市气象事业发展的重要保障(深圳市气象局,2022d)。

(2)目标启示

国务院印发《气象高质量发展纲要(2022—2035年)》(简称《纲要》)。在深圳市气象局成立70周年重要时间节点上,《纲要》的出台为深圳市气象未来发展指明了方向。按照国务院印发《气象高质量发展纲要(2022—2035年)》的总体要求,服务国家和城市的重大战略,深圳市气象局吹响了高质量发展再出发,争当广东气象防灾减灾第一道防线示范省建设的排头兵的号角(许懿,2022)。

到 2025 年,率先建成监测精密、预报精准、服务精细的更高质量气象现代化体系,在建设更高水平的气象监测预报服务体系、更高质量的智慧气象服务体系、更具活力的气象科技创新体系上先行示范,成为全国防灾减灾、智慧气象服务和气象开放合作的示范窗口。主要核心目标有:一是建成全时全域全要素城市立体气象监测网,陆海气象自动站密度小于 3 千米,达到同期全国领先水平;二是建成无缝隙全覆盖的智能网格预报体系,突发灾害性天气有效预警提前量提升至 60 分钟,达到同期全国领先水平;三是建成预警先导四级联动的数智气象服务模式,气象服务满意度达 90 分以上,居全省第一,达到同期全国领先水平。

(3)工作启示

以习近平新时代中国特色社会主义思想为指导,贯彻落实习近平总书记对气象工作的重要批示指示精神,按照国务院印发《气象高质量发展纲要(2022—2035 年)》的总体要求,服务国家和城市的重大战略,推动深圳气象高质量发展再出发,争当广东气象防灾减灾第一道防线示范省建设的排头兵,积极为协同推进生态文明建设、建设美丽深圳"保驾护航"(方胜 等,2022)。主要聚焦五个方面着力开展工作。

① 聚焦防御重大灾害天气风险,打造预警先导四级联动的数智气象服务模式

一是着眼"基础和先导",健全气象灾害应急指挥部作为市突发应急委框架下的专项协调机制。二是聚焦"数字和智能",开展基于"网格+气象"风险预警服务。通过 13 种一键式发布渠道、25 个网络平台、融媒体矩阵,全方位、多层次开展服务。三是落脚"响应和联动",推动各区完善指挥体系和应急预案,打造有机构、有预案、有平台的四级防御组织体系,打通气象防灾减灾"最后一公里"。

② 聚焦提升核心基础业务能力,构建高水平的气象监测预报预警服务体系

一是提升气象灾害精密监测能力。高标准建设国家气候观象台综合观测站。多部门共建共享地球系统观测站。新建深汕、光明综合气象观测基地。二是提升极端灾害性天气预报预警能力。实施台风暴雨监测预报能力提升计划,发展无缝隙、全覆盖、数字化的精准预报系统,实现灾害性天气的公里级分钟级监测预警、风险提示。三是提升气象信息化支撑能力。依托国省建设气象信息化核心基础平台,升级深圳气象业务服务高质量发展的数字底座。

③ 聚焦现代化试点建设新需求,发展智能研判、精准推送的气象服务体系

一是实施"气象+"赋能行动。发展基于 CIM/BIM 的智慧气象服务,打造"+气象"场景化服务示范模式。二是助力城市低碳发展和污染防治。估算区域碳源汇及变化状况,做好大气污染防治气象条件预测预估服务。三是实施世界气象组织试点项目。联合港澳实施超大城市智慧气象服务试点,力争成为世界气象组织为全球超大城市提供服务展示案例。

④ 聚焦增强气象高质量发展动能,推进开展气象综合改革试点建设

一是构建新型气象业务技术体制。构建以智能网格为基础的共用"一平台"、共

织数据"一张网"的业务流程。二是深化气象服务供给侧改革。利用政策做大做强新型气象服务实体,扩大个性化精细化气象服务有效供给。出台《深圳市气象管理规定》。三是优化气象专业技术人员考核评价机制。建立完善专业技术人员考核制度体系、优化专业提升考核评估指标及评价标准。四是规范气象数据共享服务。分类分级推动气象数据及各类产品资源有序开放,积极持续探索气象数据要素市场化配置改革和气象数据交易试点。

⑤ 聚焦打造气象科技创新高地,建设更具活力的科技创新体系

一是做强气象科研四大载体。推动在科技研发、成果转化、人才引进和运行管理等方面改革探索、先行先试。二是培育高质量气象人才队伍。加强对预报员等核心业务岗位编制保障,设置气象高层次人才特聘岗位,靶向引进气象领域紧缺的高精尖人才。三是开展四项核心技术攻关。发展数值预报模式同化技术、突发灾害性天气智能识别技术、气象数据融合分析技术、人工智能气象应用技术。四是构建科技服务创新联盟。吸纳社会各方面资源,做强区级智能技术支撑和协同服务,形成"基础研究＋工程转化＋业务应用＋产品服务"全链条创新生态圈。

(二)深圳市行业气象服务发展的创新历程

深圳市行业气象服务随深圳城市化的快速发展而不断创新发展。多年以来,以需求为牵引、以目标为导向、以质效为结果的行业气象服务发展理念始终贯穿于深圳作为中国气象局公共气象服务试点、中国气象局大城市精细化预报服务试点、首个国家级气象服务标准化试点等多个省(部)级试点项目的创新发展过程中。深圳市轨道交通、港口物流、道路交通、建筑施工、环境健康等专业气象服务均敢于先行先试,行业服务品牌不断涌现。

1. 创新历程概述

行业气象服务很大一部分业务属于专业气象服务范畴。从服务的专业性来看,深圳最早开展的行业气象服务是农业气象服务与航空气象服务,深圳气象事业发展的 70 周年,也是深圳行业气象服务筚路蓝缕、踏步走向高质量发展的 70 周年。根据深圳气象发展历程,深圳市行业气象服务大致可分为三个阶段(深圳市气象志编撰委员会,2020)[116]。

一是从建站到 1984 年,行业气象服务的初始发展阶段。主要以纸质资料或电话通信方式提供服务。

二是从 1984 年到 2015 年,行业气象服务的快速发展阶段。特别是从 2006 年的"海洋问题专题调研"开始,行业气象服务的高效发展自此有了很好的调查研究基础,标准化、专业化、精细化的行业气象服务有了质的飞跃。

三是从 2015 年到现在,行业气象服务的智能化、高质量发展阶段。智能化、数字

化、精准化行业气象服务品牌不断呈现。

在每个历史阶段,深圳市行业气象服务也呈现出不同的发展特征,主要表现为两个方面:一是在初始与快速发展时期,主要体现在服务重点行业上的专业性和精细化;二是在近十年来发展高质量智慧行业气象服务时期,主要体现为服务的智慧性和高价值。

2. 初始与快速发展时期的重点行业服务

(1)初心为民开展农业和航空气象基础专业服务

深圳市气象局前身是1952年建立的宝安县气象站。深圳建立特区之前,行业气象服务主要是面向农业和航空业;建立特区后,气象服务重点转移到为特区经济社会建设服务,为农服务比重越来越小。农业气象主要包括农业气象观测、农业气象情报、农业气象预报、农业气象区划等。为适应当时农业生产的需要,1959年开始编制宝安县农业气象旬报和不定时的农业气象情况报告,内容包括一旬天气气候、农事活动天气、灾害性天气强度、灾害情况以及历史气候分析,特别是针对旱情、雨情、风情对农业生产造成的影响进行评价。深圳曾组织了四次农业气候调查与区划,首次在20世纪60年代中期完成了大量的资料整理与调查。第二次在70年代中期,配合耕作制的改革,完成耕作制的气候分析,特别是秋冬与冬春气象条件的分析。第三次在70年代后期再次组织较大规模的农业气候调查,完成《宝安县农业气候调查报告》。第四次在1984年,完成县级农业气候调查与区划,编写了《深圳市农业气候资源与区划报告》,对深圳的农业气候资源、灾害性天气进行了较详细的分析,并按类型区划提出了各区域农业生产开发利用建议。为保障航空安全,自1954年12月起,宝安县气象站开始编发航空天气报告,为航空提供每小时1次的航空报和不定时的危险报,该实况报告电报只供航空部门使用,是全国较早担负此专项任务的台站之一,2000年停止编发该报。深圳建立特区后,行业气象服务的任务和服务需求也就日益增多,服务社会和经济发展的防灾减灾、安全生产的保障需求任务愈加艰巨(深圳市气象志编撰委员会,2020)[111]。

(2)双联动、直通式气象应急现场保障服务首次开展

随着深圳城市经济社会的发展,气象保障现场应急救援服务工作愈显重要。2006年深圳市气象局(台)为海上应急救援首次开展"气象台+现场监测"与"应急指挥中心+现场救援"的双联动、直通式实战服务。2006年5月31日6时55分,装载520吨液化气的"亚平"号轮船在深圳蛇口危险品锚地进港时与"义顺"号轮船发生碰撞,导致"亚平"号轮船液化气向外泄漏,船舶2号舱进水,事发时,海面上狂风暴雨,情况紧急。险情就是命令。深圳市气象局(台)接到深圳市应急指挥中心需要给现场提供气象信息保障服务的电话通知后,第一时间启动了突发事件应急气象保障服务预案。深圳市气象局领导立即向广东省气象局领导汇报了有关情况。广东省气

象局领导指示有关单位全力以赴,共同会商天气,及时做好这次突发事件的应急气象保障服务。时任副局长王延青同志亲自坐镇值班室指挥协调各处室的工作,应急救援气象保障服务有条不紊地进行。深圳市气象局(台)天气预报预警处根据应急事件需要,即时组织专家对事件周边天气进行细致分析,20 分钟内向深圳市应急指挥中心和海上搜救中心发出了第一份气象专题报告。深圳市气象局(台)第一时间派出应急移动观测车赶赴离事件最近距离的凯丰码头进行现场气象观测,观测现场每 5～10 分钟一次向深圳市气象台天气预报预警中心传送气象监测资料,为准确预报事件周边天气提供了实时气象观测数据。由于天气较为复杂,事件周边不断有雷雨云产生,应急现场也不断监测到离轮船 30～40 千米外的雷电现象。深圳市气象台专业人员密切跟踪分析雷达监测资料,每隔 1～3 小时向深圳市应急指挥中心和海上搜救中心发出专题报告。经过深圳市各相关部门近一天的通力合作,6 月 1 日凌晨 1 时左右,海上应急救援现场终于堵住了"亚平"号轮船液化气向外泄漏漏洞,事故船舶情况已经基本稳定。至此,现场气象应急响应人员在凌晨 3 时多才撤离现场。在这次应急服务过程中,深圳市气象局(台)总共在应急现场发回 82 份监测资料,向市应急指挥中心和海上搜救中心发出 20 份专题气象服务报告,在应对突发事件的现场应急救援气象保障服务中交出了一份满意的答卷(深圳市气象局,2007)。

(3)深度调研气象灾害高风险行业服务需求

2006 年 7 月份,深圳市气象局承担了深圳市政协"海洋问题专题调研"中的"海洋灾害预防"子课题的专题调研工作。主要调研内容包括:五十多年来影响深圳的海洋气象灾害规律特点;海洋气象服务的现状、问题;海洋气象灾害监测规划体系建设;海洋监测数据的共享和通信传输;海上突发公共事件的应急气象服务保障系统;海洋灾害预警与各部门的联动响应机制;沿海气候资源开发利用区划与海洋工程气候评估论证;海洋生态环境与气象因素相关分析 8 项重点选题。这是深圳市气象局有史以来首次全面、系统开展的海洋气象需求调研。在时任副局长王延青同志的带领下,专题调研组全体人员用时近 2 个月,沿着深圳海岸线从西到东对深圳主要的海洋灾害风险点和区域、涉海行业的服务需求进行了全面综合调研。调研工作紧凑而深入,先由各调研小组形成专门的子项调研报告,最后由调研组再集中研讨形成了专题调研总报告。调研成果既有广度又有深度,既有专业性又有指导性,最终获得了市政协领导的高度好评,被评为市政协年度优秀调研项目。从气象服务高风险行业用户需求的内涵来分析,深圳系统深入开展以需求目标为牵引的行业气象服务调研首先是从海洋气象服务开始做起的。深圳靠海,高气象灾害风险行业几乎都与"海"字密切相关,港口、码头、轨道交通、低空经济、海上作业、近海养殖、海洋航运、海上运输等行业都属于海洋气象灾害的高风险影响行业。因此,从调研"海洋气象"的服务需求开始,就是抓住了深圳行业气象服务需求的"牛鼻子"。2007 年 3 月,深圳市气象局以此为基础,又系统全面地开展了对港口、交通、供水、供电、农业、旅游、教育、环保、保险、饮料十大气象灾害高风险行业的气象服务需求调研,形成了《深圳市十大高气象灾害风险行业气象服务效益评估调查总结报告》。通过开展两轮行业气象服务需求的综合调研,深圳市气象局开启了行业(专业)气象服务走深、走实的新路程。

(4)转型发展、以专技专项突破行业精细服务

2007年是气象业务技术体制改革实施的关键时期,也是实施"十一五"规划实施的关键时期,更是转型发展专业气象服务的关键时期。在新体制、新形势下的专业气象服务,既面临许多发展挑战,也面临许多发展机遇。时不我待,祖国气象事业蓬勃发展,行业气象服务如何抓住这个有利机遇是每个专业气象服务人员必须认真思考的问题。行业气象服务转型发展的关键是走属于自己的有核心技术支撑的专业化发展道路。

深圳气象承担的第一个比较大的专业气象服务项目是东部华侨城专项气象服务,该项目由客户主动提出合作请求。在深圳市气象局领导的指导下,深圳气象服务聚焦"生态"和"减灾"两大主题来确定专业服务思路和服务措施。一是围绕东部华侨城生态旅游品牌提供个性化的气象服务。东部华侨城坐落于中国深圳大梅沙海滨公园,占地近9平方千米,是以让都市人回归自然为宗旨、以文化旅游为特色的国家生态旅游示范区。东部华侨城在山海间巧妙规划了大峡谷、茶溪谷、云海谷三大主题区域,集生态动感、休闲度假、户外运动等多项文化旅游功能于一体,更多体现了人与自然和谐共处的生态气象服务需求。二是围绕防灾减灾的服务需求投入全新科技服务手段。东部华侨城旅游景区四面环山,两个簸箕状的山坳地形和众多的水体和大面积的湿地等特殊地形,造就了特殊的天气气候状况,雷暴、大雾、局地暴雨、大风等灾害性天气给景区生产建设安全和工作人员、游客的人身安全也带来了极大威胁。提供精细化的气象防灾减灾产品是服务重点。加密建立多要素、多层次的自动气象观测站,开展负氧离子监测、紫外线观测、雷电监测等多项监测内容,并将监测数据及时并入气象部门监测大网络系统,建立融合大尺度气象监测与东部华侨城局地气象观测的气象分析与服务系统,增强资料处理的及时性和资料分析的科学性,对提高东部华侨城的气候特征分析和天气预警预报能力奠定了基础。综合利用各类气象信息,形成了细网格的雷暴天气追踪系统。三是全面依托"大网络"与"大气象"的"大专业气象服务"思路来做大做强景区生态气候与防灾减灾服务。在景区加密建立气象专业监测网是开展景区精细化服务与个性化服务基本需要。但要做好景区的气象服务,仅仅利用其区域监测信息建立独立的服务平台是不够的。为使共建共享的效果达到最大化,在对其开展生态气候与防灾减灾实时监测服务的同时,紧紧扣住依托深圳市气象局"大网络、大气象"这一基本原则来将服务做大、做强、做好也很关键,逐步探索出了一条特色发展专业气象服务模式的新路子。

通过东部华侨城的旅游气象服务项目,深圳市气象局(台)首次应用雷达开展了

基于用户位置的实时对点监控服务。这是首次应用气象专业科技开展客户终端平台化的专业气象服务,也是从"观测-预报-预警-服务"全链条构建"一张图"风险预警服务模式的最早雏形,是早期走高质量发展行业气象服务而探索出的专业气象服务模式的一个典型服务案例。

(5)未雨绸缪融合发展交通气象服务

2008年春节前夕,我国南方地区出现了罕见的持续性低温雨雪冰冻天气。深圳市气象局按照往年服务惯例,提前做好了春运服务专题方案,深圳市气象服务中心也提前调整设置了"12121"天气热线:在"12121"主信箱增加春运重要信息,在交通专题信箱中增加春运信息。行业气象服务方面将春运预报产品也及时发至深圳市春运办、公路运输场站、水陆运输码头、火车及航空场站等;向保险、交通、旅游、环境、农业、能源、卫生等部门第一时间进行发送重要天气消息和预警短信等(孙石阳等,2009)。按照惯例,春运工作的基本保障基调就是要想方设法把大家平平安安地送回家,而当年的春运气象服务最大的特点就是深圳市气象部门主动前往深圳市春运办进行专项专题汇报服务,专业气象服务的效果在当时也着实得到了充分体现。

尽管深圳市气象台专业服务人员已经将春运专题预报通过邮件和短信方式服务给了深圳市春运办,气象台方面仍放心不下。气象专业服务人员随即带着打印好的由深圳市气象台提供的春运天气预报材料到市春运办,专门去向市春运办的负责人汇报春节天气形势,并建议市民尽量不要离开深圳回老家过年。因为像以往春运,这种极端天气很少遇见,气象部门的天气预报往往只需做为参考。除非对这种极端天气带来的影响有十足的把握,否则很难达到影响整个深圳市对春运的调度和对整个春运计划进行大调整的决策支持。当时市春运办的一位负责人正在准备将打印好的深圳市2008年春运场站运输计划派发到全市交通运输各场站,在听取了深圳市气象台专业服务人员汇报的预报结论后,他意识到了事情的严重性,必须改变当前的春运运输计划和宣传导向。经过一番认真考量和预判后,这位负责人果断、及时地向上级领导汇报了这一情况。因此,这一举措及时缓解了市民北上返乡时因天气原因造成的交通大拥堵,意义重大。

由于深圳市气象局(台)的主动作为,2009年,深圳市春运办关于春运工作的成员单位里面就多了一个深圳市气象局(台);此后,双方合作更加紧密,一起通过数据融合、平台融合、技术融合等方式来开展数字化交通气象精细服务进行得十分顺利。"有为才有位",的确如此。

(6)构建平台统筹集约发展精细气象服务

2009年,深圳行业气象服务在对前几年行业气象服务需求进行了深度调研后,逐步建立了精细化的行业气象预警服务发送平台。气象灾害预警信号在行业气象服务领域首先通过预警信息发送平台实施了分种类、分预警级别、分服务人群、分服务时段开展精细化的预警信息自动推送服务。同时,基于每一次台风、暴雨等重大天气过程,针对行业气象灾害风险开展的行业气象灾害的预风险评估服务,深圳市气象台专业服务人员都会从风险影响的范围、程度、主要风险环节提前给出一个预估报告,深圳行业气象服务的形式和内涵又向前迈出一步。从服务内容来看,深圳行业气象基于灾害风险的预评估服务实际上从2009年汛期就已经开始实施。

2009年5月23—24日,深圳市持续出现暴雨到大暴雨的天气过程。此次大暴雨天气过程总雨量普遍在150~300毫米之间。暴雨强度强,影响时间长、范围广,灾害影响种类多,历史少见。深圳市气象台的预报准确及时,服务精细到位,在5月23—24日持续大暴雨影响天气过程中,"专业预警平台＋风险阈值戒备＋精细服务推送"的平台化、精细化行业服务模式的服务成效得到了充分体现,行业对气象风险的掌握和防御措施十分及时且有针对性。天气过程后,全市各行各业均没有出现重大灾情,获得了市有关领导和部门、行业的高度好评。深圳市领导在5月23—24日大暴雨过程信息快报中批示"我市气象服务工作有进步、有亮点,值得充分肯定,盼做得更好"。根据2009年5月23—24日大暴雨过程服务效果初步比对,这一服务模式较以往也至少节省2~3个人力资源的投入,工作效率提高50%以上。市领导的认可和显著的服务成效,也彰显了深圳市气象局(台)"专业预警平台＋风险阈值戒备＋精细服务推送"的行业气象服务模式在探索走向高质量发展的路径上是正确的。

得益于行业服务"平台＋标准＋机制"的方式,深圳市行业气象服务进一步转型发展,又呈现出四大新的发展特征:一是立足社会、横向联防,行业气象服务机制逐步社会化,这在全国属先行先试;二是立足需求、分类服务、服务内容个性化,精细化服务、数字化供给已经实现业务化并已成功落地实施;三是立足行业、基于风险、对点服务、服务产品更加精细化,建立了十大气象灾害高风险行业的风险特征库,在服务中对自动站、雷达、云图、预警预报、行业风险特征等信息进行集成,建立起对点重点提示和行业精细化自动预警服务模式,服务由机械转发转为满足不同用户需求的精细式服务;四是立足科技,规范管理,服务流程不断系统化、平台化。这些为日后开展国家级标准化气象服务试点夯实了工作基础。

(7)国家试点攻坚发展标准气象服务

2010—2014年,深圳市气象局向国家标准化委员会争取到了首个国家级气象服务标准化试点项目。因为行业气象服务以其独有的个性化需求千差万别,这在国内外也没有现成的模式和范本可以学,有许多未知领域特别是气象服务标准体系的构建都是从零开始的。

复盘完成这个艰巨任务的过程也具有历史意义:2010年8月19日,国家标准化管理委员会《关于增补国家级服务业标准化试点项目的通知》(国标委服务〔2010〕57号)文件批复将国家级气象服务标准化试点项目落户深圳,深圳市气象局成立了专门领导机构和工作机构,明确职责分工,细化实施方案,积极推动试点项目全面开展,并于2011年4月20日全面启动。该试点项目按照国家《服务标准化工作指南》

《服务业标准化试点实施细则》和《服务标准化试点评估准则（试行）》等工作要求，结合深圳气象工作特点，采用学研结合、行业互动、社会参与的工作思路，围绕试点工作总目标形成了《深圳市气象服务标准化试点项目工作实施方案》。试点主要内容包括：项目组织管理与宣传推广、编制气象服务标准体系扩大服务标准覆盖范围、创新气象服务标准化管理模式推进标准化实施、创建气象服务标准化试点形成行业服务品牌、完善服务质量评估评价体系提升服务质量，以及构建气象服务标准化信息平台、组织研制一批气象服务标准、培养一批标准化人才八大重要建设任务。其中的每一条任务既互相关联又相对独立，统筹性、规划性、协调性、前瞻性都十分强，工作起点和试点站位都要求非常高，试点任务繁重、工作压力大。

　　试点项目在试点实施推进的过程中对发展公共气象服务的促进效果却越来越显著。首先奠定了公共气象服务平台顶层设计基础。于内进一步规范业务流程，提升产品质量；于外紧扣社会需求，转型发展公共气象服务。研究并建立深圳市气象服务标准体系，为公共气象服务的业务发展、系统建设、产品规范做好了顶层设计，为气象服务质量与改进、效益与评价的进一步规范提供了发展基础。其次是提供了产品向服务平台延伸的保障机制，建立了预报、服务平台一体化的工作机制。实时将最新产品"一键式、无缝隙"推送到各服务端口，如气象影视节目、气象服务网、"12121"（气象服务热线）、微博等，通过服务产品的一体化标准推送能力建设，行业气象服务能力在预报、监测平台的基础上又一次得到了很好的延伸应用。为交通、供电、轨道交通等行业提供的气象保障服务，有近一半服务产品就是利用后台实时产生的。在分区预警平台的基础上建立的专业用户预警信息自动服务平台，不但保证了专业预警信息的同步，而且大大减少了人力成本和出错率。最后是建立了以客户为导向的气象服务理念。建立了标准化的服务沟通流程，提升了服务的黏性和效果，形成与用户常态化的互动机制。如盐田国际集装箱码头每年会不断完善台风、暴雨、大雾、高温、大风等气象灾害的内部防御预案，并建立与深圳市气象服务中心服务流程对接的沟通机制和响应机制，明显提升了防御气象灾害的主动性，对气象灾害天气过程的防御过渡和不到位的情况比往年明显减少，成为行业气象服务中典型代表和优秀典范。

　　通过努力，构建了"政府引导、企业为主、中介支撑、社会参与"的气象服务标准化工作新模式。建立了以气象服务通用基础标准体系、气象服务保障体系、气象服务提供体系为主要架构的气象服务标准化工作新平台。试点成果非常丰硕：一是建立国内首套高质量的气象服务标准体系；二是制订完成了一批先进的气象服务标准。按体系建设完成了146个标准文件的编制工作，根据服务需求提出待制订和正在制订行业、地方标准8项；三是加强了标准化管理，创新了服务方式，拓宽了行业气象服务发展格局；四是因试点项目纳入的ISO非经济效益评估试点（中国深圳）的评估结果为良好，服务中心ISO非经济效益评估试点成果获ISO证书认定；五是培养

13

了一批人才,提高了员工综合服务能力,形成了"人人懂标准、人人学标准、人人编标准、人人用标准"的良好氛围。

试点项目最终以 97.2 的高分通过评估和验收,深圳市气象服务标准化试点成果、经验被中国气象局在全国气象部门进行推广应用,对全国气象行业服务的标准化发展、规范化发展、高质量发展起到非常大的借鉴与推进作用。同时,该国家级气象服务标准化的试点项目主要是以服务高气象风险行业单位(企业)为主体来试点深入推进的,这些实践成果为后来的"网格+气象""数字气象""数智气象"的业务发展和相关气象创新试点工作的开展奠定了高质量发展基础。

3. 高质量助力发展智慧气象服务

2015 年以后,深圳行业气象服务的发展模式形成了走"标准化、集约化、数字化、科技化、智能化"的现代化智慧气象可持续发展的科技创新发展道路。

(1)科技创新精准发力智慧行业气象服务

高质量气象发展时代,智慧气象能力和数值预报水平不断提高,深圳行业气象服务的科技支撑更有力、精细发展更有基础,精准推进行业气象服务的防灾减灾,其质量和效果也就更加凸显,服务能力开始有了"质"的飞跃。其中,最为显著的两个特征是:一是气象服务的提供与用户需求的智慧互动显著增强;二是能自我改进、提高气象服务质量和效果的机制越来越常态化。因此,此时行业气象服务的针对性和成效性也就越来越好,精准发力的水准和成效越来越好,发展格局和发展定位也就有了不一样的起色。

一是精准发力为保障国家"一带一路"倡仪实施。随着国家"一带一路"倡仪的实施,深圳的桥头堡作用日益突显,深圳港口业对气象防灾减灾的需求日益显著且更加精细,特别是对台风、阵风、低能见度十分敏感。深圳市气象局紧扣港口产业的服务需求,在对中部港区提供港区标准化气象服务工作的基础上,不断完善港区服务模式与机制,以"提前预估—精细预警—跟踪服务—持续改进"的服务模式和互动式的服务机制,在西部港区建立了专门的阵风、雷电等港区灾害的精细化监控与预警系统,实时向港区生产区域提供天气实况、预警、预报、短信提示、电话呼叫等信息服务。其更新频率与及时性与深圳市气象局内部业务运行几乎完全同步,服务范围涵盖了珠江三角洲区域和深圳中西部主要港区,日涉及东西部港区生产经济过千万元,物流车辆近 10 万辆。港口气象服务对港区的安全生产、运营调度、有效防御性天气更加具有指导性和可操作性,特别是在对港区的防灾减灾服务方面,双方已形成良好的高级别预警信号条件下和强天气下的互动和改进机制,服务获得了很好效果。

二是精准发力为保障城市安全运行。保障城市地铁运行、公交运输、安全施工及旅游、供水供电等行业的安全运行是气象保障大城市安全运行的重点领域。深圳市气象局对安全施工、供水供电、地铁运营及交通出行、滨海旅游等行业开展的"基层防灾减灾服务"越来越规范且逐步趋于标准化。于内通过大平台服务在气象服务产品制作、服务提供流程、服务质量控制、服务反馈和改进等环节均建立了规范性文件或标准;于外与服务对象分别建立了服务对接,明确了气象灾害防御关注重点、使用资料、应急预案、服务反馈和改进机制等内容,建立了共享的行业服务平台和互动机制。行业气象服务标准化模式在保障城市安全运行中发挥的社会效益和经济效益也越来越突出:每年为地铁运营部门提供的有效处置大风、暴雨及台风等灾害风险影响的专业预警,使地铁运营部门通过限速等方法有效避开了各类气象灾害风险,有效保障了地铁部门的安全运营。深圳全市2000多个工地收到台风、暴雨气象灾害预警信息的时间几乎与气象台的发布时间同步。及时准确的预警信息为防灾减灾赢得了宝贵的防御时间,有效避免了安全事故。台风暴雨的预警信号与东西部主要港区的防御应急预案实施无缝对接,避免了城市东西部因物流不畅造成的交通堵塞和不必要的生产损失。为供电行业提供的中长期气候预测及供电负荷预测气象数据分析、电站灾害天气预警提示等的专项服务,发挥了很好的社会效益和经济效益,获得了深圳市供电部门领导的赞许。大鹏新区生态旅游气象服务直接服务东部街道、社区和旅游公众,日服务人次超10万人次,为民服务办实事在行业气象服务中进一步得到深化和实实在在的体现。

(2)创新体系高质发展数智化行业气象服务

2020年以后,在现代信息技术和气象科技支撑下,通过科技创新和标准化建设,深圳行业气象服务更加数字化、智能化,也逐步走向高质量发展。港口、轨道交通两大独具深圳特色的行业气象服务品牌在全国、全省同行业中已经产生了很大的影响力。在港口气象服务方面,深圳市气象台以西部港区作为突破口,针对港口物流、轨道运营等行业企业等的专业性需求,应用最新气象精密监测、预报预警、信息融合应用成果和"互联网+"技术,将传统的人为感知服务转变为智能推送行业气象灾害风险信息提示服务。同时,将专业服务信息的供给和行业安全生产、内部应急响应进行无缝对接,发布了《港口气象灾害防御服务规范》《重点行业气象风险阈值服务指南》《轨道交通气象灾害防御服务规范》等深圳地方标准。

随着国家气象服务业务体系的改革和数值天气预报技术的能力提高以及云计算、人工智能、大数据等新信息技术的发展,深圳市气象局(台)以品牌化服务为抓手,以"解剖麻雀""以点带面"为拓展方式,融合城市发展开展的基于影响的行业气象服务得到了更高层次的提升。基于阈值的预警服务和基于影响的风险预报水平也不断提高,深圳行业气象服务的智慧供给体系也日益完善,行业气象服务的专业性、针对性、及时性、数智性也进一步综合提升(沈文海,2015)。以保障轨道交通防御风灾风险为例说明。基于网格化、精细化的气象风险监测预报预警和统一开放的应用框架和开发环境,建立了灵活、通用的业务流程接口以及气象风险智慧气象服务业务引擎,实现了数据、模型和算法集成以及行业气象服务的业务重构。全新构建了形式多样、要素齐全、模板规范、动态改进的行业气象风险服务产品的智能化制作、生成、推送、服务、互动、反馈的服务业务供给体系,形成覆盖行业全过程、全链条、全覆盖的升级版气象服务标准化模式。在满足高水平、高质量推动智慧气象服务城市安全、生活宜居、美丽湾区建设的服务保障上(武玉龙 等,2016;王兴 等,2019;顾建峰,2021;张朝明,2021),也进一步诠释了标准化在推动高质量发展数智化行业气象服务中的顶层设计、规划引领、可持续发展的重要作用。

在新时代发展背景下,深圳行业气象服务技术路线更加科学,服务体系更加完善,发展道路更加清晰。其中,一个重要的举措就是打造功能更加完善、供给服务于一体的智慧气象服务数字化供给大平台。深圳气象以"气象＋"智慧提供行业气象服务产品、"＋气象"智慧赋能城市安全运行、产业经济发展和数字政府建设为融入方式,以"以需求引领、以点扩面、集约集成、互融互通、数智供给"的统筹发展方式来发展现代行业气象服务供给体系的气象社会服务现代化的更大发展格局已基本形成。

(三)深港气象现代发展特征分析与启示

深港(深圳、香港)两地气象在服务城市、安全、民生、生态的发展过程中,均取得了瞩目成绩而又各具特色。对比分析深港气象现代发展特征,为深圳气象创新发展思路、站在更高格局上、更高质量上谋划深圳气象发展,对发展深圳气象能力、推进实施粤港澳大湾区气象发展规划、支撑保障服务"一带一路"倡仪均有十分重要的现实意义和战略意义(孙石阳,2018)。

1. 深港气象基本情况比较分析

深圳、香港均属于我国珠江口城市群核心区城市,经济发达、人口集中。深港气象各具特色,深圳气象属地方管理体制,香港气象属"一国两制"体制(陈积祥,2002)。深圳市气象局前身是1952年建立的宝安县气象站,成立特区后,以市人民政府领导为主,于2003年升级为副局级事业单位深圳市气象局(挂深圳市气象台牌子),为深圳市政府直属工作机构。2009年根据市政府机构改革方案,为市政府工作部门。2016年批复升格为深圳市正局级市政府工作机构。2017年有正式公务员、职员151人,聘用人员25人,总计175人。香港天文台于1883年成立,是香港特别行政区政府负责监测及预测天气,并就与天气有关的灾害发出警告的部门,还承担监测和评估香港的辐射水平,以及为航海、航空、工业及工程行业提供气象和地球物理服务(宋文娟 等,2017)。2017年有在职公务员310人和非公务员18人,总计328人。

从表1-1比较分析深港气象基本服务情况可以得出,目前深港两城市管理人口之比约为2.97∶1,城市陆地面积比约为1.81∶1,2017年GDP之比约为1.04∶1。

从深港气象部门的情况分析,香港气象职工为深圳气象部门的近 2 倍,深圳、香港两城市气象人员人均服务的城市面积分别为 13.23 平方千米、3.56 平方千米,深圳约为香港的 3.72 倍;深圳、香港气象人员服务的人均城市人口分别为 14.57 万人、2.39 万人,深圳约为香港的 6.1 倍。因此,仅从气象服务城市人口、面积、城市经济总量需求来分析,深圳气象部门职工人数仍不及香港天文台充足,尚有加大气象人力支撑力度的必要性。

表 1-1 深港气象基本服务比较表

内容	深圳	香港	深圳/香港
城市管理人口	2200 万人	741 万人	2.97:1
城市陆地面积	1997 平方千米	1106 平方千米	1.81:1
2017 年 GDP	2240000 百万元	2150000 百万元	1.04:1
气象正式职工	151 个	310 个	0.49:1
人均服务面积	13.23 千米²/人	3.56 千米²/人	3.72:1
人均服务人数	14.57 万人/人	2.39 万人/人	6.10:1
人均服务 GDP	14834 百万元/人	6935 百万元/人	2.14:1

注:城市人口、面积、GDP 数据来源于深圳市政府在线(引用日期 2018-3-26)、香港政府统计处(引用日期 2018-3-4)公布数据;香港气象数据源自香港天文台官方网站年度年报(2012—2016 年)。

从政府气象投资统计比较分析得出,从 2012—2016 年,香港政府以平均每年递增约 750 万元的投入支持气象发展,深圳市政府以平均每年递增 380 万的投入支持气象发展,5 年中深圳年平均投入增长数约是香港年平均投入增长数的 50%。从图 1-1 分析得出,2012 年深港气象年度总投入与当年本地 GDP 比值千分率基本接近,为 0.12‰,这一比值香港气象在 2012—2016 年基本维持不变,但深圳气象总体比值有一定下降。香港气象的年投入与年 GDP 比率基本维持不变,说明其投入增长率与本地 GDP 年增长率基本一致;深圳气象的年投入与年度 GDP 比率呈下降趋势,说明投入增长率略低于 GDP 增长率。综合分析其原因:一则由于深圳气象起步晚、发展速度快,前期投入较高;二则由于深圳 GDP 增长较快,总量增速加快,财政气象投入以满足本地社会经济发展,提高气象效能的客观需求为宜。

2. 深港气象发展水平比较分析

由于深港气象发展基期、历史沿革、体制与机制均不一样,业务质量和考核指标也不相同,本研究采用类同比较法,也就是按照比较内容和比较标准相对统一的比较原则,从深港气象的监测精细化水平、预报能力、预警能力、服务能力、国际影响力发展五个方面进行比较。

(1)气象监测精细化水平比较

从表 1-2 分析得出,目前香港气象监测精细化水平总体高于深圳。①区域内自动气象站平均密度,截至 2017 年,深港两地自动气象站区域内平均密度基本接近,分

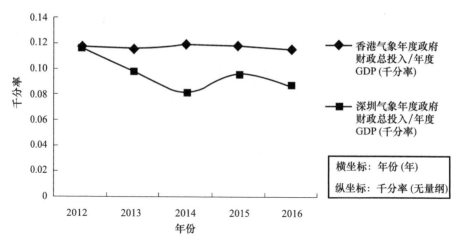

图 1-1　2012—2016 年深港气象年度总投入与年度 GDP 比值千分率比较分析

(深圳气象数据来自深圳市气象局;香港气象数据来自

天文台官方网站年度年报(2012—2016 年))

别为 0.075 个/千米², 0.073 个/千米², 但香港还建有或共享有 40 多个站点的微气候观测站和近 30 个站点的社区天气资讯网,这些监测网为提供更稠密观测数据、发展更小尺度预报模式、提供更精细天气预报预测提供了有力支撑。②香港建有 5 部不同高度的 C、X、S 波段的天气雷达,大大提高了精细化监测中小尺度天气水平和数据同化能力,深圳雷达仅为 2 部。③香港天文台使用亚洲东部卫星图像的更新频率 10 分钟一次,深圳气象台则为 30 分钟一次。④深圳气象日总数据产生量为 1 太字节,而香港气象日总数据产生量为 1.3 太字节,仅每日数值预报模式数据就达 1.06 太字节。综合比较,香港气象在数据监测密度上,资料同化使用上有明显优势,有力支撑了香港"小涡旋"临近预报和其他集合预报初始场精细化数据需求。

表 1-2　深港气象监测精细化水平比较表

内容	深圳	香港	深圳/香港
自动气象站数量	152 个	80 个	1.9:1
自动气象站密度	0.075 个/千米²	0.073 个/千米²	1:1
微气候观测站	10 个	42 个	0.24:1
社区天气资讯观测站	0 个	27 个	/
雷达观测站	2 个	5 个	0.4:1
雷达波段	S(2)	C(1)、X(1)、S(2)	/
卫星图像的更新频率	每 30 分钟一次	每 10 分钟一次	/
台风路径预报	从 3 天延长至 5 天	从 3 天延长至 5 天	/
每日数据量	1 太字节	1.3 太字节	0.77:1

注:深圳气象数据来自深圳市气象局;香港气象数据来自 2017 年粤港澳大湾区气象发展规划技术交流
　　PPT(香港天文台),资料统计时间到 2017 年 12 月。

(2)气象预报能力比较

2016 年开始,深港气象每小时发天气报告至少 1 次,近 100% 报告在每小时前 10 分钟内发送。从 2012—2016 年,香港气象其经客观验证的平均天气预报准确率 为 90.2,市民每年评价其服务水平均在 7.5 分以上(满分 10 分),公众每年对天气预 测认为是准确的比重均超过 75%。深圳气象 5 年的公众满意度平均为 80.4% ,总 体逐年提升。2017 年,深圳气象天气预报准确率为 89.5(图 1-2)。由于评定方法不 一,纵向分析深港气象,其预报准确率均处于较高水平,获市民的认同率均比较高。 香港气象通过平均天气预报准确率、市民评价天文台的服务水平(十分制评分法)、 公众对天气预测认为是准确的比重等指标来综合评判气象工作的方法值得深圳气 象学习和借鉴。

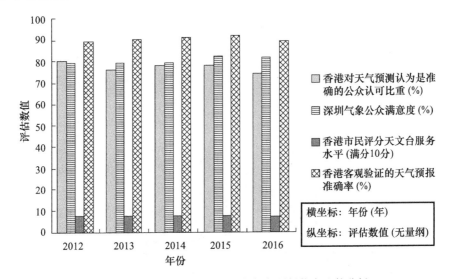

图 1-2 深港气象 2012—2016 年气象预报能力比较分析

(深圳气象数据来自深圳市气象局;香港气象数据源自其官方网站公布的年度年报(2012—2016 年))

(3)气象预警能力比较

2016 年是香港使用数字台风信号系统 100 周年,反映出香港现有的灾害预警体 系具有坚实的基础且行之有效。近年来,香港临近预报技术长足发展,有粤港澳合 作的闪电定位系统和自主研发的小涡旋(SWIRLS)临近预报系统等作为技术支撑, 市民对气象预警服务评价很高。临近预报产品扩展至暴雨预报、山泥倾泻警告以及 闪电预报等,建成基于激光雷达的世界首个风切变预警系统。其风切变预警技术已 达到世界最高水平,基本上解决了风切变预警问题。深圳气象在全国率先全网发布 气象信息最高速率达 5000 条/秒,平均 2~3 小时覆盖深圳 2200 万深圳市民,创新应 用微区域网格大数据智能分析技术,实现了短信最小到街道一级的精准发布其自主研发的短时临近预报决策系统（PONDS）和雷暴尺度集合预报系统在支撑预警能力方面作用显著,气象预警能力有紧追并逐渐赶上香港的态势。

（4）深港气象服务能力比较

近年来,香港气象在产品的专业发展、集约提供、智慧分发、服务广覆盖上效果非常明显。其陆续推出"分区天气""华南海域""地图天气""旅游天气""学校天气""局部地区大雨报告""大珠三角天气"等个性化产品,提供"天气随笔"用户接口,"@我的天文台"已扩充至可穿戴式装置上,及时通过"我的天文台"App、微博、微信、脸书、推特、油管发布天气预报预警信息和澄清有关天气谣言。据调查,香港民众主要通过互联网获取天气信息,而超过80%的民众选择通过"@我的天文台"接收天气信息,2016年香港气象网上资讯服务总浏览量突破1000亿次（见图1-3）。

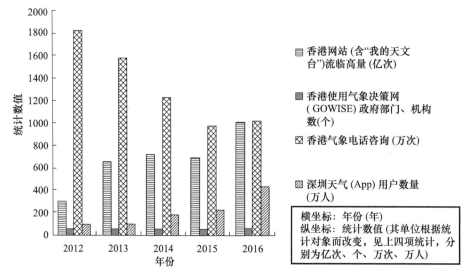

图1-3　深港气象2012—2016年部分气象服务渠道覆盖面情况分析
（深圳气象数据来自深圳市气象局;香港气象数据源自其
官方网站公布的年报（2012—2016年））

深圳气象"@深圳天气"微博、微信、App已形成全国"微渠道"气象服务品牌,但"@深圳气象"所有渠道年度总浏览量却不到100亿人次,远不如香港"@我的天文台"。究其原因,除香港城市国际化程度高、人员流动更频密、公众关注度陡增因素外,还与香港气象产品更个性化、服务推送更集约化、公众使用更便捷化、公众对气象的认知度更高、使用气象信息更主动等因素密切相关,相关情况见表1-3。

表 1-3 深港气象主要气象服务产品和对象一览表

城市气象	主要产品名称	频次	主要服务对象
@深圳天气（13类传播媒介、72种产品，确保公众至少通过一种渠道获得气象服务信息）	信息快报	不定期	政府、部门
	灾害预警	不定期	政府、公众、行业
	短临预报	每小时	公众
	分区预报	每小时	公众
	气候预测	最小时段：旬	政府、部门、公众
	上下班天气	每天2次	公众
	专业气象信息（地质灾害、森林火险、环境、公路交通、海洋、港口、地铁运营、建筑施工、航空出行、公园、旅游）	实时	行业、部门、公众
	数据开放	19类75种	公众、行业
香港@我的天文台（至少10种以上传播渠道、近100种气象信息产品）	分区天气	每小时	政府、公众、行业
	天气警告信号	不定时	政府、公众、行业
	局部地区大雨报告	不定时	政府、公众、行业
	学校天气资讯网	实时	学校、公众
	天气随笔网页	实时	公众、行业
	华南海域天气	每天定期	公众、行业
	地图天气	实时	公众、行业
	香港旅游天气资讯	实时	公众、行业
	闪电临近预报	实时	公众、行业
	航空气象	实时	国际机场、航空公司
	专业信息（海洋、风暴潮、地震等）	实时	公众、行业
	时间讯号、地球物理、海洋、天文及气候资料	实时	公众、行业

注：深圳气象数据来自市气象局；香港气象数据源自香港天文台官方网站公布的年报（2012—2016年）。

（5）深港气象国际影响力比较

香港天文台是世界气象组织成员单位、亚洲航空气象中心备份中心，于2015年实施一套公共气象服务质量管理系统，并获得ISO认证（ISO9001：2015），为世界气象组织网站提供世界天气信息，为国际社会提供共11种语言版本的服务；同时，积极为国际有关活动提供服务并进行宣传，为联合国、世界气象组织制作有关热带气旋灾害的短片。香港气象网页年度总浏览量突破千亿次，这得益于香港气象国际影响力的不断扩大以及其为国际大都市提供的广泛覆盖和便捷的一流气象信息服务。近年来，深圳气象与世界气象组织（WMO）、美国国家大气研究中心（NCAR）、欧洲中期天气预报中心(ECMWF)的合作不断加强,但仍处于发展阶段,国际影响力和服务辐射力有待进一步提升。

3. 深港气象发展特征分析

比较发现,基于现代深港气象共同发展的需求,深港气象发展具有许多相同或相近特征。

(1)政府强力支持,气象发展质效日益凸显

深港气象起点虽不同,但发展到现在,双双走进了一个投入要高绩效、绩效要高质效的发展新阶段。从政府财政支撑力度分析,深港两地政府给予的财政保障有力支撑了气象事业的发展,通过前文比较分析,深圳气象在投入财力、人力支撑上尚有进一步加大的空间,但支撑力度、重点方向和内容取决于规划实施的质量和效果,需进一步开展战略研究来提供政策支持。

(2)需求牵引,发展理念与目标趋同一致

深港气象气候背景相似,气象灾害影响风险类同,有着共同特征的城市安全气象、海洋气象、生态气象、民生气象服务保障需求和共同的发展理念。其发展理念的共同特征是追求有质效的快速发展,发展理念与目标、核心观点基本一致。

(3)合作共享,互融协同发展日趋迫切

改革开放以后特别是近十年以来,深圳气象与时俱进,发展迅速,与香港气象差距大幅缩小,甚至在某些领域已超越香港气象。在此基础上来商谈合作共享、互融与协同发展就有了很好的业务基础,交流、合作、互融就日趋迫切,显得更有可能和有意义,既是历史进步必然,又是事业发展必然。

(4)高质发展,协同发展要求更须科学

从前文发展比较分析,深港气象均达到了质效、速度的高质量发展阶段,发展质量和效果显而易见,在政府投资、监测精细化水平、预报准确率、公众满意度、服务能力、国际影响力等方面均有很好体现,气象"质、速、能、效"协同发展的高端时期对精细化、智慧化、标准化、信息化、社会化、国际化协同发展的要求更高。

4. 对深圳气象发展启示

比较发现,基于现代深港气象共同发展特征需求,深港气象合作共享、携手共进的时代需求日益迫切。对深圳而言,亦是学习、借鉴、发展香港模式有利契机,着力取长补短,重点在基础领域共享、科研领域合作、专业领域借鉴、服务领域创新侧聚焦以下四方面,不断改革创新,力促深圳气象更大、更快、更优发展。

(1)科学安排投入支撑

气象高质量的发展离不开高质效的气象监测。香港气象在高质量发展期,其最大的基础支撑仍是高密度的雷达、自动站、高空、海洋、微气候等气象监测的精细化,基于精细化气象监测的气象预报预警服务才会更准、更精、更细,政府、公众、社会才

会享有更多服务的获得感和对气象的认同感,更多的气象效能才能产出,才能体现政府投入支撑的有质、有效,形成政府投入到产出的良性循环机制。对照香港,深圳气象下一步应在精细化气象监测、中小尺度数值预报模式发展、集约式服务提供、标准化信息传播、社会化服务参与等方面加大投入支撑力度,做到精准投入、高效投入,科学补齐短板。

(2)系统构建质量管理体系

"质量变革、效率变革、动力变革"是高质量发展气象的主题,也是发展高质量气象的必然要求。香港气象公共气象服务高质量管理体系的 ISO 认证表明:"气象发展越现代、气象服务越有效"是高效气象质量管理的结果,同时越是进入现代高质量气象发展新阶段,其气象质量管理的难度也会呈指数加大,在力度、广度、深度上均有新的内涵和发展方略,必须统筹构建气象质量管理体系,以保障气象质效的稳定发展。

(3)创新方式"高位过坎"

深圳气象迈步走向高质量发展期,必须要加大打破藩篱、破除壁垒的勇气和决心,紧紧围绕"以发展质量为核心、以发展环境为支撑、以发展效益为贡献"的核心发展理念来创新发展深圳气象,破常态"弯道超车",包括科技应用、人才培养、服务供给、产能提效、国际合作等的体制机制创新,如创新构建深港气象共建共享机制、互派技术人员进驻对方岗位交流培训机制、重大科研项目共建合作机制、海洋及专业气象服务信息共享机制、参与国际气象合作机制等。着力驱动气象科技与信息科技深度融合、人才引进和"借智引慧"方式并举、撬动社会力量应用气象、产品集约提供智慧推送等的跨越式发展,力促深圳气象"高位过坎"。

(4)放大格局发展深圳气象

从行业看,深圳属于地方气象体制,从区域看,深港紧紧相连,同位于"丝绸之路经济带""21 世纪海上丝绸之路"交汇处和桥头堡位置,在服务粤港澳大湾区、"一带一路"倡仪中,深港气象更具有时代赋予的特殊意义。深港气象互融发展,在践行中国气象提高全球监测、全球预报、全球服务、全球创新、全球治理能力上具有独特的地域优势、体制优势、国际影响辐射力优势。深圳气象可担负起更大格局、更高台阶上发展中国城市气象事业的先行者作用,在精密监测、精准预报、精细服务等诸多领域可以先行先试,同时在更大更高发展格局中不断升华和壮大气象能力。

二、气象应急服务

全球气候变化大背景下,极端气象灾害天气日益频发,为确保突发事件应急气象保障服务工作高效、有序进行,提高突发事件应急气象保障服务水平,各省(区、市)均制定了突发事件应急气象保障服务机制。由于深圳不设区一级气象局,防灾联动和防御协同的应急管理机制对深圳气象灾害防御工作提出了更高的要求,深圳气象在灾害防御、现场应急等的示范发展上取得了一些成功经验,相关成果值得借鉴。

（一）气象灾害防御示范发展的实践与启示[①]

深圳是灾害性天气多发地区,特别是台风、暴雨灾害发生频率高、危害大,对人民群众生命财产安全和经济社会发展构成了严重威胁,日益频发的气象灾害对深圳气象灾害防御工作在防灾联动和防御协同上提出了更高的要求。通过分析研究深圳在气象灾害预警机制、预警研判与分级责任、灾害预警与防御操作、分行业分人群主动应急以及巨灾保险机制等方面示范发展的主要做法与启示,也为推动我国气象灾害防御高质量发展的制度安排提出一些建设性意见(肖芳 等,2023)。

1. 坚持以人民为中心的理念,深圳气象灾害防御示范发展的作用凸显

深圳气象部门始终坚持"以人民为中心"的理念,围绕人民生活和大城市发展的精细化需求,注重通过科技创新和机制创新,建立并完善了以预警为先导的四级气象防灾减灾机制,在气象灾害防御方面充分发挥了示范发展与引领作用。

(1)围绕人民美好生活和超大城市发展的核心需求做好气象灾害防御

深圳气象部门紧密结合防灾减灾和城市运行的精细化服务需求,注重围绕重点时段、重要地段、重要灾害、重点行业、重点人群开展精细化预报服务。同时,全力做好民生气象服务,全口径公共气象服务达到日均 4000 万人次,气象预警信息公众覆盖率从 98% 提升至 100%(方胜 等,2022);公众气象服务内涵从简单的预警预报向围绕市民衣、食、住、行、娱、购逐渐拓展。另外,随着智能手机的普及和移动互联网的蓬勃发展,"@深圳天气"微信、微博、App 以及"i 深圳"App 的"两微两端"随身气象台成为深受市民喜爱的"互联网＋"气象服务。

(2)十分注重科技创新在气象灾害防御中的基础作用

逐渐建成粤港澳大湾区气象监测预警预报中心、深圳国家气候观象台、深圳南方强天气研究重点实验室等四大协同创新平台。深圳自动气象站站网密度达到 3.0 千米(全国平均站距 10 千米以上,广东省 6.5 千米)(方胜 等,2022),建成了雷达协同观测网,与华南、港澳区域雷达实现组网观测,气象灾害监测率达 98.5%(深圳市气象局,2022d)。暴雨预警准确率和提前量高于全省和全国的平均水平,预警信号发布时效在全国属于领先水平。

(3)充分发挥了气象防灾减灾第一道防线作用

相关统计数据表明,近年来,深圳市气象部门年均发布 14 种气象灾害预警共330 次,其中台风预警 15 次、暴雨预警 113 次(方胜 等,2022)。2022 年,重大天气过

---

① 参考肖芳、唐历、姜海如《深圳气象灾害防御先行示范的实践与启示》相关研究。

程气象服务全网关注度累计超 20 亿人次,市民主动点击获取服务日均 4000 万人次,成功防范 5 月 11—13 日等 50 天暴雨、"遥芭"等 6 个台风和"9·18"等 12 个强对流天气,实现重大天气无重大灾害、无重大舆情、无人员伤亡(深圳市气象局,2023)。

2. 从先行先试到示范引领,对深圳气象灾害防御提出了新的更高要求

(1)"31631"灾警机制做到了"两个符合"

① 尊重"两个规律"实际,创新气象灾害预警机制

在现代技术条件下,重大气象灾害是一种可提前监测预测的自然灾害,重大灾害发生前均有孕育和积累的时空过程,如果灾害防御能有效地抓住这个时机,就可能极大避免和减轻灾害造成的损失。这就是气象灾害预警发布基于科学技术基础。但在具体实践中,气象灾害预警制作与发布的情况则非常复杂,经常可能因为气象技术能力原因而发生早报、空报、漏报、迟报和预报区域不准确的问题。作为气象灾害防御决策部门和组织,接收到这样的气象灾害预警如何处置就面临两难选择,一方面如果全域过度防御,成本就相当高;另一方面如不应急防御又担心万一遭遇灾害袭击,后果就难以预想。出现这两种情况,社会反响都会非常大,人民群众都可能难以接受。因此,科学决策气象灾害防御必须避免出现这两种情况。为此,深圳市依据灾害性天气变化规律和社会灾防实际,创造性地建立实施了"31631"灾警机制,既符合灾害性天气监测预报预测的科学规律,又符合政府和社会实施气象灾害防御工作的一般规律。

② 尊重"两个符合"实际,构建"31631"灾警机制

"31631"灾警机制,即气象台提前 3 天发布(重大)气象信息快报、给出预警信号发布节奏;提前 1 天预报精细到行政区的风力和降雨具体量级和重点影响时段;提前 6 小时进入临灾气象预警状态,定位高风险区;提前 3 小时发布分行政区预警和风险提示,滚动更新落区风情雨情实况;提前 1 小时发布精细到街道的定量预报。事实上气象预警时间越临近就越准确,"31631"灾警机制非常符合灾害天气的演变规律,也准确反映了现代天气预报水平。以 2020 年我国台风预报水平为例,台风预报 3 天(72 小时)误差为 169 千米、2 天(48 小时)误差为 117 千米、1 天(24 小时)误差为 70 千米,时间越临近,误差越小,准确率越高。因此,我国规定发布台风橙色和红色预警分别为提前 12 小时、6 小时。决策部门和社会公众则根据"31631"节奏实施灾害防御。"31631"灾警机制客观反映了灾害性天气变化规律,也充分考虑了降低灾害防御的社会成本,以及有效把握灾害防御采取行动的最佳时机,完全符合社会灾害防御期待,从而被社会广泛接受。政府部门决策和社会公众则根据"31631"灾害预警节奏,适时调整和安排社会活动。从应急防御台风、暴雨灾害来讲,有 12 小时至 6 小时时间足可避免造成人员重大伤亡,各部门和各行业企业组织将会充分利用好灾前 12 至 3 小时最佳时机采取应急行动,就可以避免更多灾害并减少其造成的损失。

（2）预警研判与分级责任实施了"两个挂钩"

深圳建立"31631"灾警机制有一个非常重要的前提，就是气象技术责任和气象行政责任紧密挂钩。深圳市气象局建立了1小时"304070"灾级预兆研判责任机制，即1小时降雨量达到30毫米、40毫米、70毫米时（即暴雨、大暴雨和特大暴雨发生前），分别叫应技术首席岗和应急副首席岗、预报处值班处长和分管局领导、局长和领导小组成员到业务平台现场参与研判（曹春燕 等，2016），由气象技术专家和气象行政责任人共同分析天气变化及恶劣天气发展趋势，对暴雨发生的预警时间、量级和影响区域，按照未来6小时、3小时、1小时灾警机制进行科学研判，真正做到了科学慎重制作暴雨灾害天气预警。这个制度一方面从某种程度有效避免了气象技术人员由于过多担心承担社会责任而可能出现报大、报早、误报或犹豫不决的现象；另一方面也有利于消除气象行政人员担心预警发布技术底气不足的顾虑。这种机制有效排除了可能影响暴雨预警制作与发布的非技术因素。深圳市气象部门对发生台风、强风等恶劣天气均建立了"两个挂钩"灾级预兆研判责任机制，重大灾害天气预警做到了既不可能随意发布，也不会出现漏发现象，从而极大地提升了"31631"灾警发布效果。

（3）灾害预警与防御操作实现了"两个衔接"

"部门联动、社会参与"是气象灾害防御工作的重要原则，也是灾警能否产生最好效果的关键。如何使"原则"转变为有效性操作，深圳市创造性地建立了"3346"灾防联动机制，灾害预警与防御操作实现了"两个衔接"。

"3346"灾防机制，即"3叫应机制"。深圳市恶劣天气预警叫应制度规定，全市台风预警、暴雨预警、大风预警，必须叫应市三防、区三防、海事局3个组织成员单位值班电话，突出一个"快"字。"3通道机制"：深圳市灾害预警传播制度规定，电视台、电台、互联网等社媒，电信、移动、联通等电信载体，部门网站、短信平台、广播、政务微博微信等3条通道，收到灾害性天气警报应在15分钟内向公众传播，突出一个"广"字。由于引用了智能技术，深圳市实现了13种渠道的"一键式发布"，预警信息可在1分钟之内到达公众。"4停避机制"：深圳市建立了灾警避灾4停制度，气象台发布对可能直接造成重大人员伤亡的台风、暴雨橙色和红色预警，收警者可当即采取"停工、停业、停市、停课"避灾措施，尤其涉及居民、学生和职工生命安全的停避措施"即收即应"，突出一个"急"字。"6配套机制"：现代灾害治理是一个十分复杂过程，在这个过程中，深圳市建立了法律、法规、规章、规范性文件、标准、操作指南6配套机制，特别是通过制定规范性文件、标准、预案、操作指南（提示）使灾害防御操作具体化，真正做到了落地落细落实，突出一个"细"字。

（4）分行业分人群主动应急补齐了"两个短板"

受传统灾防高度依赖政府决策的影响，生产行业和社会人群防灾应急靠政府、等政府的现象非常普遍。社会性灾害防御多处于一种被动状态，往往可能丧失避灾最佳时机而造成重大人员伤亡。为改变这种状况，深圳在继续强化政府防灾作用的同时,补齐"两个短板",建立了生产行业和社会人群主动防御机制。一是建立了分行业责任主动应急制度。即生产行业收到本区域本行业高相关恶劣天气预警时,应立即采取相应级别的防御措施,特别是恶劣天气红色预警相当于防御行动的发令枪,各行业企业必须按照预案直接采取应急行动。这项制度既增强了行业企业灾害防御的主动性和针对性,又有效降低了社会和行业的灾防成本。二是建立了分人群主动避险保护制度。一旦收到台风、暴雨橙红色灾害性天气预警,中小学生和幼儿园应停课,用工单位应推迟上班、提前下班或停工,停止户外活动、停止高空和户外作业,所有受影响的个人应立即主动选择紧急避险,人们没有耽误学时、耽误工作、担心工资扣发之忧。不同行业和不同人群实施的主动防御应急制度,有效避免了重特大气象灾害可能造成的重大人员伤亡事件发生。

(5)避灾减损巨灾保险增添了新机制

气象灾害的发生具有高度不确定性,抗御巨灾是社会治理需要面临的永恒课题。在我国,如何引入利用市场力量抗御巨灾,这一问题一直没有很好的突破。2014 年,巨灾保险制度在深圳率先建立,开启了首批巨灾保险试点。在中国首次试行对巨灾风险管理的政府与市场合作模式,标志着对巨灾管理从事后融资向事前风险管理的转变正式开启。这种模式在于政府通过购买公共服务,与商业保险各司其职,充分发挥各自优势,共同应对巨灾风险。经过多年巨灾保险实践,取得了非常好的效果。仅在 2020 年,深圳市依托保险行业资源参与灾害救助服务,救助服务群众4733 人次,其中伤亡救助 7 人,灾前转移安置救助 4726 人,并按照一定比例保费用于开展防灾避险宣传、灾害研究、基层灾害信息员培训、社区防灾减灾救灾演练等,有效发挥了社会力量参与防灾减灾救灾工作。

3. 对推动我国超大城市气象灾害防御发展具有的重要启示

(1)防灾规范做到完备性和操作性统一,全域全员灾防有章可循

现代灾害治理是一个十分复杂的政府与社会共同参与的过程,如果没有国家灾害防御法律法规支撑就不可能实现对气象灾害的有效治理。但如果只停留在国家法律法规规章层面,由于我国气候的复杂性和上位法律法规的原则性,到地市县级基层社会就往往难以落实。针对这种情况,深圳市在遵循上位法原则和规范基础上,重点结合本地气象灾害特点,制定了一系列法规、规章、规范性文件、标准和操作指南,形成了完备的与上位法有机衔接的规范。从灾前治理、灾害监测、预警制作、预警发布、部门响应处置、行业响应处置、企事业响应处置、社会响应处置、灾后处置等均建立了分级分类操作性办法,基本做到了凡是防御气象灾害中可能出现的情况,均有相应的操作性处置办法。"31631"灾警机制与"3346"灾防机制实现了无缝隙衔接,使灾警为灾防实施提供了科学依据。灾防为灾警效益最大化提供了保障,二者成为有机整体,真正形成了以防灾减灾法律法规为骨干、相关应急预案、技术标

准、操作规范、防御指南配套的防灾减灾法规体系。

(2)防灾行动做到协同性和自主性统一,极大降低死伤风险

我国在灾害治理与防御过程中,最难的是达到高度的协同性,但更难的则是协同性和自主性的高度统一。因此,传统的办法就是抗大灾由党委和政府直接指挥协调,抗小灾则分兵把守各自为战。这既体现了我国传统灾害防御的优势,也暴露了传统方式不适应现代灾害治理的弊端。深圳市通过制定实施完备的操作规范,涉及灾害防御的每一环节细节,从气象灾害预警发布发送到接收、响应和处置,基本实现了气象灾害防御协同性和自主性的高度统一,实现了部门、行业、企事业单位和社会大协同。但根据规定,凡收到不同类别级别气象灾害预警的部门、行业、单位、组织和市民、中小学生均可按照规定或指南自主作出相应的抗灾避灾应急行动选择,特别是收到台风、暴雨类红色预警,规定市民和中小学生均应主动选择避灾措施,这就完全可以避免因灾造成的重大人员伤亡。

(3)防灾举措做到前端化和常态化统一,巨灾也可从容应对

努力实现从注重灾后救助向注重灾前预防转变,是深圳市气象灾害防御很鲜明的特点,其防灾措施基本基于前端化和常态化相结合的理念。所谓前端化就是扎实做好灾前防御。深圳市灾前防御主要表现在查整隐患、风险评估、构筑物防、布设技防、强化人防、分治到位、分业预案、分责到岗、法责分明,“防、治、管、控、应”有机结合。灾防前端工作的到位推动了防御气象灾害应急基本实现常态化。一旦收到预警或灾害发生,各部门各行业各单位,包括市民和中小学生都会按照规范行动,抗灾依章、指挥有序、救灾不乱、避灾从容,临灾不惧。常态化的应急响应和处置措施,不仅有效减轻了灾害引起的社会情绪困扰,而且有效降低了灾防社会成本,减少了人口伤亡,同时大大降低了灾后对经济社会生产恢复的影响。

(4)防灾治理做到综合性和社会性统一,社会参与机制常态化

近些年来,我国提出了坚持党委领导、政府主导、社会力量和市场机制广泛参与灾害防御原则,这充分考虑了气象灾害防御是一项综合性和社会性的系统工程。但我国传统气象灾害防御主要实行“党委领导、政府全责”制度,社会力量参与度很低,基本没有市场机制介入,至今在许多地方仍然存在深远影响。深圳市按照中央提出的现代灾害防御要求,在继续强化党委领导、政府主导的同时,增强了现代城市防灾治理的综合性和社会性。一是统筹综合利用减灾资源,综合运用行政、经济、法律、科技、市场等多种手段,建立综合减灾体制机制,形成了灾前风险识别、物防技防到位、防灾备灾充分、灾临监测预警、灾致应急响应、灾中全力救助、灾后恢复重建等综合性减灾格局。二是社会参与广泛,建立了以气象灾害为主的巨灾保险制度,完善细化了中小学生、市民、职工、企业事业单位和社区响应制度,政府、行业、社会、市场形成了灾害防御合力,全面提高了综合减灾能力和风险管理水平。

4. 对推进我国气象灾害防御高质量发展的建议

（1）不断健全预警制作与发布制度

《气象法》《气象灾害防御条例》均规定"国家对公众气象预报和灾害性天气警报实行统一发布制度"，并规定"各级气象主管机构所属的气象台站应当按照职责向社会发布公众气象预报和灾害性天气警报"。据此，中国气象局制定了《气象预报发布与传播管理办法》《气象灾害预警信号发布与传播办法》。从两部规章规范的内容分析，涉及中央、省、市、县四级气象台灾害性天气预警制作和发布的分工规范还不够细化，其严谨性、规范性有待进一步加强。因此，当前特别需要制定《气象灾害预警制作与发布分级分工管理办法》，并向社会公布，以部门规章规范四级气象台气象灾害预警制作与发布行为。防止和避免部分基层气象台可能随意将预警信号影响时间拉长、影响范围扩大，执行标准不统一、签发把关不严谨、流程不到位、预警信号频发等问题；也防止和避免有的值班预报员担心追责宁可多发、不可漏发，而造成上下台重发、滥发、频发现象，或过度追求准确性考评得分而延迟发布预警现象。

（2）滚动修订预警与警报制度

自 2007 年实施《气象灾害预警信号发布与传播办法》以来，各级采取切实措施，全方位加大了气象灾害预警信息发布和传播工作，为全社会防灾避险赢得了时间，取得了显著成效。但分析现行预警制度，还存在以下问题值得研究：一是紧急性、突发性区分不够。同样等级的不同类别预警信号，时效性最长的有一周，最短为 2 小时。其中干旱、高温、霜冻、寒潮均能提前 24 小时预报，不具紧急性和突发性天气特征，应不属于警报，但可发预警。二是对生命造成的危险性、严重度区分不够。如台风、暴雨、强风（冰雹）橙色、红色预警，如果不及时防备，就可能立刻直接造成重大人员伤亡，而其他红色预警则达不到这样严重的危险程度。三是警报与预警区分不够。在《气象灾害防御条例》中有"预警""警报"条规，但如何在部门规章中区分"灾害性天气警报和气象灾害预警"则需要细化，"警报"一定指"行将发生或正在发生"，而"预警"时效则可长可短。因此，建议修订气象灾害预警与灾害性天气警报制度，是否可以把 3 小时内行将发生的台风警报、暴雨警报、暴雪警报、强风暴警报突出来，以利于社会公众采取紧急避险措施，以避免这类紧急性天气灾害造成重大人员伤亡。

（3）建立完善传播与监管制度

目前规章中的气象预报发布与传播主体规定较为笼统。如"广播、电视、报纸、互联网等社会媒体和基础电信运营商"，还有"电子显示装置"等，没有细化到具体机构或单位的媒体载体。但所有的发布与传播媒体载体在各级各地都属于具体部门、单位或组织，这些传播媒体载体有的是公共的，有的则属于部门或单位内部使用，有的还属于企业或经营者，即使为公共媒体载体情况也非常复杂。如某一级电视台为公众提供的频道非常多，是全频道或选择频道发布与传播也需要具体化。因此，在每一级的执行中均要求主体具体化,而且需要有明确的法规规章确定。

气象灾害预警发布的媒体载体必须法定,对这些媒体载体应向社会公布,以提高发布媒体载体的权威性,具体可以由县级以上人民政府发文指定,并向社会公布,也可由县级以上气象行政机关与媒体载体相应主管行政机关共同认定,同样应向社会公布,媒体载体有变化时应及时将调整情况向社会公布。对于其他只承担传播气象灾害预警的媒体载体,可以由气象行政机关分别建立指定、备案、确认、告知、协议或通告制度,并向社会公开这类传播媒体载体。所有发布与传播媒体载体,包括再传播的均应纳入统一监管(祝燕德 等,2010)。因此,需要建立完善《气象预报预警发布与传播媒体载体管理办法》。

(4)亟须细化预警警报报告制度

《深圳市气象局恶劣天气呼叫标准》规定,当恶劣天气达到一定标准时,要呼叫市三防成员单位值班电话,并对呼叫标准、方式、次数等进行了具体规范。另外《深圳市气象灾害应急预案》规定:气象局为市、区政府气象灾害预警应急工作提供决策支持等工作。但实际工作中,由于气象灾害的突发性、不确定性和应急处置的特殊性,向政府和有关部门报告灾害性天气预警情况出现了新情况,当地政府和各部门均要求,气象灾害预警需要当地气象台直接向各级相关责任人发送和提供,有的部门或行业甚至要求直接向全部门或行业员工精准发送,有的则是上级气象部门要求气象台向某类人群发送。

出现这种情况原因,一则由于政府和部门有要求;二则气象部门也想积极争取多做些工作;三则现在也具备相应技术能力。显然,这就超出了法规规定的报告方式,可能造成法定职责的模糊,在发送气象灾害预警信息方面,它涉及相关责任人名单提供与管理、气象台是否及时发送、由省市县气象台哪一级发送、是否出现发送责任人遗漏、通信网络是否通畅、责任人是否能及时获取、责任人处在特殊情况下不能获取、责任人变更管理、责任人获取预警信息后是否就应采取应急处置行动等一系列法律规范问题。涉及类似的系统性法规规范细化,则需要当地政府制定具体的规章或规范性文件予以明确。目前,全国多数地区还缺乏职责边界划分的规范文件或规章,一旦由此引发事故责任,当地气象台法定职责就可能比较模糊,甚至造成不必要责任追究。因此,急需制定《灾害性天气预警警报报告管理办法》,以部门规章形式进一步规范预警警报报告行为。

(5)持续推动市县级完备地方灾防法规

由于中国地域广、气候区域复杂、气象灾害分布差异大,在制定国家层面的气象灾害防御法律法规规章时,无论怎样全面和完备均会留有很大空间,让省级或市县级通过制定操作性的规章或规范性文件而具体实施,使气象灾害防御行为具体化、操作化。

深圳市在这方面已经积累了许多成功经验。近些年,深圳市围绕气象灾害防御,先后制定并实施了 20 余项规章和规范性文件,包括《深圳市气象灾害预警信号发布规定》《深圳市突发事件预警信息发布若干规定》《深圳市气象局恶劣天气呼叫标准(2020 年修订)》《深圳市台风暴雨灾害防御规定(试行)》《深圳市防汛防旱防风指挥部工作规则》《深圳市巨灾保险灾害救助工作规程(2021 年)》《深圳市气象灾害防御重点单位名单(2021—2022 年)》《深圳市应急管理专家库及入库专家管理服务暂行办法》《深圳市应急避难场所管理办法》《深圳市支持社会应急力量参与应急工作的实施办法(试行)》,以及《深圳市气象灾害公众防御指引(试行)》《深圳市主要气象灾害风险提示(2020 年版)》《深圳市教育局关于印发台风暴雨高级别预警分时段学校防御指引》,还制定有《深圳市防汛预案(2020 年修订版)》《深圳市防旱预案》《深圳市防台风预案(2020 年修订版)》《深圳市自然灾害救助应急预案》《深圳市气象灾害应急预案》《深圳市气象局(台)内部应急预案(2020 年修订)》《深圳市气象局(台)气象灾害应急响应工作细则》,等等。为使这些规范更加符合当地气象灾害防御实际,每年或每两三年还将会进行一次修订,并全部向社会公开。

(6)探索建立气象参与巨灾保险制度

作为应对重大自然灾害的手段之一,建立适合国情的巨灾保险制度不仅可以减轻政府和财政负担,而且可以调动更多社会资源有效应对自然灾害。因此,试行气象灾害巨灾保险,是利用市场机制参与气象灾害防御,促进"两个坚持、三个转变"的重大制度创新。2013 年,深圳市开始进行巨灾保险试点。当降雨强度、台风风速达到或超过触发巨灾的预设阈值而造成损失时,即可申请相应保险赔付,极大提高了救灾效率,为探索以保险创新社会治理的中国特色巨灾保险发展树立了榜样。目前,全国已有一些特大城市通过学习借鉴深圳市的经验,试行建立了自然灾害巨灾保险制度。从目前实际运行情况分析,巨灾保险还存在一些不可忽视的问题:比如,产品不够丰富,风险分散渠道尚未建立;社会参与度和居民参与度还不高,家财险等险种覆盖面不高,巨灾保险所能发挥的作用还不充分;巨灾保险的风险能力建设和应用还明显不足,大数据和人工智能等现代信息技术方面的应用还有很大提升空间。因此,各地可以借鉴深圳市巨灾保险经验,进一步扩大推广气象灾害巨灾保险制度。除政府购买外,还可以探索鼓励灾害防御重点单位、社会企事组织和居民个人购买巨灾保险,使政府购买巨灾投入产生更大效益。保险公司也应摒弃单纯灾后赔付观念,可与气象部门合作建立《气象参与巨灾保险管理办法》,充分利用现代气象科技作用,提升风险能力,提前发现风险,做好防灾减损工作,最大限度地避免和减少灾害损失,特别应做到避免因灾造成重大人员伤亡。

(二)现场应急气象服务保障模式与改进思考

现场应急气象服务保障在现代应急救援或专项服务保障中已显得越来越重要。按照政府总体应急预案和相应专项预案的要求,通过本地应急演练和应急实战,借鉴目前一些省(市、区)气象部门现场应急经验,以现有科技发展水平和现实条件为基础,提出现场应急气象保障服务的一般模式和原则,并对模式的发展和灵活运用提出进一步思考。模式的实用性、灵活性、科学性值得参考和借鉴。

1. 基本概述

积极防御和应对各类突发公共事件已成为各级政府必须面对并着力解决的一个重大课题。按照突发事件的发生过程、性质和机理,一般将突发公共事件分为自然灾害、事故灾难、突发公共卫生事件、突发社会安全事件四类。当有或将有重大气象灾害发生时,气象部门按照有关规定会启动相应预警应急预案,此属部门专项应急预案,应急以防御为主。除重大气象灾害事件外,绝大多数突发性公共事件是指由气象灾害以外的其他重大灾害引起。但灾害的进程与气象因子密切相关,或气象因子对救灾效果等有明显影响的重大事件,事件的主管部门并非气象部门。这些事件往往具有连锁性、复杂性和放大性的特点,而气象因子对抑制事态的扩大至关重要。

对突发性公共事件进行现场应急气象服务,既是气象部门响应政府突发公共事件总体应急预案的具体落实,也是气象部门响应部门应急预案的社会联动一体化的配合实施。目前,国内许多地方的气象部门均已配置应急气象保障服务车(车载移动气象台)。在总结本局应急演练和实战经验的基础上,结合当前国内外一些做法,联系我国实际,就如何更有效地开展现场应急服务提出一个借鉴模式。

2. 现场应急服务保障模式的建立

(1)模式建立前的准备

①按照要求构建完整的应急预案体系,逐步完善应急工作流程,建立可实施的、操作性强的现场应急气象保障服务方案。如果不依据国家有关法律和国家规定来制订应急实施流程,最终可能导致工作流程不畅,错失挽回损失的良机,也就谈不上应急效果。

②充分考虑和估计应急现场气象服务的多样性和复杂性。根据重庆、上海、湖南等地的应急经验,现场应急服务因突发事件的性质和时段不同,侧重点存在明显不同。例如:危化泄漏事件,在事件一开始,最需要现场的气象要素和天气预报,随着事态发展和救援的进展,还需提供将来逐时风向,风速和污染扩散能力等信息(深圳市气象局,2007)。

③整合各类信息,建立应急管理服务信息平台和应急服务基本信息数据库。建立由相关的技术资料、电话、管辖内地形地貌情况等信息组成的应急服务基本信息数据库。

④建立有效性、针对性、及时性、灵活性强的气象信息服务模板。大致将各类突发性公共事件归纳为危化泄漏(爆炸)、地质灾害、森林火灾、海上突发事件和其他重

大突发事件 5 类,模板的格式应该规范,但编辑应具有很强的灵活性。

(2)现场应急服务保障模式介绍

①现场应急硬件部分

以下硬件设施、设备可供参考。随着科技发展和社会进步,相关内容设施、设备可以被新技术、新设施、新设备所取代。

(a)应急移动载体及应急平台:应急车以机动性能好、平稳、车体空间较为宽敞、越野性能强的中型车辆为宜。车内安装(置放):自动导航系统、车载天气雷达、应急工作平台、载有实时气象数据的移动硬盘 2 个、高性能笔记本电脑 2 台、大屏幕等离子显示器、便携式打印机、打印纸、电子摄像头、油机、便携式 UPS 电源等;检测维修工具、防雷检测、防化防辐射服、指南针等必备设备,简易卫生箱等用品。以上用品均按要求放好。

(b)摄像与通信设施:数码照相机、摄像机、联通码分多址(CDMA)、无线上网终端设备、对讲机、GPS 卫星定位仪、手机、通信电缆及接头、电源插头及插座等。

(c)探测设施:两套自动站观测设备、边界层探空设备;简易地面观测设备,例如:通风干湿表、风杯、空盒气压表、雨量器等;轻便式空气质量监测设备等。

②现场应急软件部分

以下软件设施、设备可供参考。随着科技发展和社会进步,相关内容可以被新技术、新软件、新设施取代使用。

(a)气象信息综合分析处理系统。日常工作中准备 2 个移动硬盘,将它们实时挂在预报业务计算机上。一旦应急任务下达,应急人员需立即拔下移动硬盘,与应急笔记本电脑相连接(系统参数事先应设置好)。

(b)应急管理服务信息平台。系统集通信、信息整合、输出打印于一体的一个综合性操作平台。

③应急模式流程

应急程序一旦启动,应急车在短时内立即出发,所有成员各自进入应急状态,上车后立即进入下一步操作(含在行车途中)。

(a)通信网络保障人员:立即打开 GPS;调试笔记本与局域网、互联网的连接,进一步调试与自动站数据库的连接;调试其他通信系统;接通预警信息发布平台;接通车载电子摄像头;与现场总指挥部取得联系。

(b)预报服务人员:预报员将移动硬盘与笔记本连接好,分析资料,随时使用对讲机保持与本单位应急指挥中心进行联系;使用无线上网少量调取最新预报信息,检索自动站数据库资料和相关技术资料;调出相应应急模板。

(c)大气监测技术人员:检查各监测设施,调试成准应用状态,协助网络人员把通信系统连接好,为到现场后立即实施监测做好准备。

(d)到现场后,大气监测人员立即调整好各监测设备,相关设备进入监测状态,测定经纬度和海拔高度,获取现场图像资料,3~5分钟内获取现场气象要素资料,预报组人员调查周边环境,与单位应急指挥中心进行会商,5~10分钟内制作出第一份服务材料。通信网络人员将有关摄像、图片、预报信息等文件发回单位应急指挥中心。

(e)单位应急指挥中心应及时将现场有关信息报告给上级应急机构,取得上级主管部门的支持和帮助,并时刻与地方应急机构保持联系。

(f)根据需要,现场应急组或者本单位应急指挥中心向现场总指挥部或者政府应急总指挥部提供连续性的应急气象服务材料。后勤人员应做好后勤保障工作(供电、搭棚、食品供应等)。

(g)接到应急终止指令,现场应急服务即宣告结束。

现场应急气象保障一般模式流程图见图1-4。

④ 现场应急服务保障模式应坚持的原则

现场应急服务能力和水平反映出一个单位的综合实力。在实际应急服务中,情况一般都十分复杂,时间性极强,实际中可遵循以下原则,灵活处理。

(a)应急性原则:俗话说:"养兵千日,用兵一时",应急预案一旦启动,现场应急组成员接到出发指令后,人员、设备设施都应处应战状态,一切服从和服务于应急需要。

(b)可行性原则:指在当前技术和设备力所能及的情况下,整合各类综合信息,力所能及地提供的最佳服务效果,由于受科技水平和实用能力的限制不一定十分成熟,不能过分依靠某单一方案,在力所能及的情况下,尽量准备好两种或两种以上方案,以备不测。

(c)针对性原则:突发事件的性质不同,气象服务的侧重点明显不同,如森林火灾,最需要的是风向、风速和降水等信息;危化品泄漏,最需要的是近地层的风向、风速、雷电和有毒、污染物的扩散和分布等情况;海洋救援,最需要的是出事海域的风向、风速、气温、能见度、天气趋势等。

(d)灵活性原则:不能死搬硬套地执行各类事先已设计好的所谓方案,各类现场应急方案的出台目的是为应急,确定的是应急原则和基本流程,在实际应急中,需要应急人员具有丰富的临场应急经验和遵守统一的应急指挥及调度。

(e)安全性原则:不能因为应急而"乱急",应急车辆应由驾驶经验丰富的人员驾驶,并且应避免疲劳、超速驾驶;到现场后,应先了解情况,采取必要的防护措施,遵循相关规程来工作。

(f)实用性原则:现场应急环境一般比想象的要糟糕,通信、用电、网络、交通均可能处于不正常状态,需要为适应恶劣环境做好最坏情况的准备,因为无论多先进的科技,如果缺乏适当的支持环境和条件,一切都将从最基本的原始条件开始。确保在安全的前提下去力所能及地提供相应的应急保障服务也非常关键。因此,做好最"原始"状态的下的基本应急准备(如自带移动硬盘、自备供电设施、自备便携式观测设备等)十分必要也十分重要。

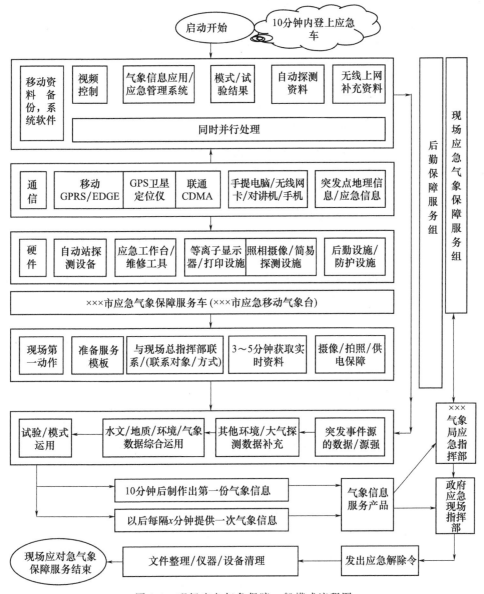

图 1-4　现场应急气象保障一般模式流程图

3. 对现场应急服务保障模式的改进思考

(1)什么时候、什么地点、由谁来提供气象保障服务信息的问题

该问题应坚持应急性和可行性的原则来解决,根据应急需求和现场通信条件,综合考虑,权衡利弊,确定是由现场提供还是由气象部门的应急指挥中心来提供,或者是两者结合来进行。

(2)通信信号部分或者全部中断、与本单位应急指挥中心无法取得联系的问题

供电是基础,通信是保障。应确保一种通信方式的畅通,并充分利用没有中断的通信资源,补充急需信息。如信号完全中断,则需充分发挥应急现场的优势,如自动站现场不能正常探测,立即采用简易探测和便携式探测设施进行观测。

(3)如何在第一时间准确定位事故地点和选择好具有代表性的观测点

在得到突发事件报告时,应详细询问事件点的具体位置和有关交通情况,在行车途中,继续与相关部门联系,不断补充新的信息,及时判断,确定行车路线,到达现场后,通过现场考察,本着科学、合理、安全的要求,选择观测点。

(4)对于一些涉及边缘科学和交叉科学的技术问题怎么解决

平时多与相关部门和人员进行联系和业务沟通,加强合作,建立相关应急咨询专家库;不断总结和归纳已取得的一些试验数据和研究成果。一旦出现类似事件,可以通过询问相关专家、查数据、找例子等多种方式综合来进行分析、确定。

(5)长时间的现场应急,导致供电不足怎么解决

设备的耗电问题,是现场应急的突出问题。可以采取以下措施:①对于平时不工作状态下消耗电量较严重的设备,如对讲机、自动站电池等,需经常测试和及时充电;②准备备用电池,保持其电量充足;③随时携带充电设备,如现场有条件,可及时充电;④加车载逆变器或发电设备;⑤做好适应恶劣环境的准备,确保在安全的前提下尽力所能及地(最大化地利用好资源)提供相应的应急保障服务。

(三)海上突发公共事件应急气象服务保障研究

针对深圳海上突发公共事件的种类及特点,调研了当时海上应急气象服务现状及需求趋势,提出海上应急气象服务保障的重点和难点,这对做好当前海上突发公共事件应急气象保障仍具有积极指导意义。分析认为:根据对当前海上突发公共事件应急气象服务保障的一些实际情况分析,在优化国家海洋气象监测资源配置、充分实现部门间资源信息共享、提高海上应急气象服务保障的有效性等方面依然有许多不适应发展需求的瓶颈问题出现,并就如何解决这一瓶颈问题,提出一些建议和思考。

1. 深圳海上突发公共事件种类

当海上有或将有重大气象灾害发生时,气象部门按照有关规定会启动相应预警应急预案,此属部门应急预案,事件的主管部门为气象部门,按照启动应急预案的级别,政府及有关部门会启动相应应急预案、采取相应措施,达到社会联动一体化,如发布台风预警信号等。此外,多数海上突发性公共事件是指由气象灾害以外的其他重大灾害引起,但灾害的进程与气象因子密切相关,或气象因子对救灾效果等有明显影响的重大事件,事件的主管部门并非气象部门。这些事件往往具有连锁性、复杂性和放大性的特点,而气象因子对抑制事态的扩大至关重要。

可见,海上突发公共事件可由气象、人类活动、海洋自身原因直接引发或者综合影响而产生。按照造成海上突发事件的主要原因可以分为以下三类。

(1)气象灾害引发类。当海上灾害性天气、异常气候出现时,引发的海上突发公共事件。海上灾害性天气主要包括台风、大风(含瞬时大风)、雷电、海雾等。

(2)海洋灾害引发类。受大气、环境、人类活动、海水生物等多种因素影响,通过海洋直接表现出来的海上(海洋)突发公共事件。引发它的直接原因不是海洋本身,但是,通过海洋直接表现出来。深圳主要海洋灾害有:海啸、风暴潮、赤潮、海上溢油灾害和海岸侵蚀灾害等。

(3)人类活动事故类。由人类活动引起,在海上表现出来的海上突发事件,例如:海上船只相互碰撞、飞机失事、海上火灾、海上危险品泄漏、溢气等海事事件。

2. 海上应急气象服务现状与需求趋势

(1)海上气象预报监测及预报现状

① 监测现状

由于在海上建立监测平台和设置监测设施要比在大陆建立困难许多(2006 年 12 月底的调研统计数据),深圳气象部门在海洋上还没有天气要素固定监测点;深圳海洋部门在沿海有一些有关海洋要素的监测点,但主要为海洋水质、水生物检测;国家海洋局南海分局管辖的几个监测点开展近海海温、海流、潮等的观测;海事部门在海域航线上设有一些航标站,但没有气象、海洋方面的观测项目;船舶资料非常稀缺;海上气象观测资料总体非常缺乏。

② 预报现状

2006 年,深圳气象部门针对海洋领域的气象预报主要依赖于:卫星云图、雷达图、数值预报资料、上级台站及周边台站预报和相关资料、近海岸的自动站的资料等。

由于海上原始观测资料的极度缺乏,海洋天气预报多采用经验预报法和外推法,预报内容不够精准,只能大致反映海洋天气变化趋势。利用雷达、卫星云图、数值预报可以比较准确地预报预测台风等天气尺度系统,但对于海上中、小、微尺度天气系统根本无法监测。对于小范围海域的预报,预报技术可能相对简单,精确度、可靠性更低。

③ 海洋灾害的问题

海洋灾害中的风暴潮(风暴浪)、赤潮、海上溢油灾害和海岸侵蚀灾害等均与气象条件密切相关,有些是气象因子直接所致。对风暴潮、赤潮、海上溢油灾害和海岸侵蚀灾害的预报预测必须将天气气候因子考虑在内,该类预报预测应由多个部门合作来解决。

(2)海上气象应急需求趋势

如今经济突飞猛进,人类对自然的探索和开发日益增多,人类活动的广泛性和复杂性日趋明显,人类开发和利用海洋的行为日益增多;受多种因素影响,海上天气、气候的极端事件如同陆地一样也会时不时出现,灾害性天气的频率增加。因此,海上突发性公共事件必然会随之增加,对海上气象应急服务必然提出更高要求。具体表现在以下几个方面。

① 气象预报要素的精细化和具体化

单纯预报区域海上面的一个平均风向、风速、气温是不够的。海上气象预报的重点为:风、强对流、能见度等。同一天气系统的不同位置、海岸地形地貌影响都可能产生截然不同的两种天气。不同的服务对象对服务需求的侧重点也大不相同,例如:装有易燃品的船最需要能见度、雷电的预报预警服务;客运船最需知道风、能见度的情况等;海上工程则希望一个综合性的气象预报;而非强对流性的降雨影响一般不是很大。

② 海上应急气象服务保障的时效性和针对性的要求越来越高

时效性和针对性也是海上应急气象服务保障的一个基本需求。海上应急气象服务不同于陆地气象服务,受通信、交通、距离等条件的制约,海上应急气象服务具有更多实际困难。气象部门对于台风、季风系统的影响,可以实时通过卫星云图、雷达图的监测和分析,提前作出预警,发布台风、大风预警信号,启动台风、大风应急预案,做好相应防御措施,应急重在防御。而对于其他海上突发性的公共事件,天气信息同样要具有很强的实时性、时效性和针对性,但受通信能力、监测能力、预测预报能力、部门协作沟通时间周期长等诸多因素的制约,海上气象保障服务离海上应急气象服务的实际专业需求还相差较远。

③ 需要综合研究,提供更具体、更全面的气象服务保障信息

海上突发事件通常是多种因素综合作用的结果。除了大气、海洋、环境的影响外,还有天体(如月球、地球)等因素的综合影响,如台风和天文大潮同时叠加影响,势必会产生破坏力非常大的风暴潮;赤潮就是海洋环境(含气象条件)、海洋生物等因素共同作用的结果;海底地震就是形成海啸的直接原因。所以,气象部门需要综合分析各种影响因子,确保气象服务信息更具体、更全面、更有针对性。

3. 海上突发事件应急气象服务保障的重点与难点

(1)海上突发事件应急气象服务保障的重点

根据调查,易造成海上事故的主要天气有:台风与大风、雷电、冰雹等强对流天气和海雾天气,海上应急最需要了解的也是这些天气,包括现场的天气实况和预报信息。海上应急气象服务保障的重点在以下几个方面。

① 台风

台风可以同时带来多种灾害性天气,具有破坏性极大、毁灭性极强的特点。台风属天气尺度系统,影响范围广、监测手段多样,可以通过卫星云图、雷达、天气形势

分析、数值预报分析等手段监测和分析。对台风的影响和移动路径基本可以准确预报、预测。同样受监测精度和密度的制约,对每个台风个例的内部精细结构却掌握得不是十分清楚。

② 强对流天气

大风、雷电、冰雹等强对流天气也是海上易造成海洋事故的重要天气,雷雨大风往往相伴出现。深圳偏北大风往往是北方冷空气南下引起,比较容易预报,而且系统性很强,所影响的地方风速差别不会很大。但对于强对流引起的雷雨大风和季风影响下的西南大风、东南大风却很难及时做出准确预报。

③ 风向、风速、气温、降水、能见度

能见度是进行海事活动和航海运输时最为关键的气象因子之一。如同陆地公路运输一样,大雾天气易出现碰撞事件。其他气象要素如:风向、风速、气温、降水等常规气象预报信息也是海事应急、海事救援的重要信息和决策依据,如风向、风速对污染物的扩散(包括海水污染事件和空气污染事件)是主要影响因子;气温、降水对火灾事故的影响非常大。

(2)海上突发事件应急气象服务保障的难点

① 气象探测资料严重缺乏

海上突发事件气象应急最大的困难之一就是海上气象观测点的设置问题。目前,海上气象观测站点的资料十分欠缺,离海岸越远的地方,因为海表面无载体、无通信、无电源、无管理等客观因素,很难布设有效气象观测点,而往往对这些点的气象监测布设又显得非常重要。

② 通信、用电无法保证

海上突发事件气象应急另一个最大的困难就是海上通信、用电的问题。海洋上出现突发事件,气象部门如果要进行现场开展应急服务,通信问题也是一个最大的难题。手机、对讲机等无线通信一般不可能做到很便捷使用,而且事件点的位置离海岸越远,通信问题往往越突出,问题也越难解决。用电问题就更难保障。

4. 海上应急气象保障服务体系组成

(1)建立海上气象监测体系

建立和完善海上气象监测系统是做好海上应急气象保障服务的关键。监测系统主要由气象监测网和气象通信网组成,还应该包括其他单位的共享信息数据网部分。气象监测网主要由卫星、雷达、探空、地面观测(岛屿、船舶观测)、自动站、海边实景观测以及海上应急移动观测等组成。

(2)不断完善相关预报预警机制

对于气象灾害可能引发的海上突发性公共事件,气象部门一般通过提前预警的方式向社会发布。深圳市自1994年发布预警信号以来,台风预警信号倍受关注,社会影响非常大,效果非常明显。目前台风预警信号有白、蓝、黄、橙、红五个级别。深圳市气象预警预报的信息发布主要通过互联网、报纸、电视台、电台、手机短信、"12121"电话、邮箱等渠道向外发布,向政府部门提供(重要)信息快报等。

对于海洋类灾害引发的海上突发公共事件,深圳市气象部门会根据与之相关的密切程度和管理归口,同有关部门如海洋、环保、海事、国土、地震等共同建立信息共享机制和预警信息发布会商机制。而对于由于人类活动引发的事故类海上突发事件,深圳市气象部门会根据总体应急响应预案启动相应专项应急预案。

政府及有关部门启动相应应急预案,建立政府、部门联动机制,确保海上应急气象服务的顺利进行,使整个救援行动或应急行动顺利、圆满完成。

(3)建立海上应急气象服务保障系统

建立海上突发事件应急气象服务保障系统。该系统集气象灾害预警、台风实时信息、雷电预警信息、大雾预警信息、常规海域分区天气预报信息等于一体的一个实时业务使用平台。通过与有关部门共享信息数据库(通过建立共享机制和合作机制),建立相关预警预报信息发布流程等。

5. 海上应急气象服务保障系统的发展与思考

(1)有效构建信息共享(交换)的合作机制问题

通过资源共享可以得到更多近海、沿海区域的气象资料。通过建立信息共享或信息交换的部门间合作机制,可以减少国家不必要的重复建设,部门与部门之间或单位与单位之间可以在互信互认的基础上获取相应的资料,打破部门、单位之间可共享而不能共享的数据壁垒,而建立这种机制是在对等、安全、可行的基础上进行的,怎样有效建立这种可持续发展机制是值得深入探讨的一个问题。

(2)不断加密构建海上气象监测站点的设置问题

加密构建海上气象监测站点是气象部门不断强化海上应急气象服务保障体系的关键举措之一。长远分析,这需要政府从发展规划上予以战略支持、涉海综合管理体制上予以改革、涉海重大监测工程进行统筹建设等,需要国家级层面的各相关"部""委""局"一起来加强海洋相关专业领域的综合调研,共同研究、综合施策来统筹解决。

(3)改善海上突发事件气象应急的通信问题

海事部门利用海事卫星建立海上通信系统的作法值得气象部门借鉴,也可以探讨通过与海事部门合作的方式来解决。随着我国卫星通信事业的发展,海上突发事件气象应急的通信方式和通信问题一定会越来越得到明显改善。

(4)不断完善涉海领域的综合管理体制问题

海洋管理部门较多,涉及海事、海洋、边防、渔政、环保等多个部门。管理上虽各有明确分工,但是对于业务交叉部分或需密切合作部分,由于海洋管理体制上的原因和部门本位主义的影响,海洋相关特别是海洋应急救援事业的发展受到了一些体制机制上的瓶颈约束。国家于 2018 年 3 月设立了中华人民共和国应急管理部,统一管理局面已经得到明显改善,但目前还需要进一步统筹改善的主要领域有:海洋监测能力的综合体系建设、海上应急救援气象通信难、海上气象应急的相关信息能及时有效共享等。

第二章　智慧服务与大数据融合

　　智慧气象是通过云计算、物联网、移动互联、大数据、智能等新技术的深入应用，依托于气象科学技术进步，使气象系统成为一个具备自我感知、判断、分析、选择、行动、创新和自适应能力的系统，让气象业务、服务、管理活动全过程都充满智慧。气象大数据则是指海量的气象数据集合。深圳智慧气象服务在市政府大力支持下，取得了快速发展，"互联网＋"公共气象服务已经覆盖深圳 100％的社会公众，智慧气象预警与市民实现了零距离联动。

一、智慧气象服务

　　互联网发展突飞猛进，在"互联网＋行动计划""政府职能转移""服务体制改革"等发展背景下，"互联网＋公共服务"为公众提供了"便捷规范、扁平快速、优质高效"的发展条件，为公共气象提供了"一站式""一网式"服务直通平台。在此背景下，公共气象服务的发展策略、数智服务模式数据的供给策略、智能预报体系的规划策略、智慧气象赋能智慧城市的融入策略均需创新式发展和融入式推进。

（一）深圳市"互联网＋"公共气象服务发展瓶颈与改进策略

　　由于"互联网＋"公共服务属现代新型服务模式，在快速发展的同时，公共气象服务面临的问题和挑战也日益突显。通过剖析当前"互联网＋"公共气象服务面临的主要挑战，找准症结及瓶颈，提出"互联网＋"公共气象服务改进措施和策略建议，为新形势下气象部门如何更好利用"互联网＋"优质、高效直接服务公众、服务基层提供理论支持依据，对指导公共气象服务向标准化、信息化、集约化、智慧化发展具有较强现实意义。

1. 背景分析

　　（1）良好的发展机遇

　　① 政府高度重视"互联网＋公共服务"能力建设

　　"互联网＋公共服务"已纳入国家、省、市行动计划。2016 年国务院发布《关于加快推进"互联网＋政务服务"工作的指导意见》（国发〔2016〕55 号），要求建立全国联动、部门协同、省级统筹、一网办理的"互联网＋政务服务"体系，让政府服务更聪明；

广东省发布了"互联网＋行动计划(2015—2020 年)"的通知,要求社会服务事项网上办理率达 80%。深圳市政府"互联网＋行动计划"(深府〔2015〕69 号文件)提出利用"互联网＋大数据＋人工智能"为支撑政府服务、行业发展、安全管理等提升能力建设的具体工作要求。

② 信息技术为"互联网＋公共服务"提供强力支持

信息技术日新月异,超级计算机、物联网、大数据、云计算以及移动互联网等高新技术已广泛应用于公共服务各领域,用户创新、开放创新、协同创新为主要特征的利用全社会创新资源的公共服务可持续发展模式不断创新。深圳聚集了华为、中兴、腾讯等一大批互联网龙头企业,为"互联网＋公共服务"营造了良好的互联网环境和可借鉴模式。市政府打造的市电子政务网络、国家超算深圳中心、织网工程等一系列的信息化基础设施,也为"互联网＋公共服务"提供了可充分利用的信息化资源。

③ "互联网＋"直接架起服务公众绿色通道

"互联网＋"具有网络化、智能化、服务化、协同化的特点,在促进社会经济发展转型、行业数据渗透融合、信息纵横共享、服务信息直通等方面具有其他手段所不可替代的作用。一是通过"互联网＋"直接架起服务公众绿色通道,能有效解决公共服务大众中的"面对面""点对点""线对线"等诸多服务难题,在"时空"体现上更加"扁平、快速、生态、高效"。二是"互联网＋公共服务"直接服务公众的能力和潜力还远没有得到充分发挥和挖掘,在"服务精准、提质增效"上还大有发展空间。

(2)面临的主要挑战

① 海量挖掘和有效提供的挑战

数据随社会发展呈两极矛盾,一方面海量数据和大数据为精细化公共服务提供了数据基础,另一方面需要从海量数据中挖掘有效信息支持有效服务,这无异于大海捞针。以气象为例,随着气象监测预报预警信息愈加精细、分辨率愈高,气象数据海量愈加明显的发展特点,利用"互联网＋"智慧挖掘海量数据直接有效服务公众,面临大数据分析及融合应用的重大挑战日益凸显。

② 无限需求和有限提供的挑战

深圳气象灾害种类多、影响广、时空分布不均,社会各行业各领域与气象关联密切,防灾减灾、公共安全、改善生活、促进经济发展以及资源利用、环境保护、生态建设等各个领域,对气象服务产品的需求各有个性化侧重,对预报的精细化、专业化和准确性要求也越来越高,市民对气象服务期望和要求与日俱增,在公共气象服务能力有限条件下,不断增长的服务需求和有限服务能力之间的矛盾日益凸现。

③ 公共服务提质增效的挑战

公共服务的提质增效是当前考量政府是否有效作为的一个重要指标。深圳市政府每年都要对市各部门进行综合考评和绩效考核,深圳的经济体量、人员密度、社会管理需求在全国都排在前列,公共服务需求呈指数增长,公共服务提质增效压力大。2017年,在广东省政府的气象现代化考核评价中,公众调查显示深圳的国民气象意识水平仍偏低。为应对这一挑战,需要通过运用"互联网+"有效扩大公共服务覆盖面,提高服务质量及效果。

④ 气象服务体制机制挑战

如何运用"互联网+"有效服务于市—区—街道—社区四级,保障全市各级气象防灾减灾信息需求面临重大挑战:一是全市各行政区域因时、因地、因区域差异而对政务信息和气象服务信息的关注点明显不一样;二是"一级机构对接四级服务需求"本身就是一个庞大的系统工程,涉及信息分类提供、多元流程集约、区域协调统一、理顺政务管理、需求及时对接等诸多问题。

⑤ 运用互联网服务能力的挑战

"互联网+"技术日新月异,使用互联网在技术上、认识度、敏捷性上对年轻人来说比较容易理解和接受,且年轻人具有快速掌握新知识能力和使用适应新技术应用的活力。而"互联网+"公共服务并不都是"傻瓜"式就能提供,这对年龄偏大或技术掌握较慢的服务提供者来说,他们面临着不断学习和掌握运用"互联网+"公共服务新技术、新技能的挑战。

2. "互联网+"公共气象服务调研

(1)调研基本情况

为全面掌握情况,调研组采取多种不同方式进行了相关调研:一是深入全市各区实地调研,以联席工作会议形式,与区、街道防灾责任人和工作人员座谈,对接服务需求,广泛听取意见、建议。二是利用"3·23"世界气象日、"乐创气象"等活动以及门户网站征求意见,还通过微博、微信、App客户端渠道互动等形式,获取公众对现有气象服务产品、形式、渠道等的意见、建议,并了解公共服务(含政务服务)新需求。三是邀请各行业协会组织召开专家咨询会,调研和对接各行业的服务需求。四是全面梳理气象服务产品以及科普资源,根据不同需求分析对应的服务产品、形式、渠道。五是梳理分析现有"互联网+"公共气象服务管理制度建设情况,结合补短板、提质量进行制度增补、修订。其中面向公众调研共收回"互联网+"公共气象服务调查问卷280份,调查问卷共精心设计了15道问答题,有7道以气象为例、7道是针对政府部门与"互联网+公共服务"有关情况的调研,最后一道问题是"您对政府部门在互联网背景下更好地为群众服务的建议"。

(2)"互联网+"公共服务现状分析

截至2017年6月底,深圳"互联网+"公共气象服务提供气象服务种类已增至7类73项,服务渠道增至12类34种。决策服务网、气象门户网、社区网广受用户青睐,"深圳天气"官方微博、微信、App、微网页("四微")传播及服务能力大幅提升,微博、微信已形成全国"品牌",微博名列全国气象类政务微博第一名、广东十大政务机构微博首位。微信荣获广东省"最具影响力政务微信公众号";2016 年底统计,天气App 使用数已超 17 亿次,年下载数近 200 万。调研同时也发现,"互联网＋"公共气象服务仍有许多不足:由于需求对接不到位(40％调查人群对"互联网＋服务"概念模糊)、服务宣传力度不够(57％调查人群认为需要加大宣传)、服务的互动性不好(33％调查人群认为服务互动欠缺)等因素影响,"互联网＋"公共气象服务的整体水平和服务能力总体亟须提升。

①"互联网＋"个性化需求难满足

深圳"互联网＋"公共气象服务虽在"四微"服务取得了品牌效应,建立了"市三防""天气预警"等微信服务群,在充分发挥"深圳天气"微博、微信、App 等"微"渠道服务优势上下了很大功夫。但由于公众气象服务受认识度不高影响、行业服务受融入深度不够影响、专业服务受对致灾指标的精准把握不准不全影响,"互联网＋"公共气象服务的个性化提供在服务效果上会大打折扣,难以满足个性化定制和所需的专业产品。由于数据共享方式单一,在应用其他部门数据方面也存在严重不足,难以满足个性化服务所基于的大数据挖掘。对城市气象公共安全或行业用户的风险指标和风险点掌握也不精准、不全面,在满足精准提供基于灾害风险点的气象灾害风险预警服务需求就更加困难。

②"互联网＋"科普"微"产品显不足

"互联网＋"气象科普服务目前侧重于宣传和活动,通过"四微"提供在内容上属气象科普、专题科普的产品和信息并不多,且将专业知识解读成通俗易懂、群众欢迎的气象科普产品更是偏少,在微网页上的气象科普信息更是不多。调研发现,公众对加强气象科普宣传、通过网络有趣的气象科普视频进行科普学习的需求意愿却很高(38％调查人群喜欢通过视频进行科普学习)。事实也表明,通过微信、微视频进行气象科普具有渠道上的显著优势,针对公众关注的气象热点、灾害天气特点、重大活动天气焦点来设计的微信、微视频产品,传播快、点击率高。

③"互联网＋"公共气象服务信息易"不对称"

"互联网＋"公共气象信息的集成、融合、发布是做好"互联网＋"公共气象服务的基础和保障,且"互联网＋"公共气象服务在时效性、准确性、及时性上要求很高,对点预报信息更是不能出丝毫偏差,否则很容易出现在"时间""内容""地点""形式"等情况下的信息不匹配,信息"不对称"的现象也就容易发生(60％调查人群认为"互联网＋24 小时"在线气象服务很有必要)。研究分析造成这一情况的原因,除预报自身因素外,主要原因还有:一是由于公共气象信息的社会传播机制不健全、没有正常传播引起。二是由于缺乏稳定的信息共享机制,公共气象信息不能正常融合引起。三是服务数据共享、信息融合应用时由时间滞后的现象引起。

④ "互联网＋"公共气象服务链比较"脆弱"

"脆弱"代表了当前"互联网＋"公共气象服务链的共有特性,主要体现在以下几点。一是系统"脆弱",特别是系统在高峰期拥堵时不能很好运行。二是服务"脆弱",系统不能提供复杂需求下的个性化服务。三是机器还不能全部代替人工工作,全天候 24 小时"兜底服务"机制不健全,容易出现服务反馈不及时等问题。四是"互联网"技术发展很快,面对"互联网＋"公共服务的新要求,基于"互联网＋"为主、服务人员有效弥补服务新需求、新情况的服务时出现"掉链子",不能及时处理服务过程中的新问题、新情况。

(3)"互联网＋"公共气象服务发展的主要瓶颈

通过对以气象服务为主题的"互联网＋"公共服务的综合调研,深入分析"互联网＋"公共气象服务的不足,研究当前"互联网＋"公共气象服务发展的主要瓶颈对可持续发展"互联网＋"公共气象服务是解决问题的关键。而当前各瓶颈的焦点问题就是如何调整好服务需求和服务提供的"信息不对称"问题,这也是当前信息化能力保障信息服务能力最"薄弱"和最"欠缺"的环节。

① "互联网＋"气象政务信息服务瓶颈

一是由于气象对政务服务的内容、流程宣传不够,造成公众缺乏了解和认知。二是提供瓶颈,对政务信息的发布渠道只停留在原有概念上,对网站、现场的政务服务相对重视一些,在微信、App 等渠道上注重更多是业务产品服务,政务信息服务欠缺。三是"互联网＋"政务服务信息的互联互通机制不健全,政务信息在"四微"上的顺畅发布需要疏通各平台之间的"互联互通"瓶颈。

② "互联网＋"个性化气象服务提供瓶颈

一是挖掘瓶颈,对用户行为习惯和用户使用服务的地理、用途等属性不能很好掌握,向公众提供靶向式的个性化服务缺乏服务应用数据分析基础。二是共享瓶颈,各部门数据之间的融合度依然有很大欠缺,尤其是气象服务在应用其他部门数据方面存在严重不足,数据共享方式单一,共享应用效率不高。三是融合瓶颈,对气象服务对象的灾害风险点和灾害风险源缺乏全面信息的动态掌握,服务个性化、专业化的有效场景也就很难体现。

③ "互联网＋"气象科普服务瓶颈

一是产品瓶颈。现在一般性的科普产品已经很多,要出台一部有特色、科技内涵高,且让群众喜看乐闻、通俗易懂的"互联网＋"科普产品需要很大力度。二是"互联互通"瓶颈。"互联网＋"公共气象科普产品在"互联互通"也没有完全实现,如:"秒拍"气象科普"微视频"不能同时向微博、微信平台同步推送。三是宣传瓶颈。针对"互联网＋"公共气象产品的体验度、便捷性、时效性、有效性、实用性,在关键点上的宣传力度不够,针对性、指导性强的宣传方式或产品缺乏,使群众缺乏了解和使用"互联网＋"公共服务产品的耐心和细心。

④ "互联网＋"公共气象服务信息化协同瓶颈

由于深圳市气象机构无区级气象机构,气象灾害防御需跨部门、跨行政级别的高效协同管理才能取得防灾减灾服务的高质成效。经过多年实践探索,目前气象灾害防御虽已经初步建立市—区—街道—社区的四级应急联动机制,但是信息化协同水平不平衡、不充分的情况依然较明显,灾时和日常灾害风险管理和预评估能力基础依然较薄弱,应急预案对接情况、各级防灾责任人到岗职守情况及灾害防御措施执行情况等都缺乏行之有效的智能监督,这些情况也很大程度上制约了气象灾害的防御效果。

⑤ "互联网＋"智慧式气象服务推送瓶颈

"互联网＋"公共气象产品主要以用户自我定制式、菜单选择式、主动获取式等方式向用户提供服务,离智慧主动推送其最想知道的、最关心的个性化的有效信息,换句话说让"互联网智慧提供的气象信息"满足"公众最想要的个性化气象信息"的实际服务需求还有很大差距,远不能满足向其提供生活、宜居、出行、工作便利上的"保姆式"服务和"贴心式"服务需求。经常出现的场景有:一是不能因时、因地提供公众想要的有效信息;二是对公众不需要的信息进行推送;三是公众想获取的信息又很难找到;四是公众想知道的相关信息却没有链接;五是因为选择次数太频繁,公众不想再往下继续使用;六是突然想看天气预报信息了,却又打不开了;七是有效时间已过,不能看到最新的气象产品,等等。

3. 改进措施与策略建议

(1)改进措施

"互联网＋公共气象服务"是气象部门通过"互联网＋"公共服务渠道直接服务公众、服务基层的重要体现,当务之急应充分抓住"互联网＋"公共服务的发展机遇,按照服务标准化"PDCA"改进理念,以需求倒逼,不断完善"互联网＋"公共气象服务24小时供给保障机制,逐步疏通智慧式推送、信息化协同、个性化提供、信息提供"不对称"等服务瓶颈。

① 供给时间倒逼,逐步完善"互联网＋"公共气象服务24小时保障机制

"互联网＋"公共服务体现"勤政为民、服务为民"的理念和宗旨,是新时代服务型政府直接服务群众的新常态方式,需从建立并完善激励机制及培训制度、强化科技利用和新技术应用、创新服务方式等方面逐步完善"互联网＋"公共气象服务24小时保障机制,并确保机制有效运行。

② 供给能力倒逼,着力提升"互联网＋"公共气象服务24小时在线服务能力

须适应新需求、新常态,加大科技手段和应用最新"互联网＋服务"技术,不断改进智慧化挖掘、个性化提供的服务技术,促使挖掘群众的普适性需求不断向个性化需求深入,使提升"互联网＋"气象直接服务公众24小时服务的响应和保障能力得以

有效实施,确保信息供给不掉链子。

③ 供给平台倒逼,科学搭建"互联网＋"公共气象服务 24 小时在线服务平台

充分调研,在进行"互联网＋"公共服务平台顶层设计时,应分类、分层、分人群、分块做好综合调研,从平台的互联互通、部门信息的共享、预报服务平台的一体化建设、各类服务的规范提供、24 小时在线服务保障能力建设等方面进行统筹规划。

④ 供给管理倒逼,充分发挥"互联网＋"公共服务平台的示范效用

"互联网＋"公共服务平台的服务痕迹公开、透明,服务提供者能及时将有效信息服务于公众,其服务获得感、成就感也一并展示给了大家,对调动服务者的积极性和主动性有很强促进作用,其示范效用不言而喻,使"互联网＋"公共服务的优势能得到最大程度发挥。而不断完善的"互联网＋"公共气象服务的最大特点就是能体现"短、平、快"的服务需要,这也是培养人才、加固服务链"脆弱"部分和消除"信息不对称"方面的重要人力保障支持方式。

(2)策略建议

改进措施只是推动和改进"互联网＋"公共气象服务的一些具体手段,而真正要实施可持续发展"互联网＋"公共气象服务,宏观上必须要始终坚持顶层设计和标准化管理相统一的发展策略。二者相互兼容、协调统一、贯穿始终,以共促"互联网＋"公共气象服务不断向前稳步发展。

① "互联网＋"公共气象服务平台顶层设计策略

首先是横向加强"互联网＋"政府公共服务部门间数据共享,分层、分级、分类进行梳理和建立共享服务数据体系,为政府部门向群众提供类别清晰、统一协调、可伸可展、可点可面的政务信息或服务信息提供支撑。其次是纵向加强服务平台中面向政府、公众、专业等的有关需求和共享数据进入平台的调研、融合、维护、评价、改进机制等方面的能力建设,切实解决服务平台中"以问题为导向、以目标为导向"的"服务需求"的"输入"问题,为精准服务、个性化服务提供支撑。最后是加强"互联网＋"公共服务各部门间、渠道间信息的互联互通建设,为"互联网＋"公共服务产品的智慧融合、广覆盖快传播提供有力支撑。

② "互联网＋"公共气象服务的标准化管理策略

首先是加强"互联网＋"公共气象服务标准化管理。24 小时"互联网＋"公共气象服务在线服务公众增加许多新的服务亮点和服务价值,但需要完善相应的服务管理办法,需做好"调研""信息""渠道""管理"等方面的标准化。"调研"标准化是持续做好"互联网＋"公共气象服务的必要手段和前置基础,"信息"标准化是加强信息共享和集约融合的基础,"渠道"标准化是保障渠道互联互通的前提,"管理"标准化是"互联网＋"公共气象服务协同发展、良性发展的制度保障。其次是依托科技创新改进"互联网＋"公共气象服务 24 小时在线服务流程和标准。不断完善"互联网＋"直接服务公众的模式和方法及产品的智能推送与监控管理,重点是聚焦如何消除"互

联网＋"公共气象服务链"脆弱""信息不对称"等诸多瓶颈问题,不断加强"互联网＋"公共气象服务的作用及效果检验,促进各项服务的倒逼机制和持续改进机制的不断完善。

(二)"互联网＋"物流交通气象服务系统研发及模式推广

基于雷达、自动站、卫星云图、闪电资料、精细化格点预报等相关数据的融合分析处理及数据库体系,结合数字化气象灾害智能识别与应用技术,建立了物流交通服务数据库、前台、后台三大子系统和基础架构、数据采集、数据处理、应用展示四大功能模块,软件开发等建设,实现全国范围内强降水、大风、低能见度、冰冻等灾害的监控、识别、预报预警以及物流交通服务产品的自动生成与集约化应用,是以物流气象服务为例转型发展"互联网＋专业气象服务系统"结构模型的积极探索(孙石阳等,2016),对转型从顶层设计做好数字化智慧交通气象服务系统具有重要推广和借鉴价值(孙石阳 等,2022)。

1. 需求分析

(1)系统现状

目前深圳市建立的泛华南主要高速公路和国道的天气预报、市主要干道天气预报、招商国际西部港口阵风预报等系统,在地理空间上不能连续覆盖物流交通行业链等,专业化水平和服务手段都有待提高。依靠精细化气象灾害监测和预警预报技术与"互联网＋"等现代信息技术高度相结合来集约提高物流交通气象服务能力、满足物流交通气象服务需求迫在眉睫(马菊 等,2013)。

(2)问题及改善策略

① 系统架构需从"烟窗式"向"资源池式"转变

"烟窗式"系统架构已不能满足现代气象服务系统的需要,需彻底改变原有"烟窗式"分布结构,改为"资源池式"架构,以支撑基于"互联网＋"的物流交通气象服务多类别的个性化服务需求。

② 数据应用需从"取舍式"向"挖掘式"转变

建立"存储数据"与"应用数据"之间的标准化对接,彻底改变数据存储、数据应用之间的数据读取和应用方式,不但有利于数据的"挖掘式"应用,而且极大地提高数据分析、处理、存储效率,满足"互联网＋"的物流交通气象服务对大数据进行挖掘和云应用需求。

③ 信息应用需从"叠加式"向"互融式"转变

采用多维"互融式"信息应用方式,信息可以同时面对三维及三维以上数据的应用,可彻底解决物流交通大数据与气象信息数据的多维融合与挖掘应用等瓶颈,满足"互联网＋"气象服务的大数据应用,同时也是融合物流不同生产环节信息的必然要求。

④ 气象信息从"粗宽式"向"精细式"转变

近年来,自动站、雷达监测日益精细,闪电、能见度等专业监测和天气预警预报水平也有很大提高,通过对多源数据的同化应用,提升对不同空间、时间尺度灾害性天气的精细化监测与识别,改善气象预警预报信息在物流交通气象中的精细化服务能力完全可行。

2. 系统研发

(1)系统建设目标

按照信息化、集约化、标准化、智能化的设计思路,通过对自动站、雷达、卫星云图、闪电定位等资料的同化使用和精细化监测预报预警信息的综合应用,实现对暴雨、大风、雷电等强天气以及低能见度、高低温、冰冻、雨雪天气进行智能识别。基于智能识别,针对物流交通气象服务需求,智慧挖掘和推送基于对应时空的气象灾害监测、预警、预报信息,为微信、App 的产品推送提供实时、个性化、专业化、互融式的物流交通气象信息,打造现代化的物流交通气象服务品牌。

(2)技术路线分析

总体开发技术框架为:.NET+富客户端技术+ C♯ + Oracle 11g。

① 网络体系结构:系统采用分布式的网络体系结构,分布式计算机系统的资源元件具有可靠性和坚固性,增量扩展性、灵活性、快速响应等优点,能有效满足系统对时效、可靠及稳定性等方面的要求。

② 软件体系结构:系统采用 C/S 和 B/S 的混合体系结构模式。C/S 模式程序为后台服务程序,其主要用于自动站气象数据、雷达监测数据、精细化预报预警数据解析计算及和保存入库以及相关产品的生成、存储和分发;B/S 模式程序基于"互联网+""移动互联网+""微信+"等不同服务渠道,用于精细化人机交互、产品展示等。

③ 数据库平台:采用大型关系数据库 Oracle 11g,实现数据的气象探测数据的海量存储,保障系统的稳定性、安全性。系统支持多种数据源,系统数据库提供相应的接口满足不同系统数据访问的需求。

④ 地理信息平台:地理信息系统(简称 GIS)针对特定应用,存储事物的空间数据和属性数据,记录事物之间的关系和演变过程,可根据事物的地理坐标对其进行管理、检索、评价、分析、结果输出等处理,提供决策支持、动态模拟、统计分析、预测预报等服务(吴涣萍 等,2008)。系统采用 GIS Server 进行研发。

⑤ WEB 平台:对系统的开发选择富客户端技术。富客户端技术是一种新的Web 呈现技术,能在各种平台上运行。借助该技术,用户将拥有内容丰富、视觉效果绚丽的交互式体验(刘东禅,2004)。

3. 系统建设

(1)系统架构

系统分为数据库、后台、前台三大子体系,系统架构见图 2-1。

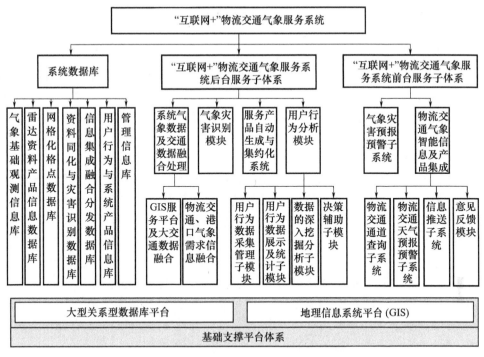

图 2-1 系统功能架构图

系统按软件功能分基础架构、数据采集、数据处理、应用展示四层,系统资源平行运行结构示意图如图 2-2 所示。系统架构、软件功能、云资源部署三者之间的关系是:前台主要体现在云服务端,是应用展示的重要内容;后台主要完成数据采集和数据处理,是利用基础架构层资源转换成应用展示层的核心组成;数据库体系主要分布在基础架

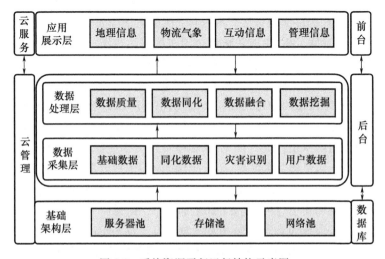

图 2-2 系统资源平行运行结构示意图

构层,组成整个系统的网络数据体系;后台和数据库通过云管理平行实施云服务。

（2）系统建设

① 数据库

包括以下几点。(a)气象基础观测信息库。存储全国所有县级以上气象台站的降雨、气温、阵风、台风、湿度、气压、大雾、灰霾、日照、雷达资料(含拼图)、卫星云图资料等。(b)全国雷达资料产品信息数据库。存储全国雷达站的基础信息,以及雷达产品的状态信息等。(c)网格化格点数据库。其主要用来存储全国网格化处理(5千米×5千米)的气象监测资料及天气预报数据等。(d)资料同化与灾害识别数据库。对自动站资料、雷达、闪电定位及卫星云图等资料进行同化处理,反演生成识别各类气象灾害基础资料、各类气象灾害评估模型及预警阈值体系库,动态识别和存储降雨、高低温、大风、能见度、冰冻等气象灾害数据。(e)智慧信息集成、融合、分发数据库。将气象灾害识别信息融合地理、物流行业风险评估阈值、致灾指标等信息,关联与集成专业性需求信息、用户行为特征、服务方式、使用特性等信息后,为各类产品标注产品属性,形成智能化应用的信息集成、融合与分发数据库。(f)系统产品及用户信息库。存储降雨、阵风、台风、能见度、雷电、高低温等监测与预报预警产品、基于地理位置的用户和用户行为信息库。(g)管理信息(MIS)库。存储使系统结构化、业务化科学高效运行所需的系统管理和综合配置数据。

② 后台体系

包括以下几点。(a)基础气象数据格点化。综合运用全国县级以上观测站资料、雷达及云图识别资料,以及5天以内的预报资料,对数据进行网格化处理,生成分辨率为5千米×5千米的实况监测、预报、预警信息的格点数据;运用深圳本地加密观测及分区预警、细网格精细化预报等资料进行细网格处理形成深圳细网格(1千米×1千米)相关资料。(b)全国雷达拼图及追踪(兰红平 等,2009)。基于现有雷达基数据和互联网模式抓取相结合的方式获得全国雷达仰角为0.5度的雷达等高平面位置显示产品(CAP-PI)数据,结合GIS空间分析,生成并输出全国实况雷达拼图产品。采用时间和空间并行等多种并行算法,用计算机图形学和GIS技术通过可视化的科学计算对云团进行识别,依其演变规律计算出云团的移向和速度、膨胀系数等特征量,根据特征量应用图形识别和图形匹配技术对云团进行追踪。(c)全国估测降水系统。利用全国雷达拼图和全国自动站数据,建立Z-I关系(Z为雷达反射率因子;I为雨强)进行雷达降水估测,并采用最优插值法,对降水估计进行订正,其偏差使用卡尔曼滤波器订正,输出全国雷达定量降水估测(QPE)、定量降水预测(QPF)产品。(d)卫星云图的信息识别。对中国大范围的低能见度、强云团区域进行识别,抓取大背景天气下的低能见度和强降雨区域,形成实时数据,与全国雷达、自动站资料进行同化使用(根据可信度高的信息来提取使用),实现优势互补,形成边远地带的相关气象信息。(e)气象实况监测与预报。根据自动站实况或同化资料,生成以深圳为基点的全国范围内不同尺度下不同时间的温度、能见度、风速和降雨量的道路天气实况分布图,以及每条道路的实况天气信息;插值计算每条主要道路的天气信息,基于 GIS 空间分析技术,耦合气象、物流需求信息以及道路拓扑数据等,直观输出和显示全国主要道路沿线的能见度、温度、风速、降雨量等气象信息,对公路全线提供实时监测、预警和临近预报服务。(f)物流气象灾害识别。基于细网格格点数据资料,自动识别雷电、暴雨、大风、低能见度、高低温、冰冻雨雪等气象灾害影响区域,当物流司机及物流园的定点及区域地(周边 5 千米)以内出现以上气象灾害天气时,智能关联并服务到用户(孙石阳 等,2012)。

③ 前台体系

综合利用气象灾害识别、GIS、信息可视化和气象监测和短时临近预报预警技术,实现气温、降雨、大风等的监测、综合分析、警戒预警、查询统计分析以及综合管理功能。通过信息挖掘和智能识别,形成个性化的基于物流灾害影响评估的相关物流专业气象服务信息,再根据"互联网＋""移动互联网＋""微信＋"的不同服务渠道,形成不同的服务推送产品,服务物流行业不同需求的人群(廖贤达 等,2008)。主要功能有:(a)物流交通通道查询;(b)物流道路天气实况信息查询与显示;(c)物流交通道路天气预报预警;(d)物流交通出行决策参考分析;(e)物流气象信息智慧推送(张哲 等,2006);(f)用户意见反馈与信息互动。

4. 核心技术简介

(1)物流交通气象应用技术

将全国路网入库,包含有高速公路、国道、省道、县道、一般道路,建立道路空间数据库,设计基于物流交通风险的大风、强降水、低能见度、冰冻监测及预报算法,设计物流交通干线与气象要素格点库空间分析运算模型,实现灾害性天气的交通道路专题图制作,当实况识别或预报未来可能发生大风、强降水、低能见度、冰冻灾害性、高低温天气时,根据道路气象灾害模型对道路交通整体气象条件进行分析。以降雨为例,物流交通气象产品制作算法流程图见图 2-3。

(2)雷电监测及预警应用技术

综合应用闪电定位网络数据、多普勒雷达数据和中尺度数值模式数据以及结合雷暴识别和追踪技术,统计分析闪电特征及预报因子,结合雷达反射率(Q)、回波顶高(H)、垂直累积液态水(VIL)等阈值指标和区域范围,实现对闪电的临近预报预警。利用多部多普勒天气雷达实现每 6 分钟获得一批不同仰角的强度、速度、谱宽等雷达基数据及衍生产品,利用该产品及其外推可对强对流天气进行及时有效的监测与预报;利用多部多普勒天气雷达回波产品和广东省及香港天文台的雷电监测站闪电定位资料,建立雷电灾害的发生、雷电可能落区和雷电强度的监测预报概念模型。根据不同季节以及监测到不同 Q、H 和 VIL,并根据概念模型实现在系统中实时对雷电进行分级分类的影响评估和预警提示并生成产品。

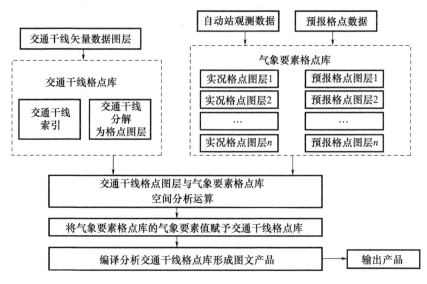

图 2-3 物流交通气象产品制作算法流程图

（3）全国雷达拼图应用技术

基于现有的雷达基数据和互联网模式抓取相结合的方式获得雷达仰角为 0.5 度的雷达 CAPPI 数据，对其中的雷达 CAPPI 数据进行处理和实时解码，并结合 GIS 空间分析对这些雷达资料进行拼图产品计算，最终生成并输出全国实况雷达拼图产品。雷达传输与拼图并行、雷达拼图并行算法流程图分别见图 2-4a、图 2-4b。

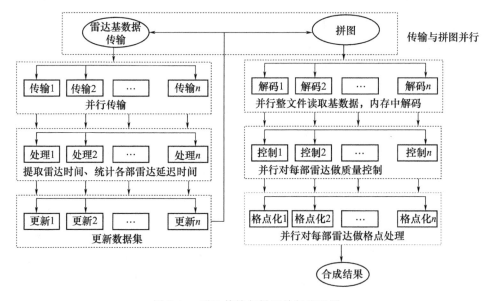

图 2-4a 雷达传输与拼图并行流程图

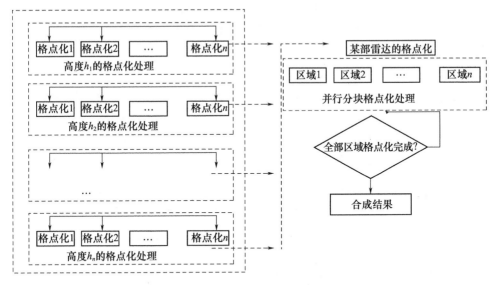

图 2-4b 雷达拼图并行算法流程图

（4）回波外推应用技术

利用模式识别技术进行云团边界识别、拓扑处理，建立生命周期与族谱关系，在自动识别雷暴云团的基础上对云团进行对象化处理，得出雷暴云团从发生以来的时间序列，依据其演变规律计算出云团的移动方向和速度以及云团的膨胀系数等特征量。根据云团特征量，应用图形识别和图形匹配技术对云团进行追踪，根据同一云团连续多个时序的移动情况外推出云团下逐步时位置、大小、边界、强度，并输出产品。

（5）降水估测应用技术

雷达联合进行自动站降水估测，既有面的连续性，又有点的准确性，联合估测降水旨在综合运用高时空分辨率雷达资料和自动站资料降水实况估测，充分发挥各自的优点，主要利用全国雷达拼图和全国自动站数据，建立 Z-I 关系进行雷达降水估测，并采用最优插值法，对降水估计进行订正，其偏差使用卡尔曼滤波器订正。QPE实现并行化，进而实现不同高度层的降水估测，也可用于雷达滞后数据到达后再估测，以及全省自动延迟数据到来后的再订正、再滤波、再估测（图 2-5）。

（6）低能见度识别应用技术

卫星遥感资料具有快速、范围大、分辨高等特点，可达到动态、连续对大雾造成的低能见度监测和预警的目的，卫星遥感动态监测雾的主要难点是云雾检测与分离技术。利用云、雾与下垫面在可见光、中红外和长波红外波段的反射及辐射特性存在差异来自动识别和实现云雾分离，在此基础上，进行地面要素阈值的过滤订正，可以进一步提高大雾识别的准确率。以 FY-2 静止卫星为例,结合地面自动站、风廓线等观测资料,根据雾的光谱特征和辐射特征,利用可见光反射率阈值法,红外亮温阈值法及双通道差值法、气象要素阈值过滤等方法,对卫星遥感图像进行雾自动识别和云雾分离,实现雾造成的低能见度区的动态、快速、自别识别(苗开超 等,2019;王明 等,2021)。

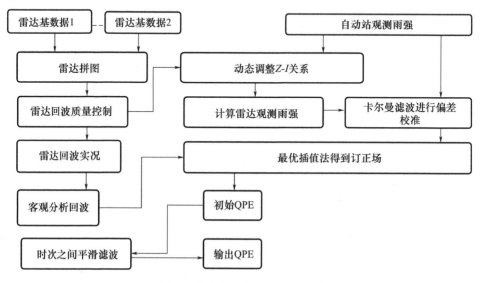

图 2-5   降水估测应用算法流程图

5. 应用推广

与传统气象服务系统相比,"互联网十"物流交通气象服务系统的研发模式具有资源池实、系统性强、云化度高、智能性优的特征,在需求逻辑转换、气象信息机器识别、资源融合利用、信息智慧挖掘方面是传统气象服务系统所无法比拟的。以下经验和建议在应用推广中值得借鉴。

(1)资源与系统设计平行统筹。统筹进行资源池化,顶层设计好服务器、网络、存储资源使用,着重夯实数据库运行、并行运算能力,分层、分级对数据库及后台体系进行管理,提高重大灾害时高峰运行及服务保障能力。

(2) 从前面分析可以看出,物流气象属云服务应用展示层的一部分,总体上可认为这就是一个以物流气象服务为例的"互联网十"专业气象服务系统结构模型,这正是现代"互联网十"专业服务模式的特点和优势:资源是共享的,依服务需求进行大数据分析和挖掘应用。

(3)数据库体系建设是服务平台的重中之重,分层、分级建立基础数据、同化数据、灾害识别、用户数据各子数据库及库库、库表、表表之间的关联及关联数据库。

其"智慧、互动、挖掘、融合"的基础正是利用预设的指标或阈值及结合识别常规、预设动作的需求信息来进行的逻辑综合及分析应用,而逻辑综合的基础是各相关信息的数字化。

(4)气象灾害识别和需求识别是信息数字化的重要内容,也是反映系统质量高低的重要指标。其识别模型或经验模型需经过检验并不断改进,这是反映系统的核心技术部分。"所见即所得"属计算机技术解决范畴,而"气象灾害风险和用户需求识别"属气象专业技术解决范畴,是"学、研、融、用、改"的递进式开发研用的结果。

(5)该系统集物流交通气象、低能见度等气象灾害识别、雷达监测及预警、全国雷达拼图及回波外推追踪、雷达估测降水等的技术应用于一体的大型综合气象服务平台,目前相关技术已广泛应用于相关业务并仍在不断改进、完善和加强,建设模式可借鉴、可复制。

(6)需本地化的主要内容有:气象灾害识别和用户需求识别模型的建立及其数据库建设,利用已有基础并不断进行经验积累。数据和信息挖掘取决于系统建设的最终目标和产品的场景化应用,如通过对未来一段时间全国高温区域的信息挖掘,提示相关物流行业用户群注意其对空调消费的影响等。

(7)在此基础上,基于"实况""预报""风险""服务"四网格,提出了气象风险监测与气象风险识别等 6 种数字化耦合迭代技术(孙石阳 等,2023b)[104]。其基本原理是利用"四张网格+网格模型+模型驱动"以打通各类算法模型、多源异构数据同化应用、网格数据的归一化转换、数字化功能模块化进入系统等环节的关联堵点和信息融合瓶颈,可集约统筹存储、算法算力、算法模型、数算一体、数字孪生体等资源的利用,极大降低数智资源成本。这在智慧气象服务中已取得较好应用,对构建"网格+气象"智慧气象服务业务体系值得借鉴。

(三)深圳构建精准化智能化预报业务体系的实践和启示[①]

通过系统分析智能化预报业务体系的四大创新点,立足服务国际化城市发展和粤港澳大湾区建设,构建以大数据为基础的深圳大城市预报服务业务服务体系为出发点,详细设计了智能化预报业务体系的未来发展方向:打造涵盖全体系的全面感知系统,构建基于大数据的多维度多类型的数据管理框架,发展基于大数据的智能预报大脑,发展基于影响的灾害预报和风险预警,构建一体化智能化的综合预报业务管理平台、基于影响的陆海一体化气象灾害预警预报服务体系(兰红平 等,2019)。旨为全国以及全球气象业务服务体系发展提供有益借鉴及发展启示。

1. 实践背景

21 世纪,随着中国城市化水平快速提升,越来越多的国际化大型活动在我国大

---

① 参考兰红平、刘敦训、孙石阳等《构建精准化智能化预报业务体系的深圳实践和展望》的有关研究。

城市举办。北京奥运会、上海世博会、广州亚运会、深圳大运会等大型活动提出了定点定时定量精细化预报需求。此时正值短时临近预报和中尺度数值天气预报模式技术快速发展时期。2008 年 WMO 的短时临近预示示范项目（VIPS）在奥运会上应用,提升了中国预报精细化服务水平（胡胜 等,2008）,深圳气象坚持"引进、吸收、集成、创新"开展气象科技创新,充分利用和借鉴国内外最先进的预报服务技术（孙石阳 等,2012;郑治斌 等,2018;刘燕,2018;汪银,2019）,紧密结合深圳气象防灾减灾和城市运行的精细化服务需求,开展大城市精细化预报服务创新,完美保障第 26 届世界大学生运动会,精细化预报业务体系一举成为全国首创（兰红平 等,2010;兰红平 等,2013;兰红平 等,2009;李程 等,2017）。

2010 年,以智能手机普及为代表的移动互联网蓬勃发展。互联网技术革命为气象预报服务发展带来了巨大的发展机遇:打造在线互动反馈的"指尖上的气象台","两微一端"实时互联互通互动,形成三端联动共同发展的格局,构建"互联网＋"预警信息全覆盖发布网络,建立基于"互联网＋"决策气象服务和行业安全气象服务新流程、新模式,以及集约化预报服务流程管理平台,实现预报服务产品同步制作和一键发布,不断适应互联网多任务并发、多渠道管理、高频次、高效率、高互动的服务需求。

基于大数据的智能革命为向智能预报服务转型提供机遇,从 2017 年开始,搭建智能预报的众智平台,联合香港天文台共同建立并发布了标准雷达数据集,面向全球征集短时强降水智能临近预报算法,基于深度学习技术,联合阿里巴巴集团、哈尔滨工业大学等机构开展强降水智能临近预报算法研究,探索应用对抗生成网络（GAN）门控循环单元神经网络（GRU）取得良好的试验结果。发展基于大数据的个性化精准服务、恶劣天气的个性化呼叫服务,不断为推动预报服务体系升级赋能。

2. 深圳现代化预报业务和服务体系特点

以"需求牵引、服务引领、科技支撑"发展理念,开展现代化预报预警业务体系深圳试验,持续加强数值模式预报技术、雷暴追踪技术、灾害性天气的定量监测和临近预警预报技术的研究和业务化应用。探索适应大城市气象服务需求的集约、高效、互动的精细化预报服务模式。

（1）精准化

围绕重要灾害、重点时段、重要地段（路段）、重点行业、重点人群服务需求推进预报服务的精细化和精度,实现分区预警和分区预报,推出重点区域关键时段的点对点气象预警预报服务,市民可以随时随地获取精准到自动站点的监测预警预报信息,预警精准到街道,预报精准到 1 公里网格。推出恶劣天气的定点呼叫服务,对港口和地铁实现了预报预警精细预报和精准服务,树立了地铁和港口气象服务的全国标杆。

（2）高效率

数据高度共享,气象探测信息一分钟进库,一分钟服务预报员,一分半钟服务市民。自动站探测频率每1分钟更新一次,研发了雷达拼图的并行算法,实现15秒完成全省雷达拼图。雷达实时监测范围从广东省拓展到泛华南地区1500千米范围,预警信息从制作到启动发布一分钟内完成,实现一键式发布,全网短信可在一个半小时内覆盖在深所有手机用户,包括漫游用户。App可接受一天1亿人次的访问,各种服务渠道超十亿人次。

（3）广覆盖

最高级别暴雨和台风预警时,调整整个电视台电台播出的风格,每小时直播天气动态、预警信息和防御指引,电视字幕连续不间断滚动播发预警信息和防御指引;手机短信平台预警覆盖全体市民和漫游用户,通过交通诱导屏、户外广告屏和高层楼宇等拓宽预警发布的覆盖面;深圳天气"两微一端"最快五分钟更新一次预警信息,引领社会媒体和自媒体发布预警信息,形成预警信息在互联网、广播电视和手机短信为核心的十三种渠道的全覆盖。整体服务人群已达1600万,覆盖80%以上,总服务人次已接近80亿,"深圳天气"微博、微信和抖音等在全国气象自媒体排名的前列,阅读量超过10亿人次。

（4）优体验

以服务用户的需求为出发点,以简洁的表达、快捷的方式、友好的操作改进系统、产品和服务,创新开发了雷达拼图动态进度播放、滑动累计雨量产品、台风登陆影响预报技术、阵风监测产品等几十项具有原创性的优秀产品。产品色彩协调,重要信息凸显。用户在愉悦中获取需要的信息,注重友好的体验,包括系统操作友好,如分区预警快速制作,有效提升了监测效率、预报支撑和预警发布时效。用接地气的方式,有温度的语言,让市民感受到不一样的气象服务。

3. 深圳现代化预报业务和服务体系的创新性

（1）技术创新是引领精细化预报业务体系发展的不竭动力

瞄准世界科技前沿,引进与自主创新相结合,抓住国际数值预报模式发展的机遇,与美国俄克拉何马州大学风暴分析与预测中心(CAPS)共同开发的逐小时循环实时同化预报系统HAPS(2010年),引进了欧洲中期天气预报中心的全球模式产品(2011年)和日本气象厅(JMA)等模式产品,结合我国全球中期数值预报模式(T639)以及GRAPES等模式产品,并集成应用,开发了具有自主知识产权的短时临近预报决策支持平台(PONDS)(2008年)、热带气旋业务平台、台风登陆影响预报等技术(2010年)和数值预报应用平台(2011年);自主研发雷暴识别技术和外推技术,实现风暴和强对流的追踪(2009年);利用卡尔曼滤波最优插值法建立动态QPE和QPF订正技术,自主研发雷暴识别技术和外推技术,实现风暴和强对流的追踪(2009

年);基于卡尔曼滤波的雷达回波外推技术(2013年)、光流法(2015年)等气象短临预报方法,为大城市精细化预报模式建立提供了坚实的技术支撑。发展精细到街道的预警应用技术。在高效的探测网络系统、精细化预报预警技术支撑、高效的发布效率和传播渠道支撑下。与通信运营企业一道大胆使用通信广播技术,小区广播、预警信息一键式发布等,微博、微信、App、抖音等技术应用,保障预警信息宽领域高效精准发布。全国首创预警精细到街道,预警精准度显著提高,预警空报显著减少,构筑了深圳大城市精细化预报核心技术体系(曹春燕 等,2015)。

(2)"互联网+"气象服务模式成为大城市精细化预报服务标杆

深圳在创新由一线值班预报员直接运营深圳天气"两微一端"(微信、微博、App),将传统"高大上"气象预报转化为"接地气"的服务信息。全程跟踪互动服务,每五分钟更新一次,气象服务从预报预警提供转变到天气系统的全过程跟踪监测预报预警服务。通过"互联网+"渠道,气象部门既是气象预警信息的发布中心,也是信息源,引导社会公共媒体和互联网新媒体的信息发布,大大地拓展了气象信息发布渠道。实现决策气象服务和行业安全气象服务的24小时在线服务,首席预报员24小时在岗,为防灾责任人提供预报提示、监测服务、预警预告、灾害预估等在线互动服务。建立了"云+端"的高效弹性服务模式,以公有云架构布设,按需定制推送,满足大容量大流量服务,重大天气可满足超十亿人次的访问和服务。打造了深圳天气"两微一端"大城市"互联网+气象服务模式"品牌。"@深圳天气"微博连续4年蝉联"全国气象行业政务微博榜首",微信多次获得省、市级"最具影响力向微信公众号",被网友誉为"最接地气""最有温度"的气象公共服务产品。央视新闻高度赞扬"@深圳天气"贴人心、"接地气",人民网称赞"@深圳天气"发布时机恰到好处,语言风格幽默诙谐。"@深圳天气"指尖上的气象台,获得首届中国气象局气象服务创新大赛的三等奖。

(3)预警信息全覆盖与高效精准靶向发布成为精细服务技术的标配

以"互联网+"和大数据理念重构预警短信发布系统,千方百计覆盖处于风险中的市民。一是与三大运营商(中国移动、中国联通、中国电信)的预警短信发布系统进行重新整合,提升发布速率、启动效率和覆盖范围。简化预警短信发布流程,实现一个指令,移动、联通和电信三端同时响应,在15分钟内全面启动对全市的预警短信发布,最快速率达到每秒5000条,目前已经实现一个半小时内即可覆盖包括来深漫游用户在内的超过2000万市民。二是突发事件预警短信按行政区域发布,最小精细到街道。深圳地形复杂,灾害天气发生局地性强,且人口和经济生产活动密集,精细到区和街道的预警短信发布满足了对突发事件预警信息精细化的要求。三是实现对多个预设重点风险区域快速精准短信发布。与三大运营商深入合作,基于用户地理位置,通过对预设重点风险区用户信息的实时快速动态采集与更新数据,可直接选择单个或多个预设重点风险区进行发布。单个预设重点风险区支持任意圈选最小 1 平方千米范围趋于进行预警信息发布,实现对首次进入预设区域用户的触发式预警短信发布。四是开展精准人群预警信息发布,与联通合作收集特殊人群(如学生、教师、家长)的信息,校对精准人群大数据分析模型,开展对特殊人群的高级别台风暴雨预警信息服务,旨在保障学生安全,提高预警信息接收的时效性、精准性,从而努力将预警信息发布工作从广覆盖向精准化推进。

(4)打造气象灾害预警四级协同化防灾新机制

建立应急预案为支撑、预警信号为先导的政府主导、部门联动、社会响应的气象防灾减灾机制,实现预警到哪,防御联动到哪。目前这种预警模式已经推广至多个省(区、市)。在国内首创气象与防灾部门深度合作模式,将气象防灾工作融入政府防灾管理中,调动了防灾部门的主观能动性,建立了"一级预警、两级监督、四级联动、社会响应"的气象防灾管理机制,以共建共享调动防灾部门的主动性。建立四级协同平台,打破气象防灾数据壁垒搭建统一大数据,将气象和防灾数据融为一体,建立了实时统一的气象防灾数据库,线上重构气象防灾减灾应急流程,构建集监测预警、决策指挥、防灾管理于一体的集约化平台——防灾智慧中枢。高效设计和信息化流程管理,实现秒级响应,平台延伸到市、区、街道和社区,提供了基于灾害影响的精准防御决策服务,打造了市区两级线上监督、街道社区线下落实的 O2O① 模式综合防灾体系。实现防灾精细管理,跨部门数据流通高效联动,实现防灾减灾价值。防灾应急响应平均启动时间由原来的 1 小时减少到 48 秒;处置灾情时间由原来的360 分钟减少到 92 分钟。基于影响的气象灾害四级防御协同化平台获得中国气象局气象服务创新大赛的二等奖。

4. 大城市现代化预报业务和服务体系发展启示

深圳现代化预报业务和服务体系面临一些挑战,主要表现为体系的中枢大脑智能化水平不高,信息阻隔,烟囱林立,缺乏协同性。探测系统风险感知能力弱,海洋和立体监测水平低。气象数据的融合应用水平对于预报预警精准服务的支撑力不足。基于影响的气象灾害风险评估和灾害预报需要进一步加强。为此,在新时期,立足服务国际化城市发展和粤港澳大湾区建设,构建以大数据人工智能为基础的深圳大城市预报服务业务服务体系,重点有如下 6 个领域的发展启示。

(1)着力打造涵盖全体系的全面感知系统

建设包括探测、预报、服务、信息、系统状态等涵盖气象所有环节的感知体系。一是建立立体、多维、高频率的探测体系,检测点将会增加到一万个以上,检测范围覆盖到海洋,以气象灾害链为主线扩展海洋、水文、环境、建设等相关跨领域的感知。二是提升系统感知能力,建立千万条神经,与各个子模块联系在一起,展现完整的五

① 注:O2O 为 Online To Offline 的缩写,即"线上到线下"的商业模式。

官和四肢,有效感知网络系统、信息系统、信息安全、业务系统的状态数据和进度,推进系统之间的协同。三是发展灾害天气的智能识别,如视频识别、图像识别,以及大数据综合识别技术,实现从天气要素向天气系统感知转变,实现灾害天气系统和风险仿真的三维立体展示。

(2)构建基于大数据多维度多类型的数据管理框架

突破实况业务制约预报服务的瓶颈,以实况业务带动短临预报业务,带动中短期及长期预报业务和服务。一是大力发展高效零时刻实况业务,基于天气雷达、卫星、地面自动站、风廓线雷达、GNSS/MET等高时空稠密观测资料,建立多源资料快速更新融合三维格点分析业务。二是研制人工智能训练资源库和标准测试数据集。整合防灾减灾数据、行业与社会数据和地理空间数据等,建立自动站数据集、雷达数据集、卫星云图数据集、数据预报产品数据集、台风数据值等,夯实智能气象业务发展的数据基础。三是建立预报服务标准指令集,这是预报大脑中枢的命令集合,指令集的复杂程度和系统的智商相关。

(3)发展基于大数据的智能预报大脑

发展基于海量数据和非线性机器学习模型的智能预报技术,建立多条预报神经线,实现以需求导向,预报与观测、预报与预报、预报与服务的协同和联动。一是发展灾害性天气自动监测识别。基于融合多源气象探测和社会化观测的智能监测网,建立雷暴大风智能监测识别模型,发展基于双偏振雷达的水凝物相态识别算法,建立冰雹、龙卷等强对流的智能化观测产品。二是研发转折性、趋势性事件(回南天、污染天气、持续性暴雨天气过程)的决策研判模型。发展基于雷达、自动站、中尺度数值模式等大数据集0~2小时的临近降雨预报技术,0~6小时定量降水智能预报技术。三是将探测数据,短临预报,多种数值预报产品,灾害数据,风险数据在大数据的架构下重新研发,建立人机交互、观测实况实时同化中尺度模式,发展基于大数据短临预报和中尺度集合模式相结合的无缝隙智能化0~48小时网格预报。四是基于智能的综合评价的预报技术筛选和监测预报服务协同。以高性能计算为中心,精准加密区域观测,精准分析区域网格,精准预测区域天气。

(4)发展基于影响的灾害预报和风险预警

一是建立气象灾害实时监测和灾害风险短临预报业务。发展灾害天气快速识别技术,基于致灾临界阈值指标体系,开展中小河流洪水、山洪地质灾害、城市内涝、海洋气象灾害、海陆交通运输等领域的灾害风险预警预报。二是建立气象灾害气候灾害风险预报业务。研究制定极端天气灾害风险评估导则,建立台风、暴雨数据档案,发展分区实时综合气候风险评估。三是发展基于网格预报的影响预报和风险预警技术。针对建设、交通、旅游、电力等敏感行业,开展基于网格预报的行业风险预警服务,对气象灾害防御重点单位进行分型分类,建立不同的气象要素阈值、不同单位服务模式,开展风险提示预警服务。

（5）大力构建一体化智能化的综合预报业务管理平台

应用大数据和人工智能技术，搭建气象大数据人工智能（AI）算法平台，推进气象数据与多领域数据的融合应用，建设气象灾害决策指挥支撑平台，为决策者应对各类突发事件提供智能化数据和技术支持（唐伟 等，2017；林孔元 等，1994；段景瑞 等，2017；卞娟娟 等，2013）。通过智能计算前移、知识计算引擎与知识服务等技术，建立健全交互式产品加工制作流程，增加实时反馈及响应流程，提高气象预报服务产品的针对性和个性化；开发增强预报员能力的人工智能技术和在线技术支持体系，提升基层技术保障能力。建立大数据和预报大脑，实现监测、预测、风险、灾害，跨部门数据的融合，以预报和服务需求为导向，建立观测同预报的协同自适应机制。实现语音识别来操作，语音命令，随时响应的操作友好型业务平台。

（6）持续完善基于影响的陆海一体化气象灾害预警预报服务体系

一是建立海陆一体的精细化海区分区预警预报模式，基于海事地图建立更加适合海洋精细化服务需求的预报服务平台，进行海洋气象灾害精细安全风险预警提示服务。二是提升海陆精细化格点预报业务的时空分辨率和预报能力（武玉龙 等，2017）。陆地格点预报时效由 10 天延长至 15 天。海洋格点预报空间分辨率由现有的 5 千米提升到 2 千米，预报时效由 10 天延长至 15 天。三是综合集成各类决策和公众服务及风险灾情信息，联动风雨浪潮洪信息，实现细化到区的台风影响评估，为区一级防灾部门提供 0～2 小时精细化台风暴雨风险落区提示及 3～24 小时风险提示。四是发展高分辨率数值预报的低空分层格点气象预报技术，建立精细化网格低空气象预报预警业务，为空气污染扩散预报业务、低空飞行条件预报业务提供技术支撑。

（四）深圳气象赋能数字政府和智慧城市的发展对策研究

调研以深圳市、区（新区、合作区）发展在新定位、新需求、新规划、新技术、新机制下气象服务保障"双区"发展背景分析为切入点，结合新形势下"气象＋场景"纵横融入和赋能数字政府及智慧城市、"行业＋气象"深度嵌入和联动防灾减灾救灾体系和城市治理体系等的发展新需求，深入剖析智慧气象服务如何基于问题导向、全面保障深圳超大城市"双区"战略实施的发展问题，提出新形势下超大城市气象服务数字政府和智慧城市的体系化发展思路和对策建议（孙石阳 等，2023a）。

1. 背景分析

（1）改革背景

① 新型气象业务技术体改要求

2022 年 6 月，中国气象局党组印发了《新型气象业务技术体制改革方案（2022—2025 年）》的通知（中气党发〔2022〕93 号），要求全国气象部门以习近平新时代中国特色社会主义思想为指导，深入贯彻落实习近平关于气象工作重要指示精神，按照

"强基础、调结构、优管理、提质量"的改革要求,再造业务布局分工和业务流程,全面构建新型气象业务技术体制,推动气象业务质量变革、效率变革、动力变革,实现气象业务服务高质量发展。在此背景下,精细气象服务业务布局也将发生深刻变化,市级气象部门需重点加强个性化和特色化业务服务,气象应用服务、遥感应用专项服务、基于本地灾害的影响预报和风险预警服务等高科技的新型服务业务将很快转型要求构建,深圳超大城市气象服务更有必要先行先试。

② 深圳快速发展环境倒逼要求

深圳社会经济发展一直日新月异,城市安全运行、行业安全生产、市民生态宜居、公众休闲旅游等,气象在城市防灾减灾、城市治理、保障生态文明建设、经济贡献力等领域发挥的作用越来越突出,在增强服务"美丽深圳""美丽湾区"建设的生态气象保障能力,在建设平安宜居、美丽深圳,积极发挥气象"盐"的作用要求上也就越来越高,对气象服务供给的质量要求和保障效果也就提出了更高标准。

③ 数据赋能服务数字政府要求

加快智慧城市和数字政府建设是深圳深入贯彻落实习近平总书记网络强国战略思想,统筹推进网络安全和信息化工作的重要举措,是抢抓建设粤港澳大湾区、深圳先行示范区和实施综合改革试点重大历史机遇的具体行动,是加快推动城市治理体系和治理能力现代化的必由之路。近年来,深圳市委市政府高度重视智慧城市和数字政府建设,将其作为推进深化改革、优化营商环境和增进人民福祉的重要抓手,推出了一系列改革,为提升城市治理体系和治理能力现代化赋能。为进一步推动数字气象赋能数字政府更高效能,创新数据共享开放和开发利用模式,提高数据治理和数据运营能力,助力深圳市智慧城市和数字政府建设,深圳气象也是深圳市首批首席数据官制度试点对象之一。

(2)环境分析

① 气象风险不确定性因素显著增强

在全球气候变暖和快速城市化的双重影响下,气象灾害及其次生灾害对防灾应急、生态建设、城市安全等威胁巨大;海陆气候、极端天气、城市热岛、狭管效应等与高密人流、空间特性改变、高能源消耗、地表植被改变等的相互作用和影响机理变得愈加复杂,风、雨、浪、潮、洪等陆海灾害迭代风险愈加明显。

② "双区"建设亟须优质气象保障

深圳是海上丝绸之路的重要组成部分,是中国人口、经济密度最大的大城市,被列为国家首批"建设国家可持续发展议程创新示范区"、全球海洋中心城市、率先打造美丽中国典范城市等发展定位,到 2025 年经济实力和发展质量跻身全球城市前列,公共服务水平和生态环境质量达到国际先进水平。深圳市领导要求气象部门深入学习贯彻习近平总书记对广东、深圳工作的重要讲话精神和指示精神,加强科技创新,提升气象服务精细化智能化水平,为"双区"建设提供更优质的气象保障。

③ 引进气象服务人才机制亟待进一步完善

通过研究分析，一方面，从气象服务城市人口、面积、城市经济总量需求来分析，深圳气象部门职工人数远不及香港天文台、广州市气象局充足，专业技术人才更少，尚有加大气象服务人才人力支撑力度的必要性；另一方面，近年来，深圳气象市场化专业服务人才发展相对缓慢、专业化服务机构市场拓展能力欠缺，技术人才引进、专业人才锻炼培养的机制亟待完善。

④ 数据服务要素市场化发展环境亟须培育

研究分析，气象行业数据交易市场运作机制与其他行业一样，存在诸多困难与风险挑战，也存在诸多需求与发展机遇。在数据开放、数据流通、数据确权、数据管理、数据治理、数据评价、数据挖掘、效益评估、交易政策等诸多环节均处于几乎空白环节，很多领域仍处于探索阶段。由于气象数据的专业性、安全性、集聚性，其在应用、管理、价值等方面的效能提升并非易事，不可能一蹴而就。同时，这些特性也使得要素市场的发展环境更加复杂，培育一个健康的市场环境面临着更多挑战。

(3) 发展基础

① 构建了气象服务高水平发展支撑体系

深圳气象通过"十三五""十四五"前期的发展，气象信息化保障力显著提升，气象服务的供给力显著增强，防灾减灾的协同力显著提高，气象融入社会的治理成效显著提高。建成了立体精细的大城市综合气象观测体系、集约互动的大城市精细化预报服务"31631"模式、协同高效的四级气象灾害防御联动体系、以智慧气象为标志的气象监测预警预报防灾减灾服务体系。

② 形成了气象服务高质量发展标杆体系

深圳气象发展指数年均增长 12.16%，较全国气象发展指数的年均增长率高 1.86 个百分点。广东省气象现代化考评和公众气象服务满意度评价连续九年保持全省"双第一"。"31631"递进式预警模式、恶劣天气呼叫、突发事件预警信息精准靶向发布等，丰富了国家气象预警信息发布与应急联动的实践经验，为国家气象打造了深圳实践范例。"大城市精细化气象服务深圳模式""四级协同气象防灾减灾体系""气象服务标准化"等成果在全国、全省得到推广，"引进—集成—吸收—创新"的系统建设和科技成果转化思路、一体化业务服务机制得到全国广泛借鉴，高质量构建起深圳智慧气象六个一模式标杆体系。

③ 打造了高效益智慧气象服务供给体系

按照深圳智慧气象总体布局，基本构建了一套从需求感知到智慧供给的较为完整的专业化、标准化、精细化、便捷式、适用型的全链条智慧气象服务供给体系。形成了 7 大类 72 种公共气象服务产品。对全市重点防御单位、易涝点、地铁沿线、港口码头、建筑工地等 19 个高气象敏感行业和近 5000 家重点企事业单位开展"点对点"的气象监测预警预报服务，形成了"施工行业＋工地""交通行业＋地铁＋港口＋航空＋公交"等全链条的"气象风险预警＋行业风险防御"高度契合和联动的行业场景化气象服务保障新模式。与轨道交通行业防御气象灾害流程、机制衔接,协同打造了行业应急防御气象灾害"520"标准化模式。

④ 形成了信息化保障智慧服务支撑体系

深圳气象业务高度依赖信息化系统支撑,自建功能相对完备的气象监测预警预报服务业务信息系统、数据环境以及配套超算、网络、机房等基础设施资源。"十三五"以来,依托政务云、政务专网等市统建政务信息化资源,逐步调整信息资源布局由"全部自建"转换为"前店后厂"模式,数据收集交换、处理存储及预报预警制作、数值模式计算等核心生产系统,均部署于数据中心"后厂";而政务服务、气象服务、信息共享等对外服务系统,依托政务云等基础资源均部署于"前店",稳固打造信息化保障智慧气象服务支撑体系发展格局已经形成。

2. 主要挑战

(1)风险挑战

① 陆海气象风险迭代的极端性与高致灾性越来越明显

2018 年,强台风"山竹"给深圳交通运输、高层楼宇、基础设施等造成了严重破坏,对城市公共安全和社会经济发展产生了显著影响。深圳已成为全国人口密度和经济密度最大的城市,土地过度开发、高楼林立、建筑工地众多,气象灾害向立体空间发展趋势加速,造成了城市承灾的脆弱性增大,灾害链延长,台风、暴雨、雷电等气象灾害以及风、雨、浪、潮、洪等陆海灾害风险迭代愈加明显。调研认为,近海区、开发区、改造区、边远区、施工区、人流密集区等是易出现气象灾害或次生灾害的重点区域,交通运输、港口物流、建筑施工、供水排水、供电供气等是易受气象灾害影响的重点行业,高空作业人群、居住于非楼宇内的贫困人群、流浪人群、景区游人、施工工人、学生、老人、障碍人士、孤寡老人是易受气象灾害影响的重点人群。

② 中小微尺度天气系统破坏力及风险影响越来越加剧

2019 年"4·11"强对流天气尽管尺度小,但破坏力极强,对生命安全、生产安全、城市运行、生态环境造成严重影响。通过调研分析得出,受城市快速发展影响,地表植被的脆弱性、气象灾害时空分布的高频性和不确定性、受灾体的孕灾环境和致灾机理的复杂性变得更加显著。深圳市各区(部门、行业)的防御气象灾害特别是对中小微尺度天气的破坏性影响更是防不胜防。社区安全的网格化管理、行业安全的精细化管理、城市安全的精准管控,都离不开对气象风险的及早识别和有效防御。重点区域、重点行业、重点人群由于其对气象风险特别是中小微尺度的天气风险从识别、获悉到防御、避害的灾害防御能力相对较弱,因此,对气象专业化服务的供给要求更高、实施难度更大,且需要更强的时间性、针对性。这些因素构成了精细化气象防灾减灾体系建设的关键环节。

③ 基层的气象防灾减灾的网格化管理要求越来越精细

随着基层防灾减灾的网格化管理更加精细,气象防灾减灾不但任务重,而且是防灾减灾的主要"站岗人"和气象信息服务的重要"传信人"。由于深圳不设区级专门气象机构,街道也没有专门的气象信息员,深圳市气象部门只能适应这一网格化精细管理模式,依托政府部门的防灾减灾网格化管理系统和服务平台来寻求延伸到基层网格的服务落实。具体做法是:一是通过建章立制、制定标准和规范,促使精细气象服务的产品、方式、渠道、机制必须要有机地融合、融入、融汇到全市各辖区并通过区延伸到街道、社区的安全生产的网格化管理模式中去,从体制机制上横、纵打通"市—区—街道—社区—个体"气象防灾减灾服务"最后一公里"的供给链条;二是强化基层通过设置气象防灾减灾救灾专栏、定期开展气象信息防灾减灾救灾服务培训等科普宣传工作,让气象灾害预警信息、气象灾害防御服务信息、气象风险预警信息能更顺利、更有效直通到基层网格管理员、街道社区安全责任人手中,并以此将服务覆盖到整个社区居民中。

④ 气象风险的不确定性对城市治理成效构成巨大威胁

城市海陆气候、极端天气、城市热岛、狭管效应等现象与高密度人流、空间特性改变、高能源消耗、地表植被改变等的相互影响和作用机理变得十分复杂,气候变化与天气条件对城市生态、城市安全的影响也就变得十分复杂,气候、天气风险对各区(行业、部门、公众)带来的气象灾害与次生灾害风险的不确定性因素显著增强,对防灾应急、生态建设、城市安全等的气象治理成效构成巨大威胁。基于气象风险的预警和基于影响的气象预报,以及基于评估的气候服务等所需要的精密化监测、精准化预报、精密化服务的难度和要求也就越来越高。因此,气象融入各部门、各区域、各行业的气象风险治理成效也就面临着空前未有的巨大挑战。

⑤ 保障城市发展的需求对气象能力建设提出更高要求

各区、各部门、各行业普遍关注气象预报预警的提前量和准确性,这也反映出气象部门的痛点和难点,同时也对深圳市气象局提供的上下班精细化产品、个性化的气象风险提示、"安全伞""预警铃""产品超市""云上科普"等专业化的产品表示肯定。但同时对生态环境、规划与自然、住房与建设、交通运输等部门聚焦大气污染防治、生态环境改善、气象安全风险排查、交通安全出行等领域的精细化气象治理提出了很多精细的气象需求和发展建议,要求服务能力"系统化、专业化、精确化、精细化、精准化"的高质量要素要求前所未有,主要体现在规划对接、数据共享、平台契合、系统融入以及气象产品更加具有针对性、便捷性、适用性、精细化和准确性上。此外,调查还认为,市辖各区对提升重点区域、重点行业、重点人群的精细化服务供给能力十分有必要,并普遍建议建立和完善与市一级气象灾害应急防御协同能力匹配的气象灾害监测、预报预警、防灾应急的气象灾害防御信息化服务综合供给分平台。

（2）需求挑战

① 保障超大城市高质量发展的战略性需求

为落实粤港澳大湾区气象发展的规划性要求,"气象＋"保障大城市高质量发展须具备全方位的气象服务供给体系、专业化的智慧气象供给引擎、多元化的气象服务供给格局、标准化的气象信息供给机制。深圳市作为先行示范区,为落实建设中国特色社会主义先行示范区的行动方案与重点工作计划等要求,为响应国家"一带一路"发展理念,亟须"气象＋"保障美丽湾区。打造美丽中国典范气象治理先进模式,"一带一路"气象保障创新模式走在世界前列,成为国际一流、全国领先。智慧气象服务高质量供给在新技术、新基建、新创新、新战略、新发展的新支撑点上,保障全市各区(街道、社区)精准防灾减灾的气象治理能力、保障数字政府与城市大脑的气象融合度、智慧性、贡献力等领域的新服务需求上均面临前所未有的新挑战。

② 保障数字政府"一网统管"的融合性需求

从信息化保障的融合度上分析,各区各部门、各行业、各重点单位对气象相关信息的共享需求普遍比较强烈。深圳市生态环境、规划和自然资源、住房和建设、城市管理和综合执法、国务院国有资产监督管理委员会等相关部门明确表示,他们希望能实现实时气象信息共享,并开展融合研究和融合服务等。深圳市卫生健康委员会、深圳市交通运输局等相关部门就合作开展相关研究、研发专项产品、共享相关数据等方面希望能在机制、平台、产品方面进一步创新合作模式。从信息化支撑业务运行的一体化上分析得出,对"气象＋"产品的内外全链条、全渠道气象产品数据,及其与各部门、各行业应急防御体系的互联互通等的信息化融合保障方面也越来越强烈。智慧环保、智慧交通、智慧城管、智慧水务等部门的智慧城市的信息化服务体系均希望能实现与智慧气象网格化的数据产品供给体系能有效对接,包括实时气象网格化监测预警预报产品、滚动细网格气候分析产品等。

③ 保障城市安全运行生产生活的协同性需求

气象保障城市应急、安全生产、防灾减灾、宜居宜业宜游等服务离不开深圳市建设重点工程的服务需求,这些需求也聚焦在保障重点部门、重点区域、重点人群的服务需求中。因此,气象保障城市应急、安全发展的要求愈加具有协同性、规划性、统一性。调查发现,城市应急、安全发展的气象协同保障需求主要有:构建陆海空三维立体气象观测感知体系,形成精细网格全覆盖的基层气象灾害综合监测网。提升分区分时精准监测预警预报能力,覆盖粤港澳大湾区提供更优质气象监测预警预报服务。开展气象灾害防御精细化、智能化服务工程建设。申请以接口方式接入相关气象数据,实现全市各级防灾减灾部门气象数据共享。面向基层提供灾害防御决策服务。进一步提升气象预警信息全城发布的快速覆盖能力,相关指标纳入深圳市安全生产、应急管理和防灾减灾"十四五"规划内容。加强深汕特别合作区气象灾害防御及监测预警发布工作,补齐深汕特别合作区工作短板和不足等。

④ 保障超大城市精细治理网格化数字化需求

重点聚焦提高智慧气象服务智慧城市大脑的能力,从而从顶层设计上提高对城市生命线、行业安全生产的协同保障力:一是加强联动联防会商机制,强化陆海一体化服务平台及防灾减灾协同化服务平台服务基层功能,进一步优化"区—街道—社区—个体"气象防灾减灾救灾服务"最后一公里"的供给链条。二是加强防台、防汛的专业化保障需求,第一时间获取台风、暴雨等灾害性天气预报、预警、路径、强度、风险评估等实时动态气象信息。三是能第一时间获取网格化的精细实况、预警、预报等可融合开展服务的气象信息,时间上越早越好,空间上越细越好。四是能及时协同开展易受台风、暴雨、雷电等气象灾害影响的重点设备设施、重点区域等的风险调查和隐患排查,构建更新及时、信息有效的气象灾害风险"一张图"。

(3)能力挑战

① "陆、海、天、空"气象监测能力不平衡不充分发展

调查认为,观测系统尽管丰富,但缺乏新形势发展下的顶层设计和有效整合。"陆、海、天、空"服务的监测能力不平衡不充分,服务应用效益不突出,主要表现在:一是对灾害链监测不足,监测数据发挥效用局限于气象监测,因气象灾害对其他行业产生影响的监测评估水平不足;二是观测服务产品种类多但形式较单一,在为市政府决策服务、各政府部门应用服务中效益不明显,缺乏有效的产品整合;三是网格数据和实况数据存在一定程度上的误差,不能很好地代表实况,海陆气象监测的差异较大,沿岸至100千米的近海海洋气象监测能力仍存在较大的空白区域,资料同化效果亟待加强,数据应用范围有待进一步扩展;四是气象灾害风险阈值体系不完善、更新不及时,信息化程度不高,智慧气象的"智慧引擎"缺乏数据驱动的原动力。

② 时空精细的气象预报预警能力智慧性、互动性偏弱

调查认为,对于强天气频发的季风区,目前最先进的全球/区域模式的预报能力仍明显不足,由中尺度天气模式驱动的热带区域海洋气象、环境气象数值模式亦有同样问题。目前,国家级、广东省级数值预报业务在性能指标、核心技术水平和产品应用等各方面与国际先进水平的差距仍然很大。由于缺乏时空精细的气象数值预报核心技术以作支撑,数值预报"大数据"同化技术几乎"卡脖子",优化同化算法十分艰难、提升网格化的数值预报预警能力很是受限,数值预报技术与信息化融合发展的科技支撑力十分偏软,检验和评估及其业务化应用的道路仍十分艰难。网格化、时空精细的气象预报预警能力的智慧性、互动性明显偏弱,凸显发展智慧气象的明显"软肋"。

③ 融入智慧城市、智慧气象服务专业化供给能力滞后

主要体现在以下几个方面。一是现有数据平台无法支撑以数字化、智能化为主要特征的"云＋端"气象服务架构,气象服务智能程度不高、专业性不强的问题较为突出。以需求为导向推出智能、个性化服务,提供适需的、个性的、差异化和高价值

的无感和情景气象服务的能力比较欠缺。二是气象服务融入行业智慧气象、智慧城市大脑的嵌入度不高,基于智能网格、气象风险、靶向发布、个性化的服务场景推送的"智慧引擎"缺乏原始需求的有效驱动力,智慧气象服务品牌的有效性与智慧气象服务供给能力难以提升。三是公众服务产品的同质化应用、集约化程度不高,需要融合形成多元化服务矩阵,用服务一盘棋、智慧一张图的发展思路,按照"能力支撑集约化、服务效能专业化、产品呈现特色化"的融合思路,支撑与智慧城市大脑的融合发展,但要走出这一步,还有许多基础性工作需要夯实、创新性工作需要开创。

④ 保障气象信息横向到边、纵向到底供给体系欠完善

主要体现在以下几点。一是气象和非气象部门之间的信息化存有信息融合不顺畅,系统对接不规范,数据融合难度大,信息共享层次低等诸多问题,制约了气象数据聚集的规模效益发挥,影响了"智慧气象"服务效果。二是缺乏为保障企业和个人开展市场竞争所需的金融保险、远洋导航、商业、能源等市场化、专业化气象服务体系。三是数据供给范围困窘,部门通过来函、企业提出关于数据共享、气候论证、风险评估类的服务需求越来越多,专业性也越来越强,服务的目的性和重要性也越来越明确,但由于涉及数据边界、使用范围等政策许可问题,加上供给体系不全,依然存在很多的实际困难,供给机制需要进一步完善。四是数据共享开放与数据交易产业链未能形成。当前气象数据共享众创,数据交易产业链并未有效形成,气象数据流通和数据要素市场化配置与其他行业一样也存在数据共享边界、确权机制、分配机制、环境政策、平台构建、市场监管、信息化实施等诸多亟须解决的问题。而这些问题并非一朝一夕就可以解决,需要经历综合改革、综合施策、综合试点等阶段来逐步实现。

3. 发展对策

(1)强化建设超大城市气象服务机制保障体系

① 强化数智化支撑,保障"气象+"高质量发展

以完善全链条气象服务供给体系为抓手,以发展数值天气预报和专业化服务供给能力为核心发展支撑,以数据流的"标准化、数字化、集约化、系统化"为主线的开发与应用理念,以信息化为主要融合手段,从规划建设、系统建设、平台建设、机制建设全方位构建保障"双区"战略实施的"气象+场景"与"行业+气象"服务融合发展机制,强化数智化支撑,为建设"气象灾害防御精细化智能化服务"工程提供数智化核心技术支持,着力打造"气象+"融服务机制的"动力引擎"。

② 强化"+气象"保障城市治理协同、互动发展

聚焦各区、部门、行业的专业化服务需求,针对气象治理的不同领域和方向,按照在"基础领域共享、科研领域合作、专业领域借鉴、服务领域创新"的发展理念,有序、有效建立智慧气象服务中台多元化的服务供给模式和合作融合发展机制,不断

完善保障气象治理目标的实施措施,形成"+气象"融服务"气象治理"机制的强大合力,着力打造"+气象"融服务机制的"发展引擎"。

③ 强化"网格+气象"全链条供给,趋利避害服务精细发展

着眼海陆一体化的气象防灾减灾、精细化气候治理、生态美丽湾区宜居气象的趋利避害需求,一方面着力发展精细资料同化及数值预报系统、智能网格预警预报业务体系、历史气候资料分析系统,为智慧服务"数据中台"提供网格化、标准化、规范化以及及时性与准确性强的气象数据支撑;另一方面,着力发展行业大数据和智慧气象新信息技术应用体系(如人工智能语音识别、风险识别、位置识别、数字化智能服务应用技术等),为智慧服务"数据中台"提供网格化、标准化、规范化以及个性化与标签性强的智慧服务大数据支撑(刘新伟 等,2021;王兴 等,2021;李朝华 等,2020;王子昕 等,2021)。形成全链条打造"数据中台"的数据融合体系,构建智慧气象服务的"芯片"和智慧气象服务的数字化"智慧引擎"机制,着力打造"气象+"融服务机制的"数字引擎"。

④ 完善服务供给标准体系,机制无缝对接融合发展

完善气象服务质量管理体系、气象预报预警服务标准体系,构建基于安全、网格化、标准化、系统化的数据供给信息标准体系,完善信息化融合防灾减灾治理体系中的气象信息标准体系,特别是数据供给的服务标准。为构建全领域、全过程的精细化气象服务供给机制提供标准支撑和"气象+场景"及"行业+气象"服务的融合机制,形成"气象+场景"赋能与"行业+气象"融服务的有机衔接和相互补充、相互促进,着力打造"气象+"融服务机制的"标准引擎"。

(2)强化建设超大城市智慧气象服务能力支撑体系

① 构建全过程的数字化气象服务支撑体系

着力提升全过程的"气象+"融服务的信息化支撑体系。一方面持续评估、集中优化区域数值天气预报模式的资料同化及应用,采用"优中选优"策略加大力度重点对台风、季风、强对流等天气系统的数值预报模式的评估、检验、应用、改进及业务化能力,提高数值预报对智能网格预报业务体系的技术支撑能力。另一方面协同加大力度提高将 5G、人工智能、物联网、大数据、区块链等新技术融合到新基建、新装备、"数值模式""数据中台"的应用支撑能力中。围绕"云+端"的服务供给模式,增强智慧气象智能助理体系、智能服务提供插件等的信息化支撑力,为横、纵打通"市—区—街道—社区—个体"气象防灾减灾服务"最后一公里"的供给链条提供强有力的大城市气象服务智慧引擎"芯片"和数字化服务支撑"底座",并以深圳"数值气象""数字气象""数智气象"一体化建设的设计理念和气象风险识别技术贯穿到相关关键项目和工程建设当中去(孙石阳 等,2023b)[104-111]。

② 构建全链条的标准化气象服务供给体系

以数值化、网格化、数字化、标准化为主要技术手段,将"四维监测""数值模式"

"网格预报""数据中台"等的上下游数据以网格为逻辑的精细化关联作为"气象＋"融服务的拓展基础。以"陆海一体""防灾减灾协同""灾害戒备"等专项保障平台产品体系为数据基础,利用智慧气象智能助理体系、智能服务插件、智能服务接口提供等新兴手段,以"气象＋"融服务供给形式融合各区(部门、行业、公众)服务需求,以标准规范流程、以网格精细对接、以位置精确对准,开展一体化气象灾害防御精细化智能化服务工程建设。形成"网格＋气象"保障超大城市治理能力现代化的四维网格数据集,构建全链条的"横向到边、纵向到底"的"气象＋场景"和"行业＋气象"的标准化、数字化、网格化的气象服务供给支撑体系。

③ 构建科技支撑能力协同发展的创新体系

为保障深圳科技创新引领示范区、气象服务供给体系的高质量发展,打造全球气象科技创新高地,充分发挥好特区气象"三精"(监测精密、预报精准、服务精细)先行示范引领作用奠定扎实基础,聚焦科技支撑能力协同发展好以下创新体系。一是聚焦基于风险的预警、基于影响的预报、基于气象风险服务业务评估体系的发展,加大卫星遥感监测数据、数值预报技术、人工智能等新信息技术的创新研用力度,支撑发展气象预报服务在资料同化、参数检验、产品评估、产品应用、信息智能供给等方面的科技研发。二是聚焦弥补海洋气象监测预警服务能力缺陷、发展陆海一体气象灾害防御决策服务精细化、气象预报能力与服务水平的协同化发展、网格化预报服务"数据中台"供给的一体化发展、智慧气象融合新技术的转型发展、数据服务转型向数智服务发展等领域的能力提升上,不断融合科技创新体系的支撑发展而不断协同创新发展。

④ 构建智慧气象服务高质量发展保障体系

主要体现有三个方面。一是依法、依规构建融合全过程、全领域的气象服务供给质量管理体系,综合提升智慧气象精细化、法治化、标准化、社会化水平。在人才资源、人力支持、科技创新方面用好、用足、用活"双区"建设相关政策,稳步构建"一核两翼"气象事业发展布局。二是为保障发展好大城市精细化预报服务"31631"模式、协同高效的四级气象灾害防御联动体系,整体发展好以智慧气象为标志的更高质量的气象监测预警预报防灾减灾服务体系,统筹构建高质量的数字化业务和数智化服务发展保障体系。三是为保障落实深圳市委、市政府相关工作部署,为保障城市生态安全、低碳城市建设与城市治理高质量高标准发展,率先打造美丽中国典范城市建设,长远规划好高质量发展智慧气候服务业务保障体系。

(3)推动建设数据交易与市场化要素保障体系

① 积极开展气象数据要素试点改革研究

通过"案例研究＋试点分析＋政策研究"方法,研究当前气象数据要素市场配置的形势发展、背景、气象数据资化和市场化现状、要素市场配置内外发展瓶颈与风险,综合提出试点政策建议。通过试点气象数据交易案例,为开展气象数据要素试点改革提供政策建议,在不断探索气象数据要素试点改革、可信流通使用气象数据资源、释放气象数据市场化价值等关键领域及重要节点上贡献深圳试点成果,为进一步推动气象数据要素供给改革奠定了基础。

② 开展特色气象数据专业化应用探索

一是开展气象数据要素市场改革,推进气象数据交易试点。以港口、能源气象数据交易进行试点,推进气象数据有序流通。二是建设气象众创开放共享平台。联合建设产学研一体化大湾区气象众创开放共享平台,为社会力量参与气象服务创新和科技创新打造良好环境。三是建设南方气象卫星应用协同创新平台。在深圳合作共建中国气象局南方气象卫星应用协同创新平台,以应用研究带动基础研究,推动气象卫星在多行业融合应用。四是积极培育产业化专业化的供给链条,鼓励和引导多元主体参与气象服务,激发公共气象服务潜能和大数据应用能力。

③ 开展数据服务支撑平台众创平台建设

不断规范数据管理和数据服务供给体系(胡欣,2021;王兴 等,2020;段文广 等,2021),以智慧气象服务中台为总出口,探索打造面向全社会的气象数据交易服务支撑平台和众创平台。主要面向以下几个方面的创新需求:一是赋能智慧城市建设,积极促进气象信息全领域高效应用于 CIM/BIM,提升赋能数字政府和城市治理能力。二是探索建立气象部门与各类相关研发机构的合作创新机制,联合构建气象科技产业创新平台。三是搭建气象科技协同创新的中试平台环境,聚焦数值模式应用、人工智能预报以及气象与相关技术融合创新试验等方式,积极探索构建气象科技能力提升的社会化众包众创机制。四是积极探索与市数据交易平台的业务链接提供气象数据交易支撑平台。五是积极探索建立气象数据跨境共享与交易政策研究。

④ 创新构建气象产业多元化赋能供给体系

通过深圳气象数据要素试点改革研究和深圳市首席数据官制度试点建设,在数据边界、数据确权、数据供给、数据交易利益分配、交易政策与风险管控、交易平台与交易流程等的数据基础供给体系上,不断探索完善数据交易、数据共享开放政策体系、数据众创共享体系、数据安全监管体系、数据服务产业化体系等的综合改革发展和政策制度措施。联合气象科技产业创新平台建设,不断创新发展支撑气象产业赋能保障体系,探索构建并不断完善市场化气象数据交易体系,实施产业链与供应链多链融合,创新构建气象产业多元化赋能供给体系。

二、大数据融合应用

气象大数据平台是国家级、省市级提供智慧气象服务的云平台,是发展"互联网＋气象服务"的基础设施平台,也是各级开展智慧气象服务的支撑平台。依托气象数据和产品资源,深化智慧气象融合智慧城市的数字化、一体化应用体系,不断强化气象大数据的本地挖掘和跨行业应用,极大地推动了大城市公众气象个性化预警服务、高气象风险行业精细化预警服务、智慧气象全方位赋能经济发展服务的模式创新与发展。

(一)依托大数据深化智慧气象服务的对策研究

以预警铃、恶劣天气呼叫服务为例,调研分析预警铃、恶劣天气呼叫服务的现状、问题、解决措施。以问题为导向,以目标为导向,从服务的落地、落细、落实环节研究提出提升预警铃、恶劣天气呼叫服务质量改进措施,对依托大数据深化深圳智慧气象服务提出发展及改进建议。

1. 深圳预警铃、恶劣天气呼叫业务发展情况[①]

(1)预警铃

① 现状

台风、暴雨天气学生们该如何出行一直是备受社会关注的民生问题。为全市学生及家长提供高级别台风暴雨上下学时段精细预警提示服务已纳入深圳市政府2019年40项民生实事之一。该服务需要关注的重点是在学生上下学时段面向学生家长提供精细化气象预警预报服务,提升学生及家长在高级别台风暴雨天气下的安全防御能力。依托"i深圳"App、"深圳天气"微信公众号和"深圳天气"App,实现了预警铃提示服务。预警铃上线以来,微信公众号新增订阅人数36.7万,在App上订阅人数4.32万。预警铃在"深圳天气"App和"i深圳"App上的总体订制数量还是偏少,离覆盖全市中小学生的目标还有较大差距。

② 问题

预警铃存在的主要问题有以下几点。一是发布流程不集约。如预警铃产品编辑、制作与高级别预警信号的发布没有自动对接,未实现与"深圳天气"微博等发布渠道的自动对接,其发布效率和影响范围仍有很大上升空间。二是定制体验不方便。如线上定制选项比较麻烦,所定制的服务未能精准到学校、街道。三是流量受限。如2019年7月10日暴雨红色预警信号发布后,受微信发送模板消息100万条流量限制的影响,预警铃信息发送成功率不高,严重影响了精细化服务的效果。四是覆盖面不够广。主要原因是家长愿意以老师的通知为准,加上获取预警信息的渠道较多,预警铃的权威性不够,在学生、家长和市民之间的互相推介的效果并没有显现。

(2)恶劣天气呼叫

① 现状

强降雨、大风等突发灾害性天气具有发生速度快、致灾性强等特点。恶劣天气

---

① 以预警玲、恶劣天气呼叫为例。

呼叫系统通过对上下游地区所发布的预警、阈值判别雷达和自动站实况出现的灾害性天气、深圳市气象局发出的气象灾害预警信号等恶劣天气条件进行自动识别,实现实时监控。一旦达到呼叫条件,随即通过电话主动呼叫值班预报员、处长、局领导等气象局系统相关人员,大大提高了内部应急响应速度。恶劣天气呼叫系统更重要的作用是 24 小时在线为应急部门、重点防御单位的基层防灾责任人提供精准对点的呼叫服务。这是当前气象有效利用科技、信息化手段,为防御强天气,及时、准确提供临近恶劣天气预警信息的重要渠道之一。由于在防御恶劣天气"点对点"的服务效果上有很强的针对性和实时性,该系统广泛被基层防灾责任人采用。但受呼叫体验度不高等因素影响,恶劣天气有效呼叫的成功率还并不算很高。如 2019 年 7 月 10 日 05 时 40 分(关注级)至 7 月 10 日 10 时 29 分,深圳市气象台总共发布 6 次预警短信,恶劣天气外呼总计 879 次,外呼成功率为 69.17%。成功率有待进一步提高。

② 问题

恶劣天气呼叫是服务城市安全、关乎民生的一个很好的服务方式。但为什么呼叫的成功率还不是很高?通过调查发现,其主要原因是对防灾责任人的相关信息更新不及时。而信息更新不及时的原因主要有两点。一是个性化程度不够。用户信息有来自应急部门的,有来自重点行业单位的,也有本部门应急相关人员。鉴于预警分区、灾害分级、人群分类、响应分层等因素的不同,用户对气象的服务需求也呈现出多样化的特点,不能搞"一刀切",需要细化和动态管理用户信息和用户需求。这些用户信息和需求信息如不及时入库和更新,系统只会按照所提供的"过时"信息为用户提供服务,常常会导致服务对象已不在现有岗位却还在为用户提供服务、服务对象不需要的服务也在"一厢情愿"地为被提供服务等情况的发生,严重影响了呼叫的成功率。二是重复呼叫的情况较多。系统对用户的需求不能精准把握、对恶劣天气的呼叫条件缺乏科学的数据管理和数据设置;且用户数据库的结构设置比较简单,阈值设置标准和层级管理不明确,导致阈值设置和阈值管理缺乏专业性和适用性,呼叫触发机制不清晰,也就很难实现精准呼叫的效果。三是便捷性不够。由于用户信息及用户需求信息的输入界面缺乏便捷性,相关信息不能及时进行系统更新,这在很大程度上影响了"动态"用户信息及用户需求信息不能及时进入系统,从需求采集到进入系统的数据与服务输出端的流程对接及专业性标准的衔接要求还有较大差距。系统提供的服务往往比较"机械""呆板",导致重复呼叫、无效呼叫的情况较多,这类情况较为常见。

2. 短临预警存在的主要共性问题

预警铃与恶劣天气呼叫是气象短临预警服务的重要业务。通过调研,预警铃服务存在发布流程不集约、定制体验不方便、流量受限、覆盖面不够 4 个方面的问题,恶劣天气呼叫服务存在个性化程度不够、重复呼叫的情况较多、便捷性不够 3 个方面的问题,着实从短临业务侧反映了深圳气象大数据业务的应用水平和服务能力的现实情况,也反映了依托大数据深化智慧气象服务的一些主要的共性问题,这7个问题相互关联、相互影响。综合分析,其问题的根源主要表现在两个方面。

(1)气象大数据的信息服务台账问题

以上7个问题在业务实施上体现在智慧气象服务的"输入""输出"端,也就是气象大数据的信息服务台账问题,即"为谁服务、怎么服务、成效如何"等问题。

① 台账1:服务不能满足服务需求——为谁服务

气象大数据的采集整理、规整入库、驱动运行没有按照标准化、集约化、信息化的要求从业务流程、系统功能上得到很好体现。常常是服务或项目人员在项目建设时或应用时提"碎片化"的服务要求,系统开发人员对接任务时基于"碎片化"的方式进行沟通和理解,对需求转化为服务的功能实现不能理解到位,在功能上无法满足便捷式服务的需要,在管理上无法有效监督动态的服务效果,从而严重影响服务效果和质量,在根上没有解决为谁服务的问题。

② 台账2:大数据管理机制"软松散"——怎么服务

根据前文分析,预警铃、恶劣天气呼叫在预警条件、呼叫条件的"输入端"都存在流程需要完善、智能推送需要精细、管理机制需要健全等问题。在服务效果统计、服务改进"输出端"也都存在对用户信息的管理需要更加精细、表结构设置上需要更加科学、服务界面的便捷性需要更强等问题。这些问题归根结底属于大数据管理机制的"软松散"的问题,是造成服务信息"孤岛"与形成服务系统"小、低、散"的主要症结之一。

③ 台账3:大数据挖掘分析欠缺——成效如何

每一次重大天气过程过后,预警铃、恶劣天气呼叫服务的覆盖面或成功率如何,都是检验服务效果的具体指标和绩效考核的重要依据。目前主要的问题是由于缺乏挖掘、分析基础,直观的可视化通过系统智能统计和效果展现的界面也都比较缺乏,因此大数据统计分析、挖掘和服务的效果也就不能及时体现和准确掌握。

(2)短临预警大数据业务体系结构问题

在智慧气象服务领域,存在7个关键问题。这些问题主要涉及"管理""平台(或系统)"端,直接影响到短临预警大数据业务体系的结构组成,即数据"从哪里来、放在哪里、怎么使用"的问题。

① 问题1:采集业务体系需要分类细化——从哪里来

由于大数据应用在界面输入、地理位置感应、灾害识别技术等没有经过标准化集约、统筹性规整、实用性检验等标准化过程,各自采集到的大数据信息能共享的很难共享,应一体化的很难一体化。如对预警信号的发布、预警铃的信息发布、恶劣天气的呼叫等业务,对于同质化的服务需求的信息梳理和流程集约可以一并统筹考虑。同样道理,对各渠道的服务效果的统计也可以通过标准化的分类、分级、分层、分区、分人群来统筹设计。

② 问题 2：存储业务体系需要标准化——放在哪里

短临预警服务大数据存储的格式和方式、使用的便利与安全性直接关系到预报和服务的一体化对接效果，也直接影响到产品从预报属性到服务属性的智慧转换。所以短临预警服务的大数据存储要求实际是一个关乎数据"放哪里、怎么放"的技术路线问题。在同一个业务体系内，须实施数据存储的统一标准和数据应用的统一使用规范。

③ 问题 3：应用业务体系需要数字化——怎么使用

预警铃、恶劣天气呼叫智慧提供个性化、有差别服务的核心问题有两个，一个是风险预警信息的识别，另一个是信息的智慧推送或引擎问题。这是深化智慧气象服务的两个核心问题，也是预报服务大数据与用户需求大数据、用户信息大数据等的信息融合、智能匹配和智慧引擎的信息标准对接问题。智慧服务效果好不好、服务掉不掉链子，标准化、数字化的信息融合和智慧引擎是深化智慧气象服务的重点和关键，也是业务发展的技术难点。

3. 解决措施

深圳气象大数据业务的发展总体处于起始阶段，基本形成了以信息化为主线的数据采集、数据存储、数据分析、数据应用、数据服务、数据管理的标准化气象数据中心业务体系和支撑智慧城市气象信息服务供给体系。针对预警铃、恶劣天气呼叫服务存在的信息服务台账问题、业务体系结构问题提出以下几个方面的改进措施。

(1)预警铃、恶劣天气呼叫等短临预警服务的解决措施

① 改进服务界面和提高需求信息进入平台的便捷性

一是发布流程不集约、不高效问题。在分区预警系统中增加上下学时段强降雨自动监视功能，并实现与预报在线的对接，在相关发布岗位实现自动提示功能，同时优化预警铃发布系统，在发布系统中增加同步发布微博功能，提高预警铃发布效率和服务范围。

二是自动发布和提高便捷性使用问题。完善预警铃产品形式、服务发布策略，优化定制功能。如改进红色暴雨发布时预警铃提示内容，简单明了，用户可第一时间了解响应动作；预警铃信息分区发布，针对受暴雨影响的用户，做到精细化服务。这样的改进优化了用户定制功能和产品展现形式，提高了用户体验度。

三是流量限制问题。警铃模板消息发送流量可以进行手动清零设置，每天可以重设 10 次，每天最多可以发布 1000 万条信息。在微信发布系统中增加发送流量预警，将达到 100 万条时自动提醒，实施对流量限制的手动清零，以保证预警铃信息的发送。

四是细化和科学设置数据库的表结构。对于恶劣天气呼叫系统，建立精细化的

服务用户名单,建立按需提供的精细化的服务提供数据库表和表结构,给每一个服务贴上"标签",包含责任人的分区属性、预警信号呼叫种类、实况呼叫种类、呼叫时段、呼叫频次等,做到按区、按种类、按阈值等综合设置标准呼叫,真正体现个性化的服务。

② 建立动态的基于需求的智慧服务大数据管理机制

一是完善用户大数据管理机制。对恶劣天气呼叫建立动态用户名单的更新机制,定期更新,制定推出机制,淘汰长期不接呼叫的用户,提高呼叫的成功率。针对预警铃的用户定制输入端,定期和不定期地收集用户需求反馈到界面的进行改进,建立微信平台、微博其他渠道信息的互联互通机制,实现数据共享共用并设立反馈流程。

二是完善需求实时进入系统的服务机制。对于实际现场调研、研究型成果业务准入应用调研、网络大数据搜集分析调研等多种方式的调研成果,统筹分类别、分情况建立预警铃、恶劣天气呼叫等系统的服务大数据管理机制,针对预警铃、恶劣天气呼叫的用户信息定期与用户进行沟通、更新、检视和准入系统管理。

三是完善"组合拳"综合科普宣传机制。联合教育部门,多渠道宣传和推广,扩大预警铃服务范围和覆盖面,提高恶劣天气呼叫的精准度。结合天气过程,组织策划,在微博、微信和电台、电视台等渠道同步宣传。气象服务中心组织策划校园科普活动,于9月份开学后进校园,特别是针对定制用户较少的学校,在开展相关科普服务的同时,加强预警铃宣传,切实提高科普服务、调研整改的有效性。

(2)对依托大数据深化智慧气象服务的相关建议

气象大数据真正的内涵是指所有可能与气象业务、服务、管理相关的并以容量大、类型多、存取速度快、融合能力强、应用价值高为主要特征的数据集合,能从中发现新知识、创造新价值、提升新能力、实现新发展,这也是实施智慧气象的基础。对依托大数据深化智慧气象服务的相关建议如下。

① 加强大数据的统筹管理和标准化建设

对决策服务用户、重点行业用户、内部应急人员信息以及个性化的服务需求信息建议由服务、数据管理中心实施统筹管理和服务对接,预报、减灾、业务管理等部门做好相关衔接和工作协调。各部门、单位各司其职,重点是服务、数据管理中心需要强化数据采集、数据管理、数据应用的业务职责划分和履职的落实、落细,统筹推进解决"数据从哪里来、为谁服务"的问题,加强大数据的统筹管理和标准化建设应成为有机、协调、统一推进大数据能力建设的重要抓手。

② 加强与信息化顶层设计进行有机对接

预警铃、恶劣天气呼叫等短临预警业务的重点是第一时间将风险识别并将风险信息高效提供给有需要的人。系统在顶层设计上,要将预报员和预警系统(提示服务和预警信号服务)、短临灾害识别(恶劣天气呼叫)与自动预警系统(风险识别与追踪系统)中的自动输入或人工干预输入信息统筹集约考虑。在预警铃、恶劣天气呼叫等短临服务渠道的界面设计上要针对用户的服务实际需求、服务数据库的建设与集约高效使用来设计和建好服务界面和数据存放管理,着力解决数据放哪里、怎么服务的问题。

③ 加强大数据的可视化和智能引擎管控

将灾害风险阈值、实时服务需求信息纳入系统并动态管理和有效、智慧驱动服务提供系统是有效利用大数据深入推进智慧气象服务的有效途径。将当前大数据应用的"黑匣子"现象转变成可视化、数字化、流程化、一体化。加大融合人工智能、信息智能引擎技术的开发和应用力度,智慧服务的可视、引擎、管控、应用、培训才有可能有效、高效落地,着力解决好数据怎么使用、服务成效需提高的问题。

(二)高气象风险行业中科技服务的信息化能力建设

针对气象科技服务面临的发展形势,分析信息化能力建设在气象科技服务中的重要作用,并对信息化的能力建设如何在气象科技服务中得到科学、合理和充分体现进行详细阐述,对高气象风险行业中科技服务的信息化能力建设提出系统性、概括性的实现思路,对如何提高气象科技服务产品的科技内涵和提高气象信息服务能力有借鉴意义。

1. 科技服务的形势需要

(1) 适应新形势下科技服务工作的要求

按照中国气象局《气象科技服务管理暂行办法》中有关定义,气象科技服务是指利用气象业务服务产品、科研成果和资产等国有资源,在确保公益性气象服务的前提下,根据经济社会发展和市场需求,依照国家有关政策和法规开展的以气象信息服务为主的各类气象服务。从中可以看出,有两点值得注意:一是强调公益性气象服务为前提;二是强调以气象信息服务为主。此定义明确了气象科技服务的事业性质和事业内容,确定了气象科技事业的发展方向;同时,也对当前气象科技服务工作提出了一个崭新的课题,那就是如何将气象科技服务的工作内容与服务内容信息化、社会化、专业化,这是一个涉及多方面的系统性问题。

(2) 整体提高防灾减灾能力的现实要求

做好对高气象风险行业和基层群体的气象服务工作是气象科技服务工作中的重点。一方面,只有高气象风险行业和基层群体才存在对其开展专业性强的气象科技服务的必要性;另一方面,只有针对高气象风险行业和基层群体的服务才能真正体现出气象科技服务存在的必要性和专业性。同时,这也是检验气象科技服务能力和实力以及着力解决"最后一公里"的重要方式之一。因此,做好对高气象风险行业和基层群体的气象服务工作也就做好了气象科技服务的大部;同时这也是向社会展示气象服务公益主体属性的最好佐证。因为在一个城市、一个区域、一个领域,高气象风险行业和基层群体往往是防灾减灾救灾的重点对象,而在这些地方出了问题可往往就是事关生命财产安全、涉及经济社会稳定发展的大问题。

(3)现代化业务体系建设的技术要求

现代化的业务体系建设要求规范化、标准化、信息化。气象科技服务工作经过多年发展,服务技术能力不断加强,但与基础业务相比较,具有起步晚、技术支撑能力低、本地化和个性化特征明显、涉及领域广等特点。所以,面对现代化的业务体系建设要求,既面临巨大挑战,也面临着很好的机遇。而信息化能力建设又是现代化业务体系建设中的重要内容和重点组成部分,因此,在当前形势下,做好高气象风险行业中科技服务的信息化能力建设被摆到尤其突出的位置,其意义十分重大而深远。

2. 信息化能力建设在科技服务中的作用

(1)基于基础业务的重要衔接

综合考虑气象科技服务的项目建设和流程建设,重点加强雷电监测与预警技术、生态与农业气象监测与预报技术、气候变化应对技术等方面的基础研究,着力延伸或弥补现有气象服务工作中不可缺少或需要加强的部分,有了这些业务的技术内涵发展基础,气象科技服务才能真正成为气象服务工作的重要组成,气象能力才会变得更加可持续发展。

组成我们基础业务的主体是天气与气候。天气、气候等基础业务相比其他相关气象业务,不管是从业务流程、技术支撑、精细化能力、信息化释用还是信息转换应用等方面,都相对成熟一些。所以,开展气象科技服务必须依托基本气象业务。这是从两个方面决定的:一方面,科技服务必须以基础业务为主要技术支撑;另一方面,科技服务系统建设,必须以现有基础业务系统为基础进行拓展、延伸、补充。而信息化能力建设能为以上两项任务提供有效衔接与技术支持主要缘于以下两个因素:一方面是能够将依赖于基础业务中的关键信息有效提炼出来;另一方面能够与基础业务中信息化的系统有效链接起来。因此,信息化能力建设对基础业务的关联与衔接作用以及业务的集成与集约效能,不单体现在具体数据上,更体现在信息的流程、数据的流转、数字化转换等系列过程中。

(2)满足服务需求的有效链接

当前,预报的准确性及其精细化预报的问题属于世界性难题,非短时间内所能解决。但用户的需求是非常明确的,同时也存在明显差异:除了精细化的预报需求外,还与行业的影响环节及敏感度、主要致灾机理、地理环境与植被、预报预警信息的有效及时等因素密切相关。这一部分需求只有通过建立更智慧的算法模型,更智能的服务流程、服务系统、服务产品等统筹发展才可以逐步得到有效解决。

通过围绕交通气象、能源气象、环境气象、卫生与健康气象、生态与农业气象、建筑气象、旅游气象等专业科技服务产品的信息集成,对各类信息数据进行归类建立数据库,包括基气象要素数据、基气象条件数据、专业监测数据、(分片)预报预警信息、行业气象敏感度和致灾临界值数据、地理特征数据等,形成数据连续时、空分析与综合分析的动态处理系统。以此为基础,就能够较好地将不同高气象风险行业的服务需求和基层群体的服务需求与气象条件(或气象条件预估),包括监测、预报、预警等的基础信息进行有效链接和计算关联,科学、合理利用就有了算法模型应用基础,为分类分析构建高气象风险行业的气象条件算法模型、致灾敏感性模型分析与系统应用奠定了基础;同时,也为未来科技服务积累了更多的专业服务经验。

(3)有利复杂需求信息的线性化处理

高气象风险行业对气象科技服务的需求可谓千差万别,其气象致灾共性与个性均具有显著特性。显著共性表现在越是极端的天气、气候事件,对高气象风险行业的影响就越明显、破坏性就越强。其显著个性表现是:一方面,天气、气候对高气象风险的影响机理和致灾条件因行业特征、地理特点不同而大有不同;另一方面,同一高气象风险行业的不同生产环节或调度、计划进程对同一天气、气候过程的致灾风险也不一样。同时,不同行业对接受信息的方式和处理方式也各有千秋。因此,综合影响科技服务防灾减灾效益的元素,包括社会理念、管理干预、技术支撑、自然因素等多种因子,属于非线性作用。面对如此复杂的需求,科技服务很难针对每个过程、每个行业、每个单位、每个环节的服务需求进行细化描述并精确量化,但可以将复杂过程、复杂内容、复杂因子根据同类属性和同质化处理原理进行连续细化分解和转化为线性分解,再将分解情况以数字信息代表,然后再通过线性分析和进行数字信息集成(含文字集成),从而将复杂的现象线性化、集约化、简单化、数字化。

(4)有效提高气象科技服务效率和能力

如今信息业高速发展的时代,将信息化建设充分体现在气象科技服务的各个环节,不但是现代化业务体系建设的现实要求,同时也是适应信息时代潮流、科学合理建立服务流程、提高信息的有效性、及时性和覆盖面、提高服务效率的必然选择。对科技服务过程中的主要环节和主要信息分析处理过程通过系统统筹规划建设、信息分类分析、信息集成与分发等手段势必会极大提高科技服务工作效率,也是改进气象科技服务方式、拓展信息服务渠道、提高气象科技服务能力的最佳选择。

3. 气象科技服务的信息化体现

(1)服务信息的集成

① 自然、社会信息的调研

一是自然类信息,包括:地形、地貌、主体建筑特征、地域天气与气候特征等。二是社会类信息,包括:人口密度、行业工种特征、行业分布特征、建筑群内部敏感属性、城市(农村)区划属性、通信能力特征等。自然信息和社会信息根据其属性又可分为两类类：一类是易变信息，如通信能力特征、人口密度、行业分布特征、建筑群属性及区划等；一类是不易变信息，如地形、地貌、天气气候特征等。对不易变信息要精确把握，对易变信息要加强调研和信息共享。

② 高气象风险行业的致灾孕灾信息采集

致灾孕灾信息是基于自然信息与人为信息之上的。分析其行业特征信息，结合自然信息和人为信息形成致灾孕灾相关元素的信息，这些信息又可以分为三类：第一类是基于天气的致灾孕灾相关信息；第二类是基于气候的致灾孕灾相关信息；第三类是同时基于天气、气候的致灾孕灾相关信息。例如：在山区和城市街道对强降水天气非常具有易致灾孕灾特性，在港口对大风天气非常具有易致灾孕灾特性，在人口密集、工业区对雷电和气温非常具有易致灾孕灾特性等。生态环境、农业生产对气候变化非常具有易致灾孕灾特性。天气、气候变化对供水、供电、水利等行业都十分具有易致灾孕灾特性等。

③ 气象条件与影响力信息技术分析

气象条件与影响力信息分析是基于气象要素监测、气象标准、气象规范等的信息分析之上的。气象条件包括天气条件和气候条件，主要影响的灾害性天气有台风、雷电、暴雨、大风、大雾、高温、低温、灰霾、冰雹等；主要影响的灾害性气候有持续高温、寒潮（倒春寒）、持续低温、连续阴雨、暴雨洪涝、干旱等（注：因地域不同，中国南北地区有差异）。针对每种灾害性天气、气候的影响标准和破坏性特征表现，形成气象条件等级信息和影响强度信息。

④ 高气象风险行业的受影环节与致灾强度信息分类分析

影响高气象风险行业的生产环节与致灾程度信息是基于气象条件与影响力信息和行业风险阈值标准等信息之上的。灾害性天气不一定有灾，一般天气也有可能致灾；同样天气，对某一高气象风险行业的不同生产环节也可能会产生不同程度的影响。因此，了解天气、气候对高气象风险行业的不同生产环节和生产过程的破坏性影响和致灾特征非常重要，需要细致调研，进行分类分析。

（2）信息化的服务流程

高气象风险行业的科技服务能力的提高，不仅要体现在提高产品科技含量的信息集成技术上，同时也要体现在信息化的服务过程中。利用手机短信、"12121"、传真、互联网和电子邮件、电话等多种方式，根据行业、对象的不同需求、轻重缓急来创新发送方式和服务模式，整合信息资源，调整输出模式，建立不同的信息化服务流程，以满足对高气象风险行业和基层群体的服务需求，消除服务领域的"盲角"和"死角"。

4. 信息化服务能力提高技术方案

（1）编制高气象风险行业精细化的服务分类实施方案

从满足高气象风险行业和基层群体的服务需求出发，解决高气象风险行业中的建设规划、工作调度、生产环节以及基层群体对气象条件与气象风险致灾敏感性的量化问题是提高气象科技服务能力的关键,需深入开展相关调研和分析研究。针对台风、雷电、暴雨、大风、大雾、高温、低温、灰霾等灾害性天气的破坏性作用,结合环境、港口、交通、旅游、教育、金融、供电、供水、供气、建筑、饮料生产、化工生产等高气象风险行业的致灾孕灾强度及风险环节,编制高气象风险行业精细化的服务分类实施方案。

(2)加强高气象风险行业的气象条件的影响机理及致灾机理的本地化研究

为科学、动态掌握高气象风险行业及基层群体的气象条件的致灾孕灾特征及影响环节,针对高气象风险行业精细化的服务分类实施方案的需求,开展相关高气象风险行业的气象条件的影响机理及致灾孕灾机理的本地化研究。结合服务需求的动态变化及灾情信息的动态变化特征,提炼高气象风险行业的分类专业气象科技服务产品的基础信息,为不断拓宽服务领域和提高服务产品的科技含量奠定基础。

(3)统筹开展分类形成专业气象科技服务产品的综合平台建设

围绕交通气象、能源气象、环境气象、卫生与健康气象、生态与农业气象、建筑气象、旅游气象等专业科技服务产品的信息集成,对各类信息数据进行归类建立数据库,包括基气象要素数据、基气象条件数据、专业监测数据、预报预警信息(分片、分区、分领域、分行业)、行业气象风险致灾孕灾和致灾临界值数据、地理特征数据等。以此数据库为应用基础,形成基于数据连续时、空分析与综合分析的动态服务产品处理系统,并将各类输出信息融入气象服务信息媒体综合服务系统中。

(4)统筹建立气象服务信息媒体综合服务系统

一是通过对实时监测信息、气象预报预警信息、行业风险致灾孕灾特征与致灾孕灾信息、数据转换产品信息的采集,结合对气象服务信息图形化加工处理,网站实时监控与分析统计等技术措施,统筹建设基于固定通话和移动通信的语音和电信增值服务系统和媒体网络服务系统,包括气象预警信息图形化加工处理平台和电信增值产品发布平台和专业科技服务网络平台等。二是统筹实现气象信息实时发布、历史查询、在线浏览、离线归档功能,以多渠道、多媒体的方式提供文字、图形产品气象信息输出并开展综合服务,不断提高对高气象风险行业和基层群体服务的覆盖率。

(5)气象科技服务信息化能力建设流程图

根据以上思路,将信息流程和系统流程综合考虑,形成以下气象科技服务信息化能力统筹建设流程示意图(如图2-6所示)。

(三)气象服务数据开放与共享平台建设的创新策略

数据开放与共享是数据可信流通并迈向数据交易环节的重要一环。本书对当前气象服务数据开放与共享平台的建设现状进行了深入调研分析,针对政策机制建设有序推进、众创开放共享有限开展的进展实际,找出限制当前数据开放与共享平

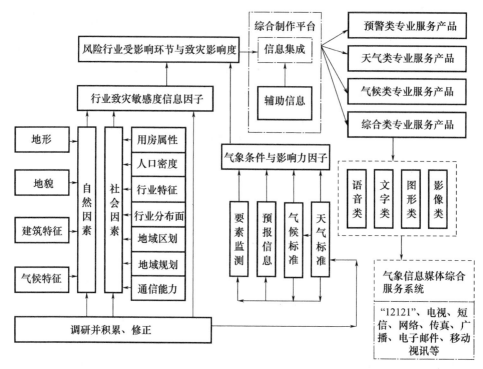

图 2-6　气象科技服务信息化能力统筹建设流程示意图

台建设的机制改革、安全管控、要素流通这三大主要难点和痛点,并提出四个方面的创新策略:开展数据要素试点改革、强化数据流通管理机制、构建新型数据服务开放与共享支撑平台、开展数据多元化应用与协同构建数据交易支撑平台。

1. 现状调研

(1)国、省、市相关文件要求

中国气象局在不同发展时期不仅有气象资料共享、服务相关管理办法,还有相关气象数据安全方面的文件。《气象数据共享服务与安全管理办法(试行)》和《气象数据安全审查实施细则(试行)》均为 2022 年颁发,具有最新的时效性。广东省出台了《广东省气象资料服务与反馈管理办法》和《广东省公共数据脱敏规范》,前者规定了气象资料的服务形式、获取方式、使用约定等,后者在附录(敏感数据定义、判定方法及示例)中规定了气象、环境保护、海洋环境政务敏感数据的判定。深圳制订了《深圳市气象资料服务实施细则》,该文件说明了气象资料的定义及所提供的范围,申请人的范围,涉及的保密规定等要求。

(2)数据开放共享服务平台

气象数据是政府数据开放共享的第一个数据类别,在所有类别数据中开放共享程度较高,具有规模与质量的优势。目前,国家层面的气象数据开放平台主要有三个(段元秀,2020)[105]。

① 中国气象数据网。中国气象数据网是中国气象局面向社会开放共享基本气象数据和相关产品的门户网站,向全社会和气象信息服务企业提供气象数据及相关产品服务。《全国气象部门 2018 年政府信息公开工作年度报告》指出:2018 年中国气象数据网共享数据量超过 500 太字节,累计用户突破 24 万,累计访问量超过 2.8 亿人次,支持各类项目 4600 多项,惠及 3600 余家科研教育机构和政府、行业。

② 风云卫星遥感数据网。风云卫星遥感数据网是中国气象局向社会和公众提供卫星遥感数据服务的门户网站。截至 2022 年 6 月,我国已成功发射 19 颗风云气象卫星,目前 7 颗卫星在轨运行(包括 4 颗静止气象卫星和 3 颗极轨气象卫星)。风云卫星数据已实现与全球 100 多个国家和地区的共享。2021 年度风云卫星国际用户数据服务订单已达 2113 个,数据服务量超过 10 太字节,在台风、暴雨、沙尘暴、森林草原火灾等自然灾害监测中发挥了重要作用。

③ 中国天气网。中国天气网是中国气象局面向社会公众提供公益服务的气象服务门户网站,由中国气象局公共气象服务中心主办。中国天气网下设 31 个省级站和澳门特区站,以及台风网、英文网两个子网站。中国天气网开设了预报、预警、临近预报、专业产品、资讯、气候变化、科普、生活、交通、环境等 20 余个频道共 200 多个栏目,并与人民网、新华网、百度、淘宝、腾讯、网易、凤凰等 30 多家网站深度合作共建天气频道,向公众提供更加精准及时的天气预报、实况信息和天气新闻。

(3)融入地方政府开放数据与共享

部分省(区、市)及所辖地级市一般将气象数据整合在政府开放数据平台中(段元秀,2020)[106]。上海是数据开放共享程度较高的城市,早在 2012 年就设立了全国首个政府数据服务网站——上海市政府数据服务网,上海气象局在此基础上建立了专门的气象数据开放网。2015 年 8 月 17 日,深圳气象数据网上线,致力于打造"深圳气象云"服务平台,与国家超级计算深圳中心共同挖掘深圳海量气象数据的深层价值。据《中国地方政府数据开放报告(2021 年度)》显示,截至 2021 年 10 月,我国已有 193 个省级和城市的地方政府上线了数据开放平台,其中省级平台 20 个(含省和自治区,不包括直辖市和港澳台),城市平台 173 个(含直辖市、副省级与地级行政区)(复旦 DMG,2022)。在专门的气象数据网方面,深圳作为首个气象数据开放共享试点城市,积极探索数据共享与开放走在全国前列。

(4)气象数据服务快速发展

国家及省级层面气象大数据云平台"天擎"脱胎自全国综合气象信息共享平台(CIMISS),重点针对气象领域内各业务单位、业务系统之间的"信息孤岛"和"应用烟囱"等问题,实现数据集约和业务集约(段元秀,2020)[106]。此外,陕西省建立了中国气象大数据异地备份中心。其他省份大数据应用中心也在建设中。云南省作为《气象大数据行动计划(2017—2020年)》首批试点建设省,在2020年8月完成了气象大数据云平台建设的前期工作。2021年3月中国气象局气象探测中心完成改造融入气象大数据云平台,成为首个完成改造融入"天擎"的核心业务系统。2022年3月广西壮族自治区气象局核心预报业务系统全面融入气象大数据云平台。

(5)市场化需求日益增多

以开放共享为基础的气象数据应用系统,在防灾减灾、智慧城市打造和生态文明建设及应对极端天气等方面发挥了重要作用。基于安全和可持续发展的气象数据开放共享可以广泛应用于社会与民生的各个行业领域,比如气象数据与农业、交通、物流、医学、规划、建筑、生态等行业及部门相结合,可以为发展智慧农业、智慧交通、智慧城市、生态环境提供助力,能有效促进产业发展、激发市场活力,为社会提供优质气象服务(段元秀,2020)[106]。根据深圳市国家气候观象台2021年做的一个数据服务的相关调查:年仅通过来函来文需要数据服务的近50大宗,各单位来函获取气象信息、数据产品的主要渠道是通过深圳市气象局的智慧气象服务中台供给来完成的,占47.1%,其次是市政务信息数据共享平台,占23.6%。所获取气象信息/数据资料主要用于风险评估,其次是用于防灾应急和供第三方使用。在气象信息(数据产品)的时间分辨率需求上,24小时的时间分辨率需求度最高,占29.6%,其次是3小时的时间分辨率,占比为11.1%。

2. 主要进展

(1)政策机制建设有序推进

《粤港澳大湾区气象发展规划(2020—2035)年》(中气函〔2020〕39号)在着力共建共享、夯实智慧气象发展基础方面提出对气象众创开放共享平台进行积极探索;《气象高质量发展纲要(2022—2035年)》(国发〔2022〕11号)在加强气象基础能力建设、发展精细气象服务系统方面提出:建立气象部门与各类服务主体互动机制,积极着力打造面向全社会的气象服务支持平台和众创平台,促进气象信息全领域高效应用。

《推进粤港澳大湾区(广东部分)气象发展三年行动计划(2021—2023年)》(粤气函〔2021〕44号)重点在着力共建共享、夯实智慧气象发展基础上提出建设世界气象中心(北京)粤港澳大湾区分中心、气象监测预警预报中心、气象科技融合创新平台、气象众创开放共享平台等创新措施;在推进粤港澳大湾区(广东部分)气象发展三年行动计划(2023—2025年)上继续着力开展共建共享、积极探索夯实智慧气象发展基础、持续探索建设气象众创开放共享平台建设。

近年来,中国气象局、广东省气象局相继发布了有关数据共享的一些文件,均适用于非涉密气象数据的开放共享。其中,中国气象局发布了《气象数据开放共享实施细则(试行)》(气办发〔2022〕37号);2022年5月25日,中国气象局印发《气象数据共享服务与安全管理办法(试行)》(人民资讯,2022)。广东省气象局发布了《广东省气象局气象数据开放共享实施细则(试行)》(粤气办〔2022〕31 号)、《广东省气象局气象数据共享服务与安全管理办法(试行)》(粤气〔2022〕58 号)、《广东省气象局气象数据安全审查实施细则(试行)》(粤气办〔2022〕32 号)等相关文件。这些文件的出台或者发布对推进气象数据共享业务起积极作用。

(2)众创开放共享稳步推进

2015 年智慧型气候众创业务平台 CIPAS2.0 系统上线(中国气象报,2017);2016 年国省气象部门相关业务入驻气象微博内容众创平台。2017 年首届全国气象服务创新大赛成果展上,江苏气象展示了其科普众创模式。深圳于 2016 年申请成为首个气象数据开放共享试点城市;2018 年深圳气象局"智创气象共享与应用平台"亮相"深圳智博会";2020 年粤港澳大湾区气象监测预警预报中心建成。目前贵阳、上海、深圳数据交易所所进行的气象数据交易已经将原有气象局自持数据和对外服务业务数据有序合规进入线上发展阶段,数据流通开始活跃、数据产品开始上线交易,但交易的数据产品仍以较为基本的气象数据产品为主,推动数据共享从"数据搬家"向"产品服务"转变的路程中还有许多工作要做。

总体来看,目前各地数据交易所涉猎的气象数据交易性质来分析,均处于试点摸索阶段:从交易的数据内容来看主要还是以气象的专业基础产品数据集为主,从交易方式来看基本是将原有线下业务转型改为线上业务为主,从数据定价来看大部分数据定价为面议,从数据交易形态来看主要是数据集和 API 接口,从数据安全来看或多或少还存在一些数据安全隐患或漏洞,交易流通要素体系仍处于初级发展阶段。

3. 主要问题

(1)机制建设均为指导性文件,实操进展较缓慢

目前颁布的众创平台相关政策文件均为指导性文件,没有具体描述该平台构建的细节,无相关的建设标准,大多仍在摸索、探讨阶段。机制方面主要存在的问题有以下几点。

① 数据交易平台与众创平台的协同发展机制建设比较缓慢

目前,数据交易平台在上海、贵州、深圳等地均有效开展业务化运行,但数据交易离不开数据价值的挖掘和提升,否则就没有交易的必要;而数据价值的挖掘和提升通过众创、众智的方式来实现仍是当前不失为一种良好的选择。

② 气象数据众创基础支撑能力亟待完善机制

随着社会现代化进程的发展,民众对于气象的需求更加精细,需要更加智能的服务,构建更加精细化、专业化的数据开放与共享平台的众创应用机制亟待完善。

③ 网络安全基础能力加强机制

随着"互联网＋智慧气象"的不断发展,对气象网络信息安全提出了更高的要

求,需不断完善网络安全基础能力。

④ 气象科技创新能力提高机制

数字产业化,产业数字化,我国经济社会发展和民生改善比过去任何时候都更加需要气象与其他跨学科技术融合的解决方案,也更加需要增强气象科技创新这个第一动力来解决数据要素流通上既要安全交易又要安全发展的重大问题,深圳气象的发展更是如此。

(2)网络安全、数据安全面临着各种新的挑战

① 网络安全成为数据安全的最大风险挑战

随着信息技术的持续快速发展,网络安全形势愈发严峻,大规模网络攻击和恶意风险持续爆发,网络安全面临着各种新的挑战,各类攻击来源、攻击目的、攻击方法以及攻击规模都在发生着各种变化;数据安全方面在数据的确权、数据边界的确定、数据应用的价值评估、数据流通和交易机制的实行等方面均存在许多随机因素。目前,还没有理想化实施到对所有市场化的气象数据流通和气象数据交易通过信息化手段来进行数据安全流通和安全监控,即使是技术上可行,在实际操作上也还有较长的一段路需要走。同样,也不同程度地存在安全区域划分不合理、网络安全设备缺失、业务和用户终端防护能力不足等问题。边界防护能力薄弱、终端安全防护措施不完善等网络安全隐患、数据安全管控风险等问题时有出现。

② 数据安全成为数据开放与共享的最大难题

目前,确保数据安全的管理难度如同提高天气预报准确性一样,存有许多复杂的不确定性因素。数据有效管控机制与数据安全提供流程目前还未完全实现"完美"统一并能有效有机运行。随着数字化时代的快速发展,数据管理、数据监控的复杂性和难度加大,数据和网络的标准化管理及实施对数据治理、数据应用、数据共享、数据流通、数据交易等方面将面临更高、更多、更深、更专的要求。气象部门在数据安全运营、强化风险管控、避免数据流失和部门利益不受侵害等方面均面临着十分严峻的挑战。

(3)气象数据开放共享缺乏数据要素流通体系支持

① 解决数据沉冗现象需要协同创新突破

气象数据具有专业性强、数据结构复杂的特点。气象数据在社会化能力提升这一领域的关键在于与社会化利用能实施标准化的有效衔接与开发利用。但数据标准和标准化实施在拓展延伸到社会化利用这一领域还有许多开创性工作需要去做,如数据观测渠道(如气象数据社会化观测)还有待拓展和进一步规范,数据开放共享的数量、质量仍需进一步提升等。

② 气象数据服务精准供给水平不高

气象数据服务与用户的互动不活跃。一般情况下,用户需要可以直接使用的数据产品,如常规气象资料、气象探测数据、气象灾害数据、大气成分数据等。但目前,

海量气象数据服务以传统数据下载为主,气象数据的专业性强给数据需求带来存储与处理困难,限制了数据应用的广度和深度。同时,气象数据在下载流通后也缺乏授权、溯源和认证体系等要素,从而妨害了数据应用的权威性和真实性。

③ 公众获取数据的渠道、方式和数量有限

大数据下载权限只赋予实名制用户,专业化定制数据下载步骤略显烦琐且单日下载量受限。由于有些数据格式不是标准化格式,在可机读、开放共享授权、可信流通方面受到一定的限制。目前,在技术、机制、流程上需要供给双方协同创新、攻关突破,以确保用户能真正获取所需要的数据产品。

④ 数据市场化程度低,体现市场价值困难

气象数据挖掘不深、市场化程度较低、与其他行业融合度不高、信息服务产业规模有待进一步发展,由于缺乏数据市场和数据要素的完整体系,企业想以气象数据推进产品创新、获取新的市场价值就很难。主要障碍包括数据权属不明确、流通体系不健全、安全隐私保护不足等方面的问题,这些问题限制了大数据自由流动,阻碍了数据市场价值安全有效释放。

4. 创新策略

(1)开展数据要素试点改革

通过深圳气象数据要素试点改革和深圳市首席数据官制度试点建设,在数据边界、数据确权、数据供给、数据交易利益分配、交易政策与风险管控、交易平台与交易流程等的数据基础供给体系上,不断探索完善数据交易、数据共享开放政策体系、数据众创共享供给体系、数据安全监管体系、数据服务产业化体系、数据赋能产业发展等的综合改革发展和政策制度措施。通过"案例研究+试点分析+政策研究"方法,研究当前气象数据要素市场配置的形势发展、背景、气象数据资产化和市场化现状、要素市场配置内外发展瓶颈与风险,综合提出试点政策建议。通过研究深圳试点交易案例,为开展气象数据要素试点改革提供政策建议和探索气象数据要素试点改革、有偿使用气象数据资源、释放气象数据市场化价值提供调研基础,出台改革政策建议意见。

(2)强化数据流通管理机制

强化数据管理职责,在国省(市、区)气象部门有关文件指导框架下,试点单位按照有关气象管理规定,进一步明确数据归集、共享、开放、应用、安全、存储、归档等责任,形成推动数据开放共享的高效运行机制。优化完善各类基础数据库、业务资源数据库和相关专题库,加快构建标准统一、布局合理、管理协同、安全可靠的一体化政务大数据体系。加强对政务数据、社会数据和气象数据的统筹管理,全面提升数据共享服务、资源汇聚、安全保障等一体化水平。加强数据治理和全生命周期质量管理,确保政务数据真实、准确、完整。建立健全数据质量管理机制,完善数据治理标准规范,制定数据分类分级标准,提升数据治理水平和管理能力,为构建数据流通管理、服务共享平台建设提供友好、安全、可信、可控、可管的发展机制。

（3）构建新型数据服务开放与共享支撑平台

一是依托深圳市政务信息资源共享平台和深圳市政府数据开放平台,对接行业管理和数字政府服务基本保障需求,进一步规范数据管理和服务供给体系,使相关部门、各行业、市民获得更好的体验和更高质量的服务。二是不断创新发展气象数字化数据服务供给体系,打造面向全社会的气象数据服务共享支撑平台。构建以气象大数据云平台为支撑的深圳市智慧气象服务中台总出口统筹供给方式,将海量气象数据资源与用户的平台资源打通,降低用户使用门槛,使用户的应用系统可以便捷、高效地调取气象数据进行分析、融合以及创新二次研发。三是针对用户不同的应用服务场景,提供包括气象数据精细加工与分析服务产品等,以更好满足用户数据专业化、个性化的服务需求,并能对这些数据产品进行有效"回收"和管理。

（4）开展数据多元化应用与协同构建数据交易支撑平台

一是开展气象数据要素市场改革,推进气象数据应用多元化试点建设。以港口、能源气象数据交易服务进行试点,推进气象数据有序流通建设。二是建设气象众创开放共享平台。联合建设"产、学、研、用、融"一体化的气象众创开放共享平台,建立气象部门与各类服务主体、中间机构"互动、互信、互通、互融"机制,为社会力量参与气象服务创新和科技创新打造良好环境。三是搭建气象科技协同创新的中试平台环境,聚焦数值模式应用、人工智能预报、卫星应用协同创新以及气象与相关技术融合创新试验等方式积极探索开展气象科技众包众创。四是协同数据交易部门构建气象数据交易支撑平台,积极培育数据服务产业化、专业化、市场化的供给链条,鼓励和引导多元主体参与气象服务,激发公共气象服务潜能和大数据应用能力。五是积极探索气象数据跨境共享与交易政策,为数据跨境共享与交易积极寻找解决方案。

（四）智慧气象全方位赋能经济发展的策略研究

2023年,深圳市国家气候观象台在前期针对气象风险重点行业服务需求调研的基础上,着力针对深圳市高质量发展社会经济所需气象服务面临的发展瓶颈问题,通过综合调研现代技术改进机制和创新发展策略,旨在通过创新智慧赋能行业经济发展供给模式和完善智慧气象赋能行业经济发展的供给机制来有效、有力促进智慧气象全方位赋能社会经济发展实现质的飞跃。

1. 深圳市行业经济个性化的气象服务需求分析

深圳市低空经济、供水、旅游、建筑、金融、交通、港口、能源等行业属于气象高影响经济行业,但各行业对气象服务均呈现个性化需求,分析和把握好各行业气象服务需求特点,是推进智慧气象全方位赋能经济发展的重要基础。

(1)保障低空经济需求旺盛、近地面要素影响明显

低空经济属消费中心、物流中心、服务经济、平台经济重要组成部分,不同企业、飞行器的低空经济运行服务场景有不同的要求,低空大气有着对流强、能见度低、变化剧烈等特点。通过深入分析这些气象条件可能对低空飞行各环节产生的影响,并确定关键的参数阈值标准等,针对性、持续性地开发地面及近地面气象条件智能化、精细化的服务产品,这些对低空行业涵盖航线规划、起降服务、安全飞行等领域的经济运行和产业经济效益的影响均十分关键。气象服务低空经济产业的需求日益增大,按照深圳当前规划规模发展,初步估算,总服务效益将超过百亿级。

(2)港口经济亟须更加精准、滚动、联动预报服务

港口经济属物流中心、海洋经济、总部经济、服务经济重要组成部分,台风、大风天气对港口码头风险较大,因而希望增设较为密集的监测点,并能及时跟进监测点的技术保障工作。加快网站的链接和访问速度,在灾害性天气来临或发生时尤其需要解决登陆访问速度的问题。期待提高对恶劣天气的预报准确率,对台风的预报准确率希望能达到100%,暴雨的预报准确率希望能达到95%以上。对于台风的预报则要加大通报频率,还希望在特殊天气时提供电话咨询服务,包括人工咨询,及时准确地解决企业的气象需求。

(3)建筑经济需精确的天气和气候信息和评估服务

建筑经济属于总部经济、飞地经济、楼宇经济的重要组成部分,建筑行业同样非常注重灾害性天气预报的准确率和精确度。延长预报时效并精确分析计算出对工程有利或不利的气候条件,能够帮助建筑部门安排更为合理的工程实施进度,最大程度上降低损耗,增加收益。也希望气象部门能够提供气候评价报告,以便建筑部门合理地竞标项目,做出优质的项目。期望更大面积地推广和丰富人性化和个性化的气象短信的服务,提供"适销对路"的预报和服务产品。

(4)能源经济受大风、暴雨、高低温天气影响显著

能源经济属于消费中心、绿色经济的重要组成部分。供气行业最重要的是"安全"问题,对于安全监控人员来说,他们需要很详细的气象信息,每天甚至每个小时的详细数据,但对于采购人员来说,他们只需要未来一段时间的大范围不利气象信息分析。低温是燃气行业关注的一项气象风险因子。强冷空气的到来将影响液化气的运输,如果不能及时卸货,不但会使效率下降,并且会影响到销量。增强对低温天气的预报和信息发布,能够让用户采取有效的措施。台风预报则需要的是预测范围更小、更精确的定位信息,如期望对台风登陆预报范围能更精细一些,范围缩小一些,这样的信息可以让用户对台风的走势可掌握得更加清晰,对燃气安全生产和营运调度均十分有用。供气行业还希望能增加海上气象预报预警的详细信息,特别是海上台风、暴雨和海浪等前期的详细气象预测信息。

（5）供水经济对降雨量的点面及中长短预报十分依赖

供水经济属于绿色经济、消费中心重要组成内容。气象因素直接影响着水库的安全运营，也直接关系到深圳人民的生产、生活和生命财产安全。供水专业气象服务产品在保障水库蓄水、工程设施安全等诸多方面都还存在许多改进的地方。希望天气预报信息的发布时间能够提前，尤其遇到台风时，如不能及早获知天气预报，很不利于水库的防范工作，希望重要天气报告尽可能以最快速度服务到水库基层部门。针对水库调度，提供水库调度与具体气象因素影响指数，不但有温、压、湿、风、降水等常规气象要素信息，而且最好能提供直接决定"放不放水""什么时候放""放多大水量"等气象调控工程决策的专业气象服务产品。例如，面对某流域内频繁出现的暴雨，其预测、雨情是气象部门的职责、各江河水位及其流量的测量和预测则是水文部门的任务，而各种堤坝能承载多大的负荷则是水利部门的事情，这三个方面应有一个更加完善的互动机制和技术合作。如果根据气象情报提前预测各主要河流流量、水位及洪峰开始、持续的时间，供水部门则完全可以提前做好准备也可以提前预防，能够减少很多损失。期望天气预报能更加准确、精细，空报也会浪费人力物力，希望降雨预报能精细到库区区域。

（6）旅游经济在气象保障黄金周及节假日效益更显著

旅游经济包含消费中心、绿色经济、服务经济等重要内容。旅游部门主要的需求是提高各类常规预报的准确率和精细度。例如，预报降雨的区域从深圳南山区这一大的区域缩小到世界之窗这一个点的范围，并预测降雨的开始时间精确到小时，降雨的持续时长可以给出比较精确的预估数字，在组织全园区的大型活动时更需要提前知道这一天的准确天气分析和逐时精确预报。旅游业的收入很大程度上取决于黄金周的收入，因而对黄金周的气象服务要求就比平时高得多。希望在黄金周期间安排专人对旅游景点负责专项服务，同时针对不同的部门提供各类专业的气象信息服务，开通黄金周气象热线，及时准确地解答旅游景点管理部门的气象咨询等。

（7）交通经济对降雨、大风、高低温等天气十分依赖

交通经济涵盖物流中心（含低空经济）、总部经济、海洋经济等重要内容，交通行业的施工部门对降雨、大风天气的精细预报非常关注，且希望有针对地进一步提高预报预测精细度。例如说台风要来了，什么时候会影响到高速公路的施工和运营，影响强度为多大；雨季会持续多长时间，等等。并且要至少提前2天获知相关灾害性天气消息，有时间做好预防准备，这样才能起到应有的指导防御作用的效果。公路及交通管理部门对能见度、风、路面温度气象要素较为敏感，并希望提前了解公路分段的要素预报；同时在信息传输方面希望建立双向的信息发布平台。

（8）保险经济受各类灾害性天气的影响均十分显著

保险经济包含金融中心、消费中心等重要内容，随着社会和经济的发展，保险行业已经深入各行各业。如工业、交通、储运、农业及人们日常生活，都离不开天气的

影响,准确及时的气象信息服务可为保险公司自身开展服务提供更好的保障,也令保险公司的服务用户提高了自身利润和抗险能力。需根据终端用户的需求提供更有针对性的气象信息,做好保险行业的服务很大程度上也间接做好了对各行各业的服务。保险行业对气象信息的专业性需求也不完全相同,需对客户进行分类,并对不同的客户发布适用的气象信息。在气象产品上,保险行业还提出希望得到更直观、更容易让不同用户理解的天气信息。例如,风暴中心在东经多少度、北纬多少度,对保险公司而言需要理解这些信息,但对于其多数客户来说,就没有经纬度这个概念,希望能通过更通俗的表达方式让客户了解天气状况。

2. 智慧气象赋能行业经济发展的能力分析

经过近些年的努力,深圳在推进智慧气象赋能行业经济发展方面已经做了一些工作,也取得了一定成效,但在赋能行业经济发展的能力建设上,我们认识到在提高质量、增强效益方面,依然存在很大的发展空间和内在潜力。因此,分析和把握好智慧气象赋能行业经济发展的能力现状,对进一步提升智慧气象赋能行业经济发展的能力也非常重要。

(1)智慧气象保障行业经济发展的供给质量明显提升

① 推动气象灾害预警信息的"早、准、快、广、实"的服务效果更加有力

以预警信号为先导、政府主导、部门联动、社会参与的气象灾害四级防御机制更加完善,气象灾害预警应急指挥一体化联动联防联创体系更加高效,被中国气象局领导评价为"科学防灾管理典范"。

② 服务城市安全、城市运行、管控气象灾害风险更加科学

通过数据共享,深圳建立了以轨道交通运营行业为代表的行业气象灾害防御直通基层协同联动的"520"标准化防灾减灾服务模式,堪称"气象＋行业"场景化、标准化服务典范,实现了多年来未发生因气象灾害而引起的轨道交通运营重大安全事故。

③ 服务城市生态、保障宜居城市建设、建设美丽深圳更加有效

当前,相关部门、行业、单位通过来函来文要求提供相关气象数据,掌握气候资源,分析气候风险,应对气候变化的服务需求逐年增多,行业用户通过获取开放和共享的气候统计数据,开展相关灾害评估、风险研究工作,更加充分发挥了气象数据的社会效益。

④ 服务企业、服务民生的经济效益、社会效益更加凸显

深圳是一个经济、人口高度密集的城市,其中高新技术产业、金融服务业等都是其重要的经济支柱。天气气候对企业经济、民生影响日益加剧,企业、居民通过获取开放的高时效预警预报信息,及时调整企业经营策略和活动安排。这种做法不仅有效提升了企业效益和核心竞争力,还节省了开支,提高了企业、居民的安全感、宜居感、幸福感。

⑤ 应用众创方式可创造更多气象数据服务应用价值

在深圳市组织的多次数据创新大赛中,气象开放数据集被广泛应用于各行各业,像"盐"一样融入各种场景服务中,创造更多增值服务。这表明,通过众创方式可以为气象数据的价值挖掘提供更广泛的市场化应用渠道。

(2)智慧气象赋能行业生产的经济效益十分显著

深圳沿海地区人口集中,商业区密集,全市海岸线全长 260.5 千米,市中心及区中心距离海岸线均不超过 60 千米,拥有蛇口、赤湾、妈湾、东角头、盐田、深圳机场、沙鱼涌、内河 8 个港区。如果深圳遭遇台风天气,出现海水倒灌的可能性较大,极易造成人员伤亡及财产损失。台风是对港口及船运影响最大的气象灾害,台风引发的风暴潮会破坏港口工程设施,给港口船运带来极大影响。台风天气还会对飞机航行、地面交通运输等方面造成一定影响。2021 年台风"圆规"预警期间,深圳机场航班取消 400 余架次,深圳机场码头部分船班全天停航。台风天气,建筑工地暴露在室外极易出现危险,因此可能出现停工的情况,影响施工进度。对于水利水务而言,需要考虑台风带来的防风防洪问题,需要控制水库水位,管理沿海管道水闸,对水情进行监控预警。应急部门根据台风大风信息应提前做好应急准备,判断是否需要提前进行人员转移,确定需要转移人数、转移时间、转移地点,组织人员管理;判断是否需要给海堤堆沙,提前防范海水倒灌。水库管理部门根据气象部门提供的中、长期天气预报来指导年度供水运行调度计划,并根据近期天气预报和实际降雨量,对水库的具体引水方案进行制定,从而在很大程度上减少了水资源的严重浪费。如调研西丽水库后,我们获悉,西丽水库的径流量约有 4000 万立方米,其中,有 50% 的集雨径流量基本是应用了深圳市气象台提供的降雨预报后来合理调节水库库容而获取的。假设水库自东江的取水价格为 0.7 元/米³,那么 2000 万立方米水的价值为 1400 万元,西丽水库年产值为 4.02 亿元,计算出气象服务对供水行业的贡献率约为 3.5%。

3. 智慧气象赋能行业产业经济发展的主要问题

在智慧气象赋能行业产业经济发展取得一定成效的同时,还应看到存在的不足和面临的问题,并以问题为导向,通过补短板、克难点、强弱项,进一步推进智慧气象赋能行业产业经济发展升级。

(1)产业园、近海、近地面精细化预警能力亟待提高

产业园及近海、近地面需要进一步提高气象服务精细化程度,进一步细化大雾等预警的分区,以更好地体现区域内不同。由于东西部或区域气象灾害的差异性,需要满足区域内不同位置作业的需求。预警信号的升挂和取消时间也有细化分区的需求。增加海浪等预报产品、更好地监测抛锚点等重点位置浪高等信息,对港口安全监控和保障有重要意义。此外,海流、潮汐和气象分析图等产品也有需求。希望高级别预警信息预发布或预警服务时间能尽量提前;希望能够延长台风黄色等高

级别预警信号提前发布的时间,以利于早作安排和防御准备,避免不必要的损失和浪费,提高生产效率。智能化服务产品更受欢迎,对港口行业而言,需要采用更加智能化的方式接收应急气象信息、更加精准的智能化服务产品,如手机短信外呼推送、灾害报警等在应用中更有优势。同时,微信服务等具有人性化特点的产品持续受到关注好评。

(2)产业园、近海海域活动服务需求增多、范围扩大

目前,气象服务基本涵盖了产业园区、深圳海岸及近海的几乎所有行业。但海事、海上活动主要受台风、海上强风、强雷电、海浪、风暴潮、大雾等天气的影响大,精细气象服务要求很高,而对海雾、风暴潮增水的预测目前依然还是难点。海洋专业气象服务主要为海上活动的海上搜救、海上运输、海上捕捞、石油生产、滩涂养殖等各个海洋作业主体提供针对性的海上气象灾害预报预警服务。随着深圳东西部区域建设全球海洋中心城市的发展,海上活动和海事救援、应急保障等活动也越来越频密,活动范围覆盖到整个深圳海域(距离海岸线最远海域有 100 多千米)甚至更远的临近海域。沿海港口码头、航路保障等的气象服务需求也日益增多,希望提供更加精细、精准的海洋专业气象服务。

(3)城市区域范围风监测能力欠弱,影响精细预警水平

从满足精细度和精准度等行业更高需求的专业程度分析,目前交通、旅游、水利、环境、海洋等重点行业领域的精细化、个性化的气象服务产品亟须进一步改进。深圳市气象部门目前通过风廓线雷达、气象梯度塔、自动站等设备进行台风预测,基本可以对物流基地、低空经济作业高风险区域、地铁沿线、沿海港口码头、建筑工地等高影响行业以及多家重点企事业单位开展强风监测及其预警预报服务。但是传统测风系统由于受到灵敏度、饱和度以及运动惯性等因素的影响,在测风时存在较大的动态误差,且只能做到基于网格点范围的监测密度仍不够精密,还无法做到对城市区域小范围、微小尺度的精准监测,以及基于此监测能力上的气象精细精准预测和预报。

(4)全链条服务的供应链亟须打通,智慧供给有待提高

应用大数据分析、数据挖掘、人工智能等技术,融合媒体形成公众、行业、产业单位情景气象服务需求的任务越来越重,且越来越多。提升智慧气象服务供给能力、众创平台数据产品挖掘能力、智慧式无感化主动推送服务能力,满足为公众、行业、个体提供融合式个性化、场景化服务的需求也越来越迫切。借助 5G+4K 技术、可视化技术,融合气象服务全渠道产品,为个性化气象服务、情景化气象服务、无感化气象服务提供支撑的技术平台和服务平台建设亟须加快协同发展。这样,全链条服务的供应链才能尽快有效打通,智慧供给才能进一步提高。

4. 智慧气象赋能行业经济发展的策略

针对以上需求和问题分析,智慧气象赋能行业经济发展在总结已经取得经验的

同时,还坚持站在现代科技前沿,进一步采取以下策略措施。

(1)数智气象与城市治理协同发展策略——创新智慧赋能行业经济发展供给模式

① 形成一体化协同创新服务新格局

不断完善与市、区政府职能部门和企业的应急指挥体系及气象灾害风险管理体系进行无缝对接,以推动落实《深圳市加快推进气象高质量发展的若干措施》为契机(深圳市气象局,2023),着力提升"市—区—街道—社区"四级气象防灾减灾协同能力,不断拓展融合植入智慧城市和数字政府的直通式、扁平化气象服务供给新格局,矩阵式开展实施决策、行业、用户防御气象灾害服务的一体化并行协同,赋能智慧城市和数字政府建设高质量发展。

② 构建数字化气象服务更精细供给方式

提升智慧气象服务中台精细化、数字化供给能力,构建不同层面、不同要素的基于风险阈值为各行业、区域提供分行业、分灾种、分要素、分高度、分时段、分区域的精细化直通式气象服务信息,提供气象实况数据、预报预警、格点信息等多元化服务产品接口。

③ 打通服务基层管控风险更快捷模式

通过"服务供给中台+众创利用平台+交易支撑平台"联合供给模式,完善风险预警直通行业基地、场景、场站、工地、中心风险防御预警平台,打通"工地+气象""水务+气象""低空经济+气象""农业+气象"等服务行业产业一线"最后一公里"直通基层模式,有效服务涵盖涉及交通、住建、水务等行业及产业全领域。

④ 保障服务城市应急管理和城市治理高质量发展

通过"数字孪生""人工智能""鹏城智能体"等现代信息技术,将智慧气象融入智慧城市和数字政府建设,为城市运行管理和应急处置等不同场景提供智慧应用推广经验和可复制模型,拓展轨道交通行业"520"气象灾害防御应急模式,积极促成以"+气象"赋能住建、交通、海事、应急、消防等行业实现从事中事后为重点的应急管理向事前预知预判为重点的精准预防管理升级。

(2)服务供给向市场配置融通发展策略——完善智慧气象赋能行业经济发展的供给机制

① 统筹搭建职责分明、协同发展的服务机制

统筹构建局本级、直属事业单位和新型事业单位(或国企)的服务供给大平台,形成职责分明、协同发展的服务机制。深圳市气象局本级和直属事业单位承担保障政府及相关组织履行公共服务职能所需的基本公益性专业气象服务,而新型服务单位(或国有气象服务企业)承担政府需要的购买服务和商业化服务,如区、街道级精细化气象防灾减灾协同化服务等。同时通过改革创新,以"机制完善、平台融通、体系完整"来积极促使"充分发挥市场的资源配置作用,做大做强商业气象服务"的发

展理念能有实施基础和发展环境。其中就包括大数据商业化（数据交易）、重点行业个性化专业气象保障、公众气象信息咨询、气象安全防护技术等领域的气象科技产业的市场培育。

②　标准化构建专业支撑平台提升市场化服务供给能力

标准化统筹建立"气象服务供给大平台"，创新"智慧气象服务中台、众创共享利用平台、数据交易支撑平台"三台协同发展的大平台的研发理念，规划好数字气象赋能数字政府和智慧城市发展项目，构建决策、公众、专业服务的"大专业气象服务"基础支撑平台，综合提升气象预报服务能力，为局本级和直属事业单位开展防灾减灾、生态文明、气候治理、城市规划、城市运行等气象保障和新型事业单位开展政府购买专业气象服务和个性化气象服务数据共享提供基础支撑服务，为统筹构建全链条的智慧气象服务专业化、现代化新型服务供给大平台夯实坚实基础，支撑事企建立协同高效的专业专项气象服务供给模式。

③　市场化激活国有企业专业气象服务新动能

为激活专业服务市场，深圳市气象局可统筹通过试点推进、（国、省、区、市）企事业单位协同打造专业气象服务联盟示范，按照"统筹顶层设计、综合管控风险、稳步协同推进"的原则，不断深入探索和改革专业气象产品服务供给模式，基于标准化构建"三台协同"发展的专业化供给服务大平台，利用国有企业优势充分发挥市场资源配置作用，利用社会众创资源优势充分挖掘社会市场对专业气象产品的配置作用，以此来打造新型专业气象服务市场新业态。如对低空经济、现代旅游业、物流交通、建筑施工等行业的专业化精细式服务可由国有企业根据市场资源配置提供专业专项信息服务，国家气候观象台则根据行业精细化的公共服务需求提供同质化的专业共享产品，利用社会众创资源和企业来挖掘社会市场对专业气象产品的市场化配置。

可以预见的是，基于专业支撑平台和创新协同服务机制，以市场为导向，支撑事企建立协同高效的新型数字化气象服务数据交易供给模式已迫在眉睫，只有转型到数据交易新模式、产品交易新赛道的专业化市场化数字化的气象服务新型供给模式，催生新型稳健的专业气象服务新质动能方有持续发展的引擎动力，气象赋能产业发展的新质生产力方可孕育和可持续培育。

第三章　气象服务评估与标准

气象服务评估是现代气象服务体系的一项重要内容,是气象服务业务工作的一个重要环节。科学利用公众对气象服务的评价和反馈,科学度量和评估气象服务所产生综合效益,是当前气象服务中一项非常重要的工作。气象服务标准则是现代气象服务重要组成部分,是气象服务实现高质量发展的重要技术支撑和保障。为此,本章主要介绍了对深圳气象服务评估与气象标准化开展的一些研究和实践工作。

一、气象服务评估

(一)深圳高气象风险行业的影响与预评估策略

气象灾害影响评估工作是发展公共气象服务业务的重点内容,包括建立气象灾害灾前预评估,为制定减灾预案提供依据;建立灾时跟踪评估,提供防御灾害的适时性评估;建立灾后评估,提供完整总结评估等业务(王博 等,2007;万君 等,2007;黄兴华,2008;殷剑敏 等,2006;谢梦莉,2007;陈艳秋 等,2007)。预评估业务属现代新型气象业务,各级气象部门正逐步开展,对提高气象服务能力与服务质量的作用亦逐渐显现。但由于缺乏统一的技术路线与发展模式,业务化的系统建设进展较慢。通过分析2008年极端天气对深圳高风险行业的灾害影响情况,找出灾害天气深层次的行业致灾机理(万素琴 等,2008;赵琳娜 等,2008;吴乃庚 等,2008;刘敏 等,2008),包括:致灾衍生放大效应、防御工程失效时的反作用、极端天气事件的派生叠加效应和台风固有的"巨灾"效应。结合用户需求与历史灾害特征,为开展流程化的气象灾害影响预评估服务提供业务化的实施策略(孙石阳 等,2009)。

1. 极端事件及行业影响情况

(1)极端事件定义

当天气的状态严重偏离其平均态时就可以认为是不易发生的事件,不易发生的事件在统计意义上就可以称为极端事件(Gumbel,2004)。从统计学角度讲,由于平均值和变率之间复杂的相互作用,使得由平均温度变化引起的极端高温、低温事件的变化变得复杂化。目前,国际上在研究气候极值变化时最常采用观测值中的最大或最小值作为极端值的阈值。超过,这个阈值的值被认为是极值。例如,2008年南方低温雨雪冰冻事件可以被认为是极端事件;也有人对不同气候要素采用不同分布型的边缘值来确定气候极值,或者取某个影响人类或生物的界限温度作为气候极端值或阈值(如高温日数、霜冻日数)(施雅风 等,2004)。因此,极端事件是一个动态的概念,既具有历史性,又具有变动性。一个极端事件的出现,本身为下一个同类极端事件的出现提出了新的条件。同时,极端事件也具有时段性,通常所讲的百年一遇很多是局限于观测资料史,也就是100年左右的基本上属于连续的、规范的历史观测资料。

（2）2008年深圳出现的极端天气、气候事件

参照定义,本研究采用以下方法来判别天气或气候过程是否属于极端天气、气候极端事件。首先确定统计因子,其内容可以是时间尺度、空间尺度及表现时、空强度特征的物理量观测值。然后查阅同类统计因子的历史极值或边缘值,选定阈值,再对天气、气候过程的同类统计因子值作出判别。当其超过或等于阈值时,即可判别该事件属于极端事件。最后根据其统计因子的反映特征确定该事件是属于极端天气事件还是极端气候事件。如统计因子反映天气特征,则属于极端天气事件;如统计因子反映气候特征,则属于极端气候事件,但实际应用中需要结合其统计应用特征来考虑,因为天气、气候本身属于个性与共性的关系。

2008年深圳总的天气特征是:极端天气频发、灾害种类多、次生(衍生)灾害重、影响范围广、灾害程度重、行业损失大。已出现的主要极端天气、气候事件如下。

① 历史罕见的冬季低温寒冷天气

2008年1月中旬至2月上旬,我国西北地区东部、华北南部、华中、黄淮、江淮以及江南北部等地出现50年来罕见的大雪、暴雪、冻雨天气。深圳从2008年1月24日开始的重度低温阴雨过程也属历史罕见,低温一直维持到2月16日,共24天,属连续低温持续日数最长的一次。

② 春季相对湿度持续偏低,灰霾日数创历史新高

1—3月相对湿度持续偏低,特别是3月份的空气十分干燥,属历史罕见。3月上旬平均相对湿度53%,最小相对湿度12%,均属历史同期最低值;滴雨未降,属史上首次出现。前3个月灰霾日数达107天,创历史新高。

③ 台风"浣熊"改写了影响深圳的初台历史

"浣熊"于4月18日登陆海南,19日再次登陆广东,成为影响深圳最早的初台。19日傍晚起雨势剧增,全市普降暴雨到大暴雨,19日12:00—20日00:00累计雨量普遍达到70～150毫米,最大值为沙头角的196毫米。

④ 百年一遇的"6·13"特大暴雨

受强劲的西南季风和高空槽影响,13—14日出现历史罕见的特大暴雨过程。竹子林站连续2天出现大暴雨,本地各自动站累计雨量普遍在250～400毫米,最大达528毫米。雨强也超出历史记录,50毫米/小时以上的强降水除盐田区外各区均有

出现,宝安区出现的最大降雨强度达 107 毫米/小时以上。

　　⑤ 6 月暴雨日数和降水量异常偏多

　　深圳市国家气候观象台竹子林观测站观测到 6 月份暴雨日数达 9 天,大暴雨日数达 5 天,累计雨量达 1395 毫米,远远超过 2001 年 6 月深圳月雨量的最高纪录 939.9 毫米,也是全年各月雨量的最大值,比有些年份年雨量还多。

　　(3)行业影响情况

　　按照国民经济行业分类,深圳高气象风险行业包括:交通运输、仓储和邮政业,电力、燃气、水的生产与供应业,金融业,建筑业,水利、环境和公共设施管理业,教育行业,卫生、社会保障和社会福利业,文化、体育与娱乐业,通信设备、计算机及其他电子制造业,农业、林、牧、渔业。2008 年极端天气、气候事件对各行业的影响情况如表 3-1 所示。不同行业对不同灾种的致灾孕灾的敏感性程度存在明显差异,次生、衍生灾害往往超过原发灾害本身,这是在预估中必须予以充分考虑的。

表 3-1　2008 年深圳极端天气、气候事件对行业的影响灾害信息

极端事件	行业影响情况
冬季低温寒冷过程	公路:省际班车基本停运、途经京珠北的省班线、包车全部停运。运量同比下降 10%。交通事故数量比平时同期上升 9% 民航:取消航班 86 班,延误航班 682 班 铁路:深圳火车站日滞留旅客最多达 5.7334 万人 农业:蔬菜、花卉大量冻死或冻坏,鱼苗大量死亡,预计农业减产 50% 以上 卫生与健康:CO 中毒总宗数和死亡人数随气温下降而明显上升,1 月 10 日到 2 月 15 日煤气中毒总计 689 宗,死亡 40 人。春节前后,感冒、心脑血管疾病患者增多,就诊人数比去年同期增加四成,其中危重、急症病人较多 物价:蔬菜价格普涨 100%,禽蛋鱼类物价涨幅超过 2 成,保暖设备供不应求 供电:用电迅速增加,供电压力很大,满负荷运转 旅游:来深旅游人数至少减少 50% 制造:超过 30% 中小企业因原材料缺乏或产品不能外运逼迫停产
春季干燥、灰霾长久维持过程	森林防火:火灾次数增加,2 月 20 日到 3 月 5 日相继出现三起大的山火 空气质量:1 到 3 月空气质量明显下降,可吸入颗粒平均浓度为近 5 年最高 卫生与疾病:上呼吸道感染、心脑血管疾病、皮肤发病率增加 2 成以上;神经系统患病率超过 30%
台风"浣熊"过程	对交通、城市管理、水利管理、环境管理、国土资源管理及城市居民生命财产安全影响很大:直接引发地质灾害和城市积涝,严重影响交通。过程造成 100 多处水浸和内涝。全市因灾死亡 2 人,直接经济损失约 3700 万元

极端事件	行业影响情况
"6·13"特大暴雨过程	民航:近 130 个出港航班受暴雨影响延误,取消了 13 个出港航班 交通:由于积涝造成全市交通严重堵塞,如 107 国道、广深高速、宝安大道等 地质灾害:积涝、坍塌、泥石流、滑坡造成人员伤亡,房屋财产损毁严重。发生 2 起挡土墙坍塌事故,造成 4 人死亡,因泥石流造成 1 人死亡。出现 500 余处不同程度的内涝或水浸,近 100 处边坡出现滑坡险情,70 多间房屋倒塌,全市受暴雨影响人员近百万。直接经济损失约 5 亿元
六月暴雨、降水 异常偏多	对交通、农业、卫生、旅游、能源供应、食品供应、商业、水利管理等影响重大; 导致水库泄洪频密;坍塌、泥石流、滑坡等地质灾害频发、次生灾害多;路面积水引发交通受到严重影响,交通堵塞,交通事故发生概率增加;农作物水浸严重,蔬菜价格上涨,水果产量、质量减低;食物容易发霉、变质;对日照依赖强的企业影响很大

2. 极端事件主要致灾机理

(1)各类灾害交互影响的指数放大作用

由于深圳所处的地理位置特点,持续时间长、影响范围广、致灾强度大、灾害损失重的持续寒冷、低温阴雨是该地区最为关注的灾害性天气之一。南方低温雨雪冰冻等多种灾害交互示意图(图 3-1)表明,对这种极端灾害性天气必须同时关注其强度、时间及空间尺度。大范围、长时间也是一种重要极端特征,会使一般性的灾害影响迅速放大,从而对某一个或几个行业带来致命影响,再通过次生、衍生灾害交互影响,衍射到周边领域,其致灾作用呈指数放大(祝燕德 等,2006)。

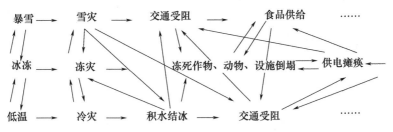

图 3-1 南方低温雨雪冰冻等多种灾害交互影响主体示意图

(2)防御工程作用降低和失去时的反作用使得次生、衍生灾害加剧

降水强度大、降水时段集中、区域排涝系统不完善是导致城市积涝的重要原因。"6·13"特大暴雨所致内涝地区大部分为原有旧村,地势低洼,排涝系统很不完善,易遭受洪涝灾害,如龙岗区布吉大芬村、南山区前、后海地带等。城市积涝对交通、物流、城管、环境、卫生等行业影响很大。

强降水很容易造成水库高水位运行,而此时的抽水设施也极易出现故障,正常水库调度控制水位已不奏效。如遇超标准洪水造成大坝垮塌时,水库下游人民生命财产及周边供水安全将直接受到威胁,泄洪成为唯一处置措施。但泄洪对下游河道行洪能力是严峻考验。泄洪时易造成低洼地段的渍涝灾害,对泄洪道两旁过往行人和车辆安全构成严重威胁。

(3)一种极端事件滞留的"后遗症"成为另一极端事件的引发因子

在经受长时间的低温寒冷后,2008年冬春之交又出现了异常的干燥天气,森林火灾的频次增加,突发性应急事件增多。此时地面形势又有利污染源在深圳地区聚集,对污染扩散十分不利。灰霾天气频发,空气质量变差,居民健康受到影响,易出现突发性公共卫生事件。长期生活、居住在灰霾天气环境中,易患消化系统疾病,上呼吸道感染、心脑血管疾病、皮肤发病率显著增加,人体神经系统方面受到的损害会显著加重。消防、环境、卫生、城管等行业的敏感链容易形成。

(4)台风最易形成"巨灾"

台风成灾的主要原因是其带来的强风、暴雨和风暴潮,影响海陆空交通、港口码头和建筑工地安全,造成树木、广告牌倒塌伤人和内涝等灾害。台风灾害会给港口、近海作业、交通、物流、教育、能源与食品供应、旅游、城管、建筑、卫生、农业、水利、通信与计算机制造等带来直接或间接影响,而这些灾害交互影响又会产生衍生灾害。台风灾害是深圳地区各行业最担心、风险最高的灾害性天气之一,短时间内可对敏感行业造成"巨灾"。据测算,深圳海洋经济和海洋产业发展迅速,海洋经济对全市生产总值的不完全直接贡献率已达19.5%,可见台风对深圳行业经济与海洋产业的影响不可忽视。

3. 预评估策略

(1)强化调研力度,全面掌握行业服务需求

多年来,深圳市气象部门不断强化对高气象风险行业服务需求的调查。各高气象风险行业的主要服务需求特点表现如下。

① 及时性

对灾害性天气的预报、预警要有提前量,只有做到及时,才能有效。

② 有效性

其基本特征是预报的及时准确与联动联防的有机有效互动。服务不及时,预报再准确,终属"马后炮";预报不准确,预报时效再长,服务意义不大;预报准确服务也及时,但社会公众、行业应对反应慢,甚至无动于衷,服务便失去意义。

③ 针对性

是指评估在时间段和区域上的精细与准确。需要建立基于精细化预报内容的分区域、分灾种、分人群、分行业、分时段的评估机制与评估体系,针对性才能体现。

④ 适用性

评估内容要求通俗易懂,灾害预估与防灾指引要具体、明确。

⑤ 不确定性的风险评估

对预报中的不确定性因素予以评估,使防御决策更周全。

（2）强化信息转换，建立评估准动态基础信息库

为满足以上需求，开展重大天气过程对行业的影响评估十分必要。这不仅是气象预报和服务用户的关键环节，还是建立评估基础信息数据库的关键。从有关气象信息服务产品的制作方法的角度来看，灾害评估也是建立在气象源信息基础上的诊断和解释方法（马鹤年 等，2008），要解决从气象源信息库提取专业气象控制因子这一核心问题，必须建立准动态的行业（或用户）评估基础信息库，进而建立专业化的评估模型。之所以说是"准动态"，是因为行业的基础信息在一定时间内可能稳定，但随着时间变化和需求更新，基础信息变为不稳定，必须更新。准动态的基础信息库包括以下基本信息库：（a）表征行业致灾孕灾特征的灾害性天气信息库；（b）行业的影响环节与风险特征库；（c）表征行业的致灾孕灾特征的气象阈值指标库；（d）各类历史气象（次生）灾害的分布特点与致灾情况；（e）用户信息数据库。包括用户名、地址、行业属性、地理位置（经度、纬度）、联系人、服务方式及其对应的相关信息等。

（3）强化信息融合，建立专业化的预评估流程

评估基础信息和气象预报信息是预评估工作的基础。要体现评估的针对性和适用性，进行信息融合是关键，也最重要。信息融合就是要把在评估基础信息与气象预报信息之间对应的因果关系进行量化并具体化。信息融合方法如下（见图 3-2）：（a）针对预报信息（含要素预报），找出致灾显因子；（b）细化预报信息源，分区域、分时段将预报信息源与行业基础信息链接，结合行业的影响环节与风险特征，找出分区域、分时段影响的致灾潜因子，致灾潜因子存在于地理与环境特征、局地天气强度、影响生产环节的要素变化特征等因素的影响之中；（c）将致灾潜因子与致灾显因子转换为气象控制因子；（d）将气象控制因子结合气象服务指标基数据判别，生成气象临界致灾指标；（e）通过气象临界致灾指标，结合风险特征与历史气象灾害损失基数据，生成致灾预评估信息；（f）将致灾预评估、行业风险特征结合防御指引基数据融合生成防御指引信息。

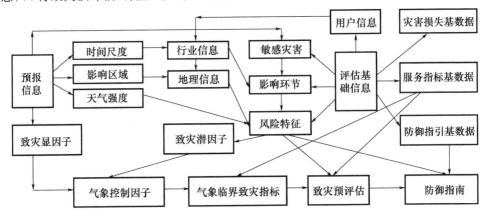

图 3-2　基于信息融合的专业化灾害风险预评估流程示意图

4. 业务实施

气象灾害预评估服务工作涉及气象监测、预报分析、系统建设、社会调研、信息集成与管理、专业服务模型的建立等各气象业务领域,因此,建立科学、合理的预评估模型与评估流程是业务实施的关键。深圳市气象部门已开展分区预警服务,建立了以预警信号为先导的社会联动响应机制,针对十大高气象风险行业的服务需求,不断强化了专业服务调研,广辟渠道收集灾情,灾情分布特征与行业风险特征信息不断细化。建立了专业的包含地理信息在内的数据库(姚力波 等,2006),为搭建专业化的预评估工作平台奠定了基础。在实际工作中需注意以下几点。一是数据库的顶层设计与统筹建设,要保障不同业务领域数据入库的及时与便利,同时要统筹设计各数据之间的关联特征,建立多维引擎信息模式。二是极端灾害性天气的致灾特征对找准致灾机理是很难得的案例,对找准评估基准点,量化预评估信息,丰富基础信息内容意义重大,以推动预评估向高层次发展。三是必须保证准动态评估基础信息的准确性,不断加强调研和技术研究,增强气象致灾潜因子转换气象致灾显因子的能力,相关信息必须及时更新。四是系统的开放性要强,有利信息更新与人机交互使用,有利信息编辑、分发与服务。五是预评估能力取决于对地理与环境特征、局地天气强度、影响生产环节的要素变化特征信息等的科技化、智能化程度,需逐步深入与完善。尽量对预报的不确定性影响给出综合评估。

(二)台风"珍珠"气象服务高风险行业的减灾效益评估

以台风"珍珠"气象服务过程为例,对深圳市供水、旅游、保险等10个高气象风险行业的气象服务效益进行调查评估:真实了解天气、气候对高敏感行业的主要影响和影响环节;收集到用户的个性化的服务需求,为更好地开展专业气象服务提供了宝贵的第一手资料;采用德尔斐评估法,对高气象风险行业的台风"珍珠"过程气象服务减灾效益进行合理准量化评估。利用该效益评估方法,根据台风强度和影响时间,可较快地评估出每次台风过程气象服务高风险行业的减灾效益,方法可供借鉴和应用推广。

1. 概述

2006 年 11 月 9 日至 12 月 15 日,深圳市气象局对深圳市供水(2 家)、旅游、环境科研、建筑、教育、金融、交通、港口、商业、保险 10 个高气象风险行业共 11 家服务单位的气象服务效益进行调查评估。这 11 家受访单位分别为粤港供水集团有限公司、西丽水库、华安液化石油气有限公司、世界之窗(深圳)、深圳环境科学研究所、中铁建工集团、百事可乐、人保财险深圳分公司、田东小学、盐田国际集装箱码头有限公司、深圳高速公路集团股份有限公司。主要有三个方面的重要收获。一是真实了解到了天气、气候对气象风险行业的主要影响和影响环节,同时,也了解到了降雨量对水环境的直接影响。二是收集到了用户的个性化的服务需求,明晰了行业气象服务的重点,为更有针对性地开展气象服务提供了宝贵的第一手资料。三是基于 10 个高气象风险行业的服务效益调查,采用德尔斐专家评估法,对过程气象服务效益进行总体评估分析。以此为基础,对台风"珍珠"服务过程的减灾效益进行准量化评估。

2. 服务效益调查

(1)行业需求调查

通过调查,这 10 个气象风险行业的主要气象服务需求如下。

① 港口

港口码头对台风、大风天气具有易致灾孕灾特征,需布设较为密集的监测点,并及时跟进监测点的技术保障工作;对恶劣天气的预报准确率要求很高,对台风的准确率希望能达到 100%,暴雨的准确率希望能达到 95% 以上;对于台风的预报希望加大通报频率,在特殊天气时提供电话咨询服务,包括人工咨询,及时准确地满足企业的气象需求。

② 建筑

非常注重灾害性天气预报的准确率和精确度,希望延长预报时效,并精确分析计算出对工程有利或不利的气候条件,以便合理安排工程的实施和进度,最大程度上降低损耗,增加收益;气候评价报告对其也很重要,利于建筑部门合理地竞标项目,做出优质的项目;人性化和个性化的气象短信服务对其很适用,要求提供"适销对路"的预报和服务产品。

③ 供气

供气行业最重要的是"安全"问题,需要很详细的每天甚至每个小时的气象信息,未来一段时间的大范围不利气象条件分析对行业采购人员非常有用。低温是燃气行业的一项高气象风险因子,强冷空气的到来将影响液化气的运输,如果不能及时卸货,效率会大大下降,并影响到其销量;对台风预报,需要的是范围更小、更精确的定位信息,如台风登陆点的预报范围缩小一些,这样用户对台风的把握更清晰;燃气企业对手机短信、彩信等服务也非常感兴趣;海洋气象服务信息,特别是有关海上台风、暴雨和海浪等前期的预测预报信息等对供气运输调度很有用。

④ 供水

气象因素直接关系到水库的安全运营,事关人民的生产、生活和财产与生命安全。现在提供给水源供水企业的专业服务产品,在保障水库蓄水、工程设施安全等诸多方面都还不能完全满足用户各方面的需求。预报准确率虽然基本保持在 85%～90%,但预报精细化程度不高,预警信息发送的时效性要求更长一些,尤其遇到台风时,天气预报信息若不能及早获知,很不利于水库的防范工作。重要天气报告信息需要以最快速度发到水库管理部门。

针对水库调度,希望提供水库调度的具体气象因素影响指数。不但要有温、压、湿、风、降水等常规气象要素信息,而且还要提供直接决定"放不放水""什么时候放""放多大水量"等气象调控工程决策的专业气象服务产品。根据气象情报,水文部门提前预测各主要河流流量、水位及洪峰开始、持续的时间,并由此可以提前做好准备,减少损失。预报的准确性也十分重要,如果空报暴雨,水库管理部门得知预报后会紧急部署,结果会浪费许多人力物力。

⑤ 旅游

旅游部门主要的需求是提高各类常规预报的准确率和精细度。例如,降雨的区域从南山区这一大的区域缩小到世界之窗旅游点周围,降雨的开始时间希望精确到小时,降雨的时长可以更加精确、具体。组织全园区的大型活动就需要对某一天的天气形势做准确的分析和精确的预报。旅游业的收入很大程度上取决于黄金周的收入,因而对黄金周的气象服务要求就比平时高得多。在黄金周期间希望开通黄金周气象热线,及时准确地解答旅游景点管理部门的气象咨询。

⑥ 教育

教育行业对灾害性天气预警信息有较大需求。发布什么级别的预警信息关系到学校是否停课,直接关系到学生的人身安全。其对预报的精细化要求同样很高,尤其是突发性、局地性天气。由于夏季暴雨有很强的局地性,各个学校所处的地理位置不同,天气状况也会有很大的差别,希望预警信号的发布区域能有针对性,可避免某些区域不必要的停课。

⑦ 饮料

温度变化对饮料行业具有极大的影响。作为快速消费品,市场需求是生产的指标,而消费者购买的动机直接取决于当时的天气状况。精确的天气预报或降水概率预报,对生产和销售具有高价值的指导作用,其业务涉及范围可能覆盖广东甚至全国,需要更多更全面的气象信息去指导企业生产工作的开展。

⑧ 交通

交通行业的施工部门对降雨、大风天气较为敏感,且希望提高预报精细度。例如对台风的预报,什么时候会影响到高速公路的施工和运营,影响强度为多大;雨季会持续多长时间,等等,并且要至少提前2天获知,才能使施工部门有时间做好预防准备,起到应有作用。公路及交通管理部门对能见度、风、路面温度气象要素较为敏感,并希望了解公路分段的要素预报;同时在信息传输方面希望建立双向的信息发布平台。

⑨ 保险

随着社会和经济的发展,保险行业已经深入到各行各业,如工业、交通、储运、农业及人们日常生活,都离不开天气的影响。准确及时的气象信息服务为保险公司开展用户服务提供了更好的保障,也使保险公司及其用户提高了收益和抗险能力。需根据终端用户的需求提供更有针对性的气象信息,而其终端用户又涉及各行各业,因此对保险行业的服务其实是面向各行业的服务。各行业对气象信息的需求也不完全相同,需对客户进行分类,并对不同的客户发布适用的气象信息。在产品上,保险行业还提出希望得到更直观的天气信息,例如风暴中心在东经多少度、北纬多少度。

⑩ 环保

环境科研所的各项研究都与气象分不开,气象数据是环境科学研究的基础数据,其完整性、及时性和准确性很大程度上决定了环境科学研究的走向。针对环境科学研究的需要,除了提供现有的短期气候预测、降雨量、气温、风向、风速、湿度、云量等的长短期数据外,还需要提供大气混合层的高度、降雨的天气过程图表及数据,特别是局部地区的降雨过程。

通过对降雨量及河流径流量的分析,可以知道区域内可利用的地表径流量是多少,在水资源的利用中,地表径流占了怎样的比例,它在人们水资源的利用量上起了怎样的作用。这样才能制定好水资源利用方案,满足人们的用水需求。

(2)高气象风险行业的气象服务经济效益事实

① 保险

2005 年 1 号台风"珍珠"对广东、福建、浙江三省造成的直接经济损失达到 80 亿元,广东省损失惨重。调查表明,在中等强度的台风暴雨天气过程中,深圳市因水浸车辆而报损的理赔费用高达 1022 万元。公开发布的气象信息或者气象部门出具的气象证明就是保险公司理赔的依据。

② 港口

据调查统计,盐田国际集装箱码头每出现一次如大风、暴雨等灾害性天气,停止作业一天所造成的直接损失占一年总效益的 0.027%。这一损失比例已相当显著,还不包括其间接损失。

③ 交通

据调查,每出现灾害性天气,深圳高速公路封闭 1 小时,深圳高速股份有限公司损失超过 3 万元,一天就超过 72 万元,一年按照 10 天灾害性影响日计算,就超过720 万元,这还不包括天气损害路面的维修费用。

④ 水环境

降雨量的多少直接影响到河道流量的增减,而河道流量占深圳市供水量的96.01%。因此,分析降雨量和根据降雨量的气候预测,制定好水资源的利用方案,一年可节损的费用可想而知。

⑤ 建筑

据调查统计分析,利用好天气,建筑至少可以节损 10%~17% 的消耗,或者说增加利润 50%~100%,利用天气预报获利为建筑总投资的 2%~3%,按照深圳一年

1000 亿元的建筑投资,可减少损失 20 亿～30 亿元。中铁建工集团有限公司经营规模已突破 30 亿元大关,按照平均受益统计,一年可节损 600 万～900 万元。

⑥ 旅游

根据调查,"五一"黄金周期间,世界之窗因为一个雨天,单其门票收入就减少270 万元,这还不包括其他项目收入损失和意外损失,如果全部加在一起,经济损失远远超过这个数字。

⑦ 燃气

通过对华安液化石油气公司的调查,按照其年总产值 60 亿元计算,气象服务当年的直接经济产值超过 600 万元,气象服务的年效益产值占总产值的比率为 0.1%。

⑧ 供水

2006 年台风"派比安"影响期间,深圳粤港供水利用气象部门的气象信息,科学调度,节约供水水源价值约 40 万元。深圳是一个干旱明显、水资源缺乏的城市,如能科学利用气象信息,通过节约水资源、充分利用气候资源所带来的社会效益和经济价值是非常可观的。

⑨ 饮料

百事可乐在深圳地区碳酸饮料市场的市场份额达到 60%,其年生产总值已经达到 10 亿人民币。受短中期天气的影响,期间销售额的数量波动达到正常的 25%～50%,因此,一年的灾害性影响天气越多,对其生产总值的影响越大。天气、气候对饮料企业的效益影响可想而知。

⑩ 教育

由于暂未对相关教育行业单位做具体损失调研,缺少经济损失案例,暂不考虑纳入评估范畴。

3. 台风"珍珠"过程高气象风险行业的减灾效益评估

(1)评估原理与评估基础

① 德尔斐法评估原理

以气象服务典型生产经营单位的服务增效为参照,应用德尔斐专家评估法,评估过程气象服务在每个选定的重点行业单位中的增效情况,再根据行业单体产值的统计数据推算出各重点行业的气象服务效用。所有重点行业的气象服务效用加总即可相对保守地代表气象服务在各行各业的整体效用。

② 气象信息覆盖率和有效性评估

调查显示,针对专业气象服务在高气象风险行业中的重要性:11 家有 9 家表示非常重要(81.8%),有 2 家表示重要(18.2%),表示一般的为 0(0.0%);针对专业服务的满意度:11 家有 3 家表示非常满意(27.3%),有 7 家表示满意(63.6%),有 1 家表示一般(9.1%)。

③ 评估假设

根据以上分析,可以合理建立一个评估假设基础。一是气象信息全知性原则,也就是说,当气象台发布台风、暴雨等预警信号时,全市高气象风险行业的用户对气象预警信息和服务信息都能及时获知并在可能的情况下采取相应防范措施。二是将调查评估中,一个中等强度的台风暴雨过程的可能致灾损失作为减灾效益分析的基数。其依据是:只有减少致灾损失的效益和直接效益增加才是减灾效益的具体体现,在全知气象信息的情况下,在德尔斐专家评估法中,用高风险行业潜在的致灾损失和效益静增加即可代表对该行业的减灾效益。

(2)台风"珍珠"过程对高气象风险行业的减灾效益综合评估

① 分析与评估思路

2006 年 5 月 15 日到 17 日,台风"珍珠"影响深圳,由于不是正面袭击深圳,属中等强度的台风影响过程。据调查,气象灾害中,台风对高气象风险行业中的影响力与破坏性是排在首位的。针对供水等 10 个敏感行业,对于"珍珠"台风天气过程,其高气象风险行业的气象服务效益综合分析情况见表 3-2。将因为台风"珍珠"原因不能正常运营造成的损失列为自然损失,也就是说,即使利用了气象信息,采取了防御措施,因不能正常工作造成的损失称为自然损失,不计入减灾服务增效范畴;利用好气象信息,使本行业或本单位经济效益增加,称为效益净增加;其他可能由灾害性天气引起的损失称为致灾损失。

② 减灾效益准量化评估结果

采用保守统计,将表 3-2 中的效益净增加和单纯只有致灾损失的两部分作为过程的 10 个高气象风险行业气象服务的总体减灾效益分析是可行的。按照前面算法统计,在台风"珍珠"主要影响深圳的 3 天,10 家高气象风险行业的减灾效益总体金额为 4698 万元。需指出的是,这是利用德尔斐法评估得出的最低保守评估结果,含有三个不稳定或不确定因素的影响:一是利用行业单位个体的减灾效益代表行业单位的平均减灾效益;二是行业单位总数是估算的,即使利用准确的数字来计算,每个单位的规模、影响程度也会不一样;三是对自然损失(包含既有致灾损失、又有自然损失部分)的减灾效益并没有考虑到减灾效益中去。因此评估减灾效益为 4698 万元,属保守状态下的最低评估结果,参照这一结果和基于这一方法,可对每次台风过程较快地做出相应的减灾效益评估。

表 3-2 深圳台风"珍珠"过程 10 个高气象风险行业气象减灾效益综合分析表

高气象风险行业	单个损失/万元	影响日数	设定行业单位总数/个	行业合计/万元	减灾效益属性
保险	1022	以过程计	4	4088	致灾损失
港口	270	3 天	10	8100	自然损失
交通	72	3 天	20	4320	致灾、自然损失

高气象风险行业	单个损失/万元	影响日数	设定行业单位总数/个	行业合计/万元	减灾效益属性
水环境	26	以过程计	10	260	效益净增加
建筑	3	3天	1000	9000	致灾、自然损失
旅游	270	3天	10	8100	致灾、自然损失
燃气	5	3天	10	150	效益净增加
供水	40	以过程计	5	200	效益净增加
饮料生产	180	3天	5	2700	致灾、自然损失
教育	/	/	/	0	自然损失
减灾合计	/	/	/	4698	不含自然损失

注：对教育行业由于缺少相关案例的调研数据，故暂未做统计，按照保守最低评估值 0 计算，故减灾合计时对单个损失、影响日数、设定行业单位总数等分项也暂未做统计。

（三）基于质量发展的气象预报服务概念评估模型的构建及应用

质量发展气象预报服务离不开科技发展支撑，也离不开标准体系支撑。基于质量发展的气象预报服务概念评估模型是一个全新概念。结合深圳市气象局气象服务标准化试点经验，对基于质量发展的气象预报服务概念评估模型定义如下：将科技发展融合标准体系实施原理，建立综合表征质量发展气象预报服务提供模式概念的特征因子，对气象预报服务业务及其发展支持基础作为气象预报服务的整体提供体（而不论该提供体是何种形式的组织机构或以何种形式开展气象预报服务）从质量发展侧进行概念评估和分析的气象预报服务评价模型（孙石阳 等，2019a）。利用模型评估的目的是检验预报服务提供模式是否能促使其预报与服务的平衡发展，是否符合气象预报服务内部运行保障有力、统一协调、高效有序，外部服务效果彰显、绩效突出、投入性价比高，内外互动及时、高效、持续改进机制健全等的质量发展要求。

1. 构建背景

当前，数值天气预报（NWP）与人工智能（AI）的科技应用在全球气象领域呈加速发展态势，全球气象试图一方面通过数值预报模式从本源上来解决提高天气预报的准确性问题（马雷鸣 等，2017；马旭林 等，2014）；另一方面通过探索从物理模型到智能分析渠道来降低天气预报不确定性问题（许小峰，2018）。美国、英国等世界先进数值天气预报模式正朝"全球模式""无缝隙""一体化"发展，其网格分辨率已向 10 千米以下迈进，中国全球数值预报模式北半球可用预报时效已经接近 7.5 天。全球气象正处于数值预报技术的"模式全球化＋数据全息化"与"互联网＋人工智能"技术融合应用的高度叠加期，这也是转型质量发展气象预报服务的关键期。因此，当科技发展到一定程度后,高质量发展气象预报服务的一个关键问题就是如何实施发展预报能力与提升服务水平之间的科学平衡以达整个预报服务提供的最优化。

将基于反映科技发展和气象服务标准体系实施对气象预报服务提供的机理影响进行逻辑关联,建立评估模型,对国际上典型案例进行评估分析,找出科技快速发展下的高质量发展气象预报服务的一般规律和发展特征,从而为发展高质量气象预报服务供给模式提供启示与借鉴(陈晓辉,2015)。这一做法具有探索性创新意义。

2. 基于质量发展的概念评估模型的建立

(1)概念评估模型的构建基础

高质量发展气象预报服务离不开科技发展支撑,也离不开标准体系实施保障。为便于表述,暂将气象预报服务模式的服务提供简称为"服务器",将气象服务标准体系实施的驱动简称为"驱动器"。用标准体系实施的"通用基础和保障"与"服务提供"三大子体系关联起来理解,就会发现科技发展融合标准体系实施驱动服务提供发展的逻辑关联,将标准体系实施的"统一、协调、高效"的特性要求分解成代表质量发展的"前瞻性(规划协调性)、系统性(发展统一性)、科技性(科技创新力)、专业性(专业性服务效果)"四个特性要求来分析,建立质量发展气象预报服务概念模型(全国服务标准化技术委员会,2009;孙石阳 等,2013)。概念模型用关系式表示为:

$$f(x,y,\varPhi,t) = f(a,b,\varPhi,t)\infty_\alpha(a',b',c',t) \qquad (1)$$

式中,根据气象服务标准化实践及模式发展原理析出,其各变量因子说明如下:函数 $f(x,y,\varPhi,t)$ 表示现代预报服务提供模式,其中 x、y 分别表示数值预报、人工智能发展因子;函数 $f(a,b,\varPhi,t)$ 表示传统预报服务提供模式,其中 a、b 分别表示传统预报、传统服务因子;"∞"表示"驱动器"α 的作用,其中 a'、b'、c' 分别表示气象服务通用基础标准子体系、气象服务保障标准子体系、气象服务提供标准子体系的驱动因子;$\varPhi$ 表示信息化支撑作用因子,t 表示时间。由式(1)得出,气象服务标准体系实施中的每个因子 a'、b'、c' 均需作用到气象预报服务提供模式中传统预报服务向数值预报模式发展($a\rightarrow x$)、传统预报信息发布向人工智能应用($b\rightarrow y$)、信息化支撑($\varPhi$)三因子中,α 才能有效通过"∞"驱动 $f(a,b,\varPhi,t)$ 向 $f(x,y,\varPhi,t)$ 模式转换。因此,需要重点分析科技发展和标准体系实施驱动下的数值预报模式发展($a\rightarrow x$)、人工智能应用($b\rightarrow y$)、信息化支撑($\varPhi$)三大因子的特性要求。表3-3、表3-4 分别列出的是科技发展驱动"服务器"、"驱动器"驱动"服务器"发展下的数值预报模式发展($a\rightarrow x$)、人工智能应用($b\rightarrow y$)、信息化支撑($\varPhi$)三大因子在"前瞻性、系统性、科技性、专业性"侧的特性要求。

表 3-3　科技发展驱动气象预报服务提供("服务器")发展特性要求

属性	因子		
	数值预报发展($a{\to}x$)	人工智能应用($b{\to}y$)	信息化支撑($\varPhi$)
前瞻性	网格数据精细化	预报服务精准化	信息化(数据同化、模式耦合)
系统性	预报服务一体化	预报服务一体化	信息化、标准化、质优化
科技性	预报模式全球化	预报服务智能化	信息化(大数据、云计算、互(物)联网)
专业性	模式数据全息化 (无缝隙)	预报服务精准化	信息化(数据采集、分析、挖掘、识别、学习、清洗、整理、入库)

表 3-4　标准体系实施("驱动器")驱动气象预报服务提供发展特性要求

属性	因子			
	通用基础与保障 (a',b')	气象服务提供(c')		
		提供与控制	运行管理	评价与改进
前瞻性	统筹预报服务一体化、信息化	信息化	标准化、质优化	PDCA、质优化
系统性	协同服务提供规范化、系统化	信息化	一体化、信息化	PDCA、信息化
科技性	促进服务提供信息化、科技化	智能化	一体化、信息化	PDCA、信息化
专业性	保障服务提供科技化、质优化	精准化	智能化、科技化	PDCA、信息化

综合分析表 3-3、表 3-4,只有将科技发展和标准体系实施高度融合发展,才能全面体现预报服务提供模式的高质量发展,需充分考虑其以下共性要求:

① 信息化融合需要贯穿"四性"发展特性统筹建设

表 3-3 显示信息化支撑因子($\varPhi$)横向贯穿"四性";表 3-4 显示信息化支撑因子($\varPhi$)纵向贯穿"四性"。信息化支撑因子($\varPhi$)在"服务器"端、"驱动器"端均需要"横向到边、纵向到底",统筹协调二者融合发展。

② 精细化、精准化、全球化融合发展需加强高质量标准实施

表 3-3 显示精细化、精准化、全球化是数值预报发展($a{\to}x$)、人工智能应用($b{\to}y$)因子的重要发展特征,在标准实施体系(表 3-4)的各领域需重点加强精细化、精准化、全球化气象能力建设的相关高标准实施,提升科技融合国际标准实施支撑发展精细化、精准化、全球化的气象预报服务能力。

③ 质优化发展要科学建立预报服务质效管理机制

表 3-4 显示质优化是标准体系实施的一贯追求目标和效果,在科技发展数值预报($a{\to}x$)、人工智能应用($b{\to}y$)、信息化支撑($\varPhi$)领域(表 3-3)需科学考虑服务保障、服务提供环节如何强化质效管理,这样才能科学支撑预报服务"保障与提供"与人财物资源配置的支出平衡,系统保障气象预报能力建设和服务水平提高的平衡发展(徐雷,2011;张春野,2017)。

④ 一体化、科技化、智能化融合发展的重点是要强化科技发展的支撑力

一体化、科技化、智能化是表3-3、表3-4所要求的共同特征,表示科技发展要重点支撑预报服务保障,提供领域的一体化、智能化建设,在标准体系实施中从保障到服务提供均需要强化融合科技发展的支撑力,从而保障质优化能够得到实现。

将以上质量发展的四个共性要求转换成"信息化统筹建设力、质量标准支撑力、质优化管理实施力、科技发展支撑力"四个方位来分析,就可以建立质量发展气象预报服务概念评估模型。

(2)概念评估模型的建立

① 概念评估模型的建立

依据数值预报模式发展、人工智能应用、信息化支撑等的科技发展对"服务器""驱动器"的发展影响特征,建立基于"四个方位"的概念评估模型(表3-5)。用概念评估模型评估的最大特点就是能体现出每个模式的方位优势和相对综合能力,能"挤兑"出各自的高质量发展优势,用这些结果来综合研究、优化质量发展模式具有重要指示意义,而对评估得分的排名由于评估对象的业务体制或组织性质不同应不去理会。

表 3-5　基于"四个方位"的概念评估模型

方位	指标及因子			
	"服务器"要求(权重比:30%)	"驱动器"要求(权重比:30%)	驱动机理的有效性要求(权重比:20%)	方位的核心要求(权重比:20%)
信息化统筹建设力	1. 数值模式、人工智的先进应用;2. 提前规划信息化在软硬件上支撑	1. 信息化标准实施有效的前置性驱动;2. 对信息化统筹建设实施有效管理并持续改进	通过对预报服务的准确性、服务提供降低不确定性的信息化统筹建设的综合保障能力提前统筹考虑,保障对信息化支撑因子(Φ)的有效驱动	有效支撑"预报能力和服务水平的协调发展",预报服务的"信息化、系统化、智慧化、一体化"发展的程度
质量标准支撑力	1. 具有数值天气预报模式与人工智能服务的发展标准;2. 信息化标准在支撑软硬件的建设上系统性强	1. 标准化实施综合性、协调性驱动;2. 标准化体系实施支撑信息化程度系统、全面、集约发展	将预报服务的准确性、服务提供降低不确定性的综合保障能力形成质量实施标准来统筹平衡驱动预报服务的发展,驱动预报服务"质优化、一体化、信息化"发展	有效支撑"预报能力、服务水平、保障机制、统筹管理"的"质优化、系统化、科技化、精准化、精细化、信息化"发展的程度

113

续表

方位	指标及因子			
	"服务器"要求 (权重比:30%)	"驱动器"要求 (权重比:30%)	驱动机理的有效性 要求(权重比:20%)	方位的核心要求 (权重比:20%)
质优化管理实施力	1. 标准化管理在发展全球预报模式、人工智能应用上能充分实施; 2. 最新科技的信息化、标准化实施程度高	科技发展与技术应用能有效实施到"信息化、规范化、一体化"的管理过程中	将服务标准化实施融入到预报服务的准确性、服务提供的智能化的最新科技中,各业务流程有效实施并反馈,双向驱动预报、服务发展(计划、执行、检查、改进)	有效推进"预报能力、服务水平、保障机制"等的"科技化、标准化、信息化、精细化、精准化、系统化、智慧化"发展的程度
科技发展支撑力	科技发展有效支撑全球预报模式、人工智能技术的先进性应用	科技发展支撑质优化发展驱动数值预报服务提供"一体化、质优化"发展	将预报服务研究成果高效转换及应用,有效驱动数值预报能力提升、服务水平提高,从而驱动"精细化、精准化、智能化"	有效支撑预报的准确性、服务的专业性、预报服务的"科技化、智慧化、信息化"发展的程度

注:因子及权重比说明,"服务器"与"驱动器"、"驱动机理的有效性"与"方位的核心要求"(前两者前面已有解释,"驱动机理的有效性"是指"驱动器"与"服务器"之间互动有机运行的有效性,"方位的核心要求"体现的是方位发展要求的核心动力)。"服务器"与"驱动器"是气象预报服务提供体的"基础动力"因子,"驱动机理的有效性"与"方位的核心要求"是气象预报服务提供体的"核心动力"因子,故按照6:4的比重划分,其内部两个子因子均按均衡比重划分,各因子权重比依次为:30%、30%、20%、20%。

② 概念模型的评估方法

选取欧洲中期天气预报中心(ECMWF)、美国国家海洋和大气管理局(NOAA)作为案例分析对象。根据概念评估模型,对 ECMWF、NOAA 两种气象预报服务提供模式进行概念评估。根据每个案例、每个因子、每个方位的表现,由评估者本人对案例从低分到高分1、2、3档进行概念评估排名(为了使分析具有意义,要求不得进行同档次排名,如不能判别名次时,则增加相关数据采集和分析以再次进行综合判别和排名)。1、2、3档次分别对应得分1、2、3分,以此类推,最低不少于2个评估样本,可以简单理解为"挤兑法"。综合得分等于每个方位上因子的评估得分乘以该因子权重比得分后的总和,综合得分反映出各案例高质量发展气象预报服务模式的相对综合能力或发展特点。

3. 概念评估案例分析

(1)基于质量发展的气象预报服务模式案例评估

ECMWF、NOAA 是代表着当今国际上两种不同类型的高质量发展气象预报服务的典型提供模式,表 3-6 按照质量发展气象预报服务概念评估模型的评估要求,从四个方位对两种模式进行概念评估。

表 3-6　ECMWF、NOAA 两种模式进行概念评估实例表

方位	指标及因子			
	欧洲中期天气预报中心(ECMWF)模式		美国国家海洋和大气管理局(NOAA)模式	
	"服务器"	"驱动器"	"服务器"	"驱动器"
信息化统筹建设力	升级全球模式、提供全球预测,预测技能处全球领先。拟成立新数据中心	遵守全球数据处理和预报系统手册;高性能计算设备由两个 Cray XC40s 组成	建模策略不只针对建模本身,而是基于如何打造最好数值预报模式和通过模式开展最优服务所需的一系列基本保障、服务实现、评估改进、统筹管理	信息化流程贯穿从研究到测试到服务应用的全过程,流程规范、统一,信息化促使科技成果转换加速。日收集近 20 TB 的数据
质量标准支撑力	中期预报发布提前;模式分辨率由 18 千米转为 5 千米;预报时效 10 年内延长了 2 天;55 个成员站点接入 RMDCN	满足 WMO 数据、产品、文档和培训的系列标准;为 WMO 成员提供一系列预测产品;提供系统测试插值包(MIR)	研发投资定位"巴斯德象限"(科研过程中的认识世界和知识应用的目的是可以并存的),并实施基础科学和技术创新应用的科学平衡投资	(NAO 216—115A)确定八项原则,指导、制定和评估所有研究。致力维护 NOAA 的高质量研究、开发、成果转换、服务和产品应用等
质优化管理实施力	提供 13 个月的准确预测;对风暴极端阵风的风险预测提前 6～7 天。数值预报能力可直接影响预报服务的一体化进程	保证用户利益。改变暖—雨微物理参数化方法,提高陆地—水边界附近降水的表征;系列改进大气观测;集成预测配置测试等	考虑满足用户群体的需求,通过检验评估来平衡用户需求和科研成果转换,如定期改进低风险项目——风暴预测模型以获得增量收益,以及具有高潜在收益但不太确定成功的高风险探索性研究项目	建立研究转型加速计划(RTAP)(NAO 216—105B),加强研发转型文化建设;督促研发在 1～3 年内"合格",改进流程,加速研发运营、应用、商业化效用
科技发展支撑力	数值模式提供短期和中期、月的预测预测,提供严重天气事件风险指数、事件概率、特定地点可能值的范围、另类天气场景模拟、每周平均异常天气等	海气耦合模式更加成熟,"无缝隙"预报系统使不同时间范围的预报更加一致;热带气旋、极端天气指数预报能提前 6 天给出趋势一致的越来越强的信号	最新全球预测系统(NGGPS)极大地改善美国的天气和飓报。其卫星监测、数据同化、模式能力保障了在龙卷形成之前的几个小时能进行准确预测	建立了一个 S4 的基础项目,以使更多研究团体参与 NOAA 数值模拟,向来自政府、私营部门和学术界的研究人员提供访问包括海洋、天气、空气质量和土地在内的各种 NOAA 数值模型

评分方法是利用表 3-6 里的"服务器"和"驱动器"的实例内容,对照表 3-5 的"服务器"和"驱动器"指标要求,分别进行 1、2 档的排名和评分;综合各案例模式内容,对模式的"驱动机理的有效性"和"方位的核心要求"也分别进行 1、2 档的排名和评分。概念评估模型对两种模式的评分情况如下(表 3-7)。

(2)基于质量发展的气象预报服务模式特点分析

综合表 3-7 分析,在平衡"预报的发展能力"与"服务水平提高"方面,ECMWF 模式具有优势;在高质量发展气象预报服务综合实施效果方面,NOAA 模式具有优势。根据驱动机理的有效性,它们的高质量发展特征如下。

表 3-7　概念评估模型对两种模式(ECMWF、NOAA)的评分情况

方位	指标及因子							
	"服务器"		"驱动器"		驱动机理的有效性		方位的核心要求	
	ECMWF	NOAA	ECMWF	NOAA	ECMWF	NOAA	ECMWF	NOAA
信息化统筹建设力	1	2	1	2	1	2	2	1
质量标准支撑力	2	1	2	1	1	2	2	1
质优化管理实施力	1	2	1	2	1	2	2	1
科技发展支撑力	2	1	2	1	2	1	1	2
小计	6	6	6	6	5	7	7	5
综合分值	ECMWF:6.0 分;NOAA:6.0 分							

注:综合得分等于每个方位上因子的评估得分(见小计栏数据)乘以该因子权重比得分后的总和。

① 协同发展(ECMWF)特征型

其特点是利用科技发展支撑从气象监测、数据存储、数据分析、数值预报、数值服务、智能服务、服务反馈、评估改进的全过程,形成了以"信息化"为纽带的"驱动器"。其发展机理为:"驱动器"从预报能力建设和服务水平提高两侧提供了协同发展的驱动力,实施数值精细预报能力和智慧服务水平的均衡发展,从而打造集"一体化""智慧化""标准化""信息化"的现代气象预报服务平台。

② 互动发展(NOAA)特征型

其特点是以"数值预报模式+人工智能"为核心科技支撑,不断融合并促进数值精细预报能力和智慧气象预报服务水平提高的同步均衡及规范化发展。其发展机理为:打造集"精细化数值天气预报全球模式"与"人工智能气象预报服务模式"业务于一体,"基础科研向成果应用转换"与"天气有准备的国家"目标于一致的现代化综合气象预报服务平台。

4. 对高质量发展气象预报服务提供模式的启示

前面分析已经表明,用质量发展气象预报服务概念评估模型评估 ECMWF 、NOAA 两种气象预报服务提供模式的重点是通过在这种比较过程中,发现在各自

模式下"驱动器"驱动发展机理的优势和如何更好体现"预报能力"与"服务水平"平衡发展、协调发展的内在机理,提出在新形势下构建高质量发展气象预报服务提供模式的启示意义,以此来指导我国高质量发展气象预报服务提供模式的转型发展。

(1)标准化质量管理贯穿气象预报服务提供模式的全过程

对基础保障、研发和成果转换、用户意见反馈与改进的质量管理是完整气象预报服务模式不可缺少的环节,即对"预报—服务—反馈—研发—改进—预报—服务"组成的完整的服务链都要实施有效的质量管理和标准实施上的有效衔接。NOAA型就是最好的例子。从综合实施效果和实施体制分析,NOAA型模式具有此优势,也是值得学习和借鉴的地方。以确定的"任务对齐、转型研发、研究与应用平衡、伙伴关系反馈、设施基础、卓越劳动力、科学诚信、严格问责制"八项原则为构建质量发展气象预报服务提供模式的基础,既重视强化成果研发与应用转换,又重视用户的反馈与需求的倒逼改进,体现内外兼修,以标准化质量管理机制强化项目的实施与改进效果,有质效地提高气象预报能力与服务水平的一致平衡及协调发展,以此确立高质量发展气象预报服务提供模式的核心发展理念,图3-3呈现了基于科技发展融合标准化体系实施的质量型气象预报服务模式的概念架构。

(2)质优化发展核心技术系统提升气象预报服务供给能力

核心技术是高质量发展的基石,只有构建在核心技术上的发展才是稳定的、可靠的、持续的,气象发展也是如此。ECMWF型发展模式由于其数值天气预报模式的先进性,在科技发展支撑力侧具有显著优势,同时也协同支撑发展了气象监测、数据存储、数据分析、数值预报、数值服务、智能服务、服务反馈、评估改进的服务全过程,这在很大程度上与标准化质量管理贯穿气象预报服务过程全链条的科学发展理念完全相契合(吴越 等,2014)。构建高质量发展我国气象预报服务提供新模式,重点不是在"给"端过度投入"给"什么、怎样"给",而是集中在"供"端下进行更多攻关,更多地在"供"什么、怎么"供"上集中力量发展我国气象核心技术,特别是数值天气预报的核心技术和信息系统的关键技术,提升我国自主研发的数值预报能力和智慧气象信息应用水平才是当务之急和长远之策。

(3)科学统筹与平衡发展气象预报能力与气象服务水平

ECMWF作为协同发展型,其数值天气预报时效 10 年内发展到提前了 2 天,这已是一个很大进步,同时也揭示出一个事实,那就是数值预报模式的每一小步改进都是在"预报""服务""管理""研发""转换"侧进行大量的基础性投入后方可取得的。这种进步也会带来系列相关业务革新,科学统筹与平衡发展气象预报能力与气象服务水平也就成为高质量发展需着手解决的重点问题。要使气象数值预报能力稳定增强,其模式的本身研发与持续改进、信息化程度、研发与成果转换、服务提供的智能化、信息化管理等成本也均会显著增高,有些需求还是呈指数增长,如数据存储、

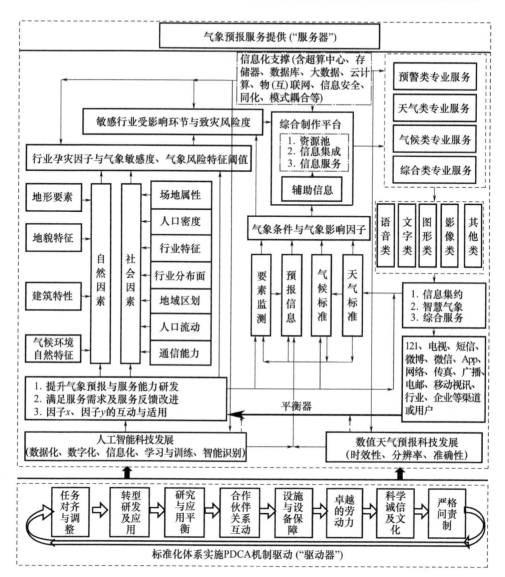

图 3-3 科技发展融合标准化体系实施的质量型气象预报服务模式的概念架构

计算能力、网络通信、服务管理与反馈改进等。因此,需要让信息化支撑因子(Φ)始终走在前面,因其支撑的数据与信息涵盖的"预报""服务""管理""研发""转换"五侧都呈指数级增长。因此,信息化支撑能力建设应按照其涵盖领域的指数级增长数的总和需求来规划和匡算投入支撑。

(4)科学文化协同保障气象预报服务模式的可持续发展

统筹发展、协同发展、互动发展在科技领域体现更多的就是一种科学文化建设,这在其各自发展机理的共性上也有表现：NOAA、ECMWF 发展模式的共同优势是将科学文化建设融入到了高质量发展气象预报服务提供模式全链条实施的过程中，也就是科学文化的标准化实施在"预报—服务—反馈—研发—改进—预报—服务"整个"闭合"的预报服务实施链中能得到充分发挥。这在发展机理上使高质量发展气象预报服务提供模式的构建在两个核心领域有效避免容易掉链子的情景：一个是在数值天气预报模式研发及业务应用领域；另一个是在专业服务产品的融合研发和智能提供应用领域。从气象事业发展的全局来分析，科学文化协同保障气象预报服务模式的可持续发展会起到事半功倍的效果，信息化程度越高越是会如此（傅长吉等，2016）。

（5）对基层气象部门高质量发展气象预报服务提供模式的启示

我国省（市、区）基层气象部门气象预报服务提供模式在统筹发展、协调发展和互动发展方面存在数值天气预报释用能力参差不齐、智慧气象服务信息化水平不一、产品数据共享程度差别明显的发展瓶颈。因此，省（市、区）作为基层气象部门，提供的预报服务模式更需要从本地预报服务业务体系运作流程、上下级信息共享机制、预报产品生成与服务信息推送的标准衔接、智能网格预报研发与应用等方面统筹处理好预报产品供给与服务提供的平衡发展，减少"小、低、散"气象预报服务业务系统的投入。此外，基层气象部门预报服务的业务核心是在提高数值天气预报产品的释用能力、加强对模式的检验和评估、提高智能网格预报的精细化水平、提高上级指导预报产品的本地化预报服务应用能力方面，重点是发展和应用好智能网格预报业务产品，该业务的水平直接决定和影响着本地智慧气象服务的供给水平。以此发展理念来平衡好气象预报与气象服务业务之间的平衡发展关系，做到气象预报服务业务的统筹发展、创新发展、协调发展、互动发展、绿色发展、高质量发展。

二、气象服务标准

（一）国家级气象服务标准化试点项目的实践与启示

在梳理国家级气象服务标准化试点工作的基础上，结合现有气象服务高质量发展需求，通过全面介绍项目背景、项目实施、气象服务标准体系建设等重点内容，系统性总结试点实践经验及凝练启示，旨为气象部门有效推进气象行业服务标准化工作提供相关借鉴经验。同时，不断深入开展气象服务标准化工作，并以此为抓手，也是当前气象现代化建设时期科学转型和发展气象服务业务、协同推进气象业务技术体制改革、积极探索气象服务可持续发展机制、持续推进气象服务高质量发展需要进行的大胆创新方法和有效措施，更希望这些实践经验与启示能对开展上述工作具有一定指导价值和借鉴意义（王世川 等，2009；张明兰 等，2009；姜景玲 等，2010）。

1. 项目介绍

（1）项目背景

2009年12月2日,深圳市气象局正式发函市市场监督管理局《关于申报国家城市气象服务标准化试点示范项目的函》(深气函〔2009〕〔151〕号),向国家标准化管理委员会提出气象服务标准化试点项目申请。2010年8月19日,国家标准化管理委员会《关于增补国家级服务业标准化试点项目的通知》(国标委服务〔2010〕57号)文件正式批复将原深圳市气象服务中心作为广东省深圳市气象服务标准化试点项目承担单位,深圳市气象局为项目担保单位。项目按照国家《服务业组织标准化工作指南》《服务业标准化试点实施细则》《服务标准化试点评估准则(试行)》等工作要求,结合深圳特点,采用学研结合、全面发动、行业互动、社会参与的工作思路,围绕试点总目标,完成了调研及组织推动与宣传发动、气象服务标准体系研编、气象服务标准化实施、标准化服务用户的选点与培育、服务质量评估和提升及构建行业服务品牌、气象服务标准编制、构建气象服务标准化信息平台、气象服务标准化培训与人才建设八项建设任务。

（2）项目目的

一是建立规范化的气象业务、服务工作流程,加强气象服务产品的质量控制与气象服务产品的应用质量,从而提升服务能力和水平;

二是规范气象服务提供和服务使用,增强服务沟通和持续改进,引导用户更好地使用气象服务,提升服务的有效性,从而减低气象灾害的损失;

三是与深圳市气象局"大城市精细化气象预报服务体系"相对接,使精细化预报服务产品能够实现标准化,以便于提供、延伸和使用;

四是探索更加有效的气象服务模式,树立气象服务品牌,打造高质量的"深圳气象"服务品牌。

2. 项目实施

（1）组织与任务管理

① 领导小组和工作机制

一是成立由深圳市气象局领导和各职能处领导组成的试点工作领导小组,并成立专门项目工作组,对各项任务细化、分工落实、项目实施、计划推进等。

二是先后由深圳市气象局领导主持召开6次专门的领导小组工作会议来推进各项工作。工作组先后组织11次项目工作会议来推进、落实各项工作;组织10次专门的标准化调研,深入用户和企业,深圳市气象局一把手亲自带队2次。

三是中国气象局高度重视,职能司组织人员专门来深圳地区调研项目进展并形成调研报告上报中国气象局领导。中国气象局相关职能司牵头组织、各业务部门领导、专家参加了项目及体系论证咨询会。

四是试点单位于 2011 年 4 月召开了试点启动会,于 2012 年 1 月和 4 月分别在北京、深圳召开了"深圳市气象服务试点项目专家咨询及标准体系论证会"和"深圳市国家级气象服务标准化试点项目中期评估专家咨询会"。通过两次会议对体系建设及试点建设的主要内容、工作重点进一步进行了明晰和深化,工作更有成效。

② 责任落实措施

一是落实责任制。细化各部门、各负责人员工作职责,分阶段发布工作计划和定期检查任务落实完成情况。

二是全面组织发动。广泛发动,积极宣传,提高全社会标准化的气象服务和气象防灾减灾意识,全面推进项目各项工作的顺利实施。

三是完善标准化管理。建立单位标准化管理办法,有效推动气象服务标准化试点工作的标准实施与持续改进。

(2)体系建设

① 体系策划

一是以中国气象局气象标准体系为基础,科学建立气象服务标准体系为目标。选择深圳市气象服务相关的应制订和实施的标准,按其内在联系形成科学有机整体,成为深圳市气象服务领域编制和修订相关标准规划和计划的依据。

二是通过研编气象服务标准体系,为深圳市气象服务事业提供系统的标准化支撑,成为促进气象服务科学、标准化发展的重要保障。

三是跟踪气象服务相关领域标准发展的最新动态,体现国内外气象服务标准化最新水平,在研编过程中遵循系统性、前瞻性、先进性、适用性原则。

四是体系主要定位于整个气象服务提供,强调气象服务的特殊性,将气象服务提供和互动改进共同纳入体系的考虑范围,从而促进服务的不断改进。

② 体系构建

一是按照深圳市气象服务标准体系建设的目标及我国气象服务标准的编制现状展开。体系构建重点参考了《服务业组织标准化工作指南 第 2 部分:标准体系》(GB/T 24421.2—2009)建设要求,按照气象服务自身规律和流程进行分类和统筹构建,突出气象服务特点,形成普适性的气象服务标准体系。

二是体系充分体现了以客户为导向的气象服务模式,涵盖监测、预报、产品制作、网络传输、信息发送、服务接收、服务反馈、服务改进、服务质量保障等环节所形成的服务闭合链。由于服务提供和改进是标准化的薄弱环节,体系重点突出气象服务规范性提供、气象服务质量控制与改进等方面。通过建立以客户需求为导向的标准化、普适化的气象服务模式,按照"需求识别、标准化服务、沟通反馈、持续改进"四个步骤的不断循环,使得气象服务质量得到不断提升,为用户提供所期望的气象服务,从而达到气象服务的目的,实现双方的共赢。

③ 体系框架

总体分析,对应气象服务过程,体系框架分为三大方面:服务通用基础标准、服务保障标准体系、服务提供标准体系。具体架构见下图3-4示。

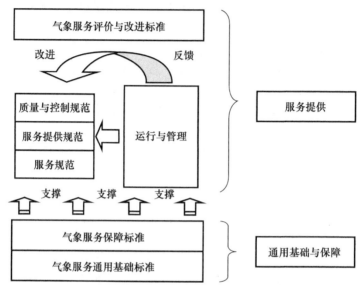

图 3-4　气象服务标准体系框架图

(3)文件转换与标准编制

① 文件转换

对各类气象标准按照技术标准、服务标准、国家和行业及地方标准、产品标准等进行整理,对现有气象服务流程进行了分类梳理。通过对应用标准、服务流程的梳理,把握各类气象标准在服务过程中的标准化现状和主要缺陷,找准工作重点、难点,为气象服务标准体系建设、试点互动平台搭建,顺利开展试点项目工作奠定良好基础。按照体系建设要求,整理内部执行规范、制度、方案(企业执行标准)近100项。

② 编制标准

在梳理现有气象服务流程基础上,结合试点参与示范单位服务需求,针对气象预报、监测、信息、气象防灾减灾、气候应用、气象实况预警、气象服务质量管理、服务评价与改进等服务环节,以在地铁运营、公路交通、生态旅游、港口物流等行业气象服务提供为突破口,积极开展气象服务企业标准的编制和开展国家、地方、行业标准的申请与编制。

深圳市气象服务标准体系统计表见表3-8(统计截止时间为2015年1月)。

表3-8 深圳市气象服务标准体系统计表

序号	项目	国家标准				行业标准				地方标准				企业标准			合计/个
		总数/个	强制/个	推荐/个	计划/个	总数/个	强制/个	推荐/个	计划/个	总数/个	强制/个	推荐/个	计划/个	总数/个	已有/个	待制定/个	
1	服务通用基础标准体系	59	11	42	6	17	0	9	8	0	0	0	0	0	0	0	76
101	标准化导则	27	0	27	0	0	0	0	0	0	0	0	0	0	0	0	27
102	通用术语和定义	19	0	13	6	14	0	9	5	0	0	0	0	0	0	0	33
103	符号、标志	2	0	2	0	3	0	0	3	0	0	0	0	0	0	0	5
104	量和单位	11	11	0	0	0	0	0	0	0	0	0	0	0	0	0	11
2	服务保障标准体系	0	0	0	0	2	0	1	1	0	0	0	0	15	15	0	17
201	信息与数据	0	0	0	0	1	0	0	1	0	0	0	0	4	4	0	5
202	岗位与资质	0	0	0	0	1	0	1	0	0	0	0	0	4	4	0	5
203	物资管理	0	0	0	0	0	0	0	0	0	0	0	0	5	5	0	5
204	财务与合同管理	0	0	0	0	0	0	0	0	0	0	0	0	2	2	0	2
3	服务产品标准体系	4	0	4	0	3	0	2	1	0	0	0	0	5	5	0	12
301	天气实况	0	0	0	0	0	0	0	0	0	0	0	0	1	1	0	1
302	预警预报	2	0	2	0	3	0	2	1	0	0	0	0	2	2	0	7
303	气候服务	2	0	2	0	0	0	0	0	0	0	0	0	2	2	0	4
4	服务提供标准体系	5	3	2	0	23	0	17	6	2	0	2	0	61	58	3	91
401	决策服务提供与使用	0	0	0	0	0	0	0	0	0	0	0	0	3	3	0	3
402	公众服务提供与使用	1	0	1	0	2	0	2	0	0	0	0	0	21	20	1	24
403	专业专项服务提供与使用	1	0	1	0	8	0	3	5	0	0	0	0	7	6	1	16

（4）推进措施

① 选点用户参与

遴选了 7 家单位分别代表决策部门、旅游、码头、地铁运营、施工安全管理、保险、危化行业作为试点用户参与示范单位，签署协议书和举行授牌仪式，建立试点示范单位参与机制。主要目的是对试点行业服务模式进行标准化梳理和提升，建立跟踪评估模型，形成定期评估反馈的持续改进机制。建立了"试点示范标牌、流程规范标示、系统专业服务、服务有效对接"的行业气象服务示范模式，与企业单位气象灾害防御应急预案实施对接，或者协助企业做好相关气象灾害防御应急预案。

② 查漏补缺

对各类气象标准按照技术标准、服务标准、国家和行业及地方标准、产品标准等进行了整理，对现有气象服务流程进行了分类梳理，把握各类气象标准在服务过程中的标准化现状并发现不足，为气象服务标准化在专业、影视、公众信息、防雷等服务提供领域的深入应用找准工作切入点。

③ 构建服务品牌

以客户需求为导向，积极与用户互动，打造行业品牌，不断创新气象服务模式，挖掘标准化服务效益，充分体现用户参与试点的核心价值并主动响应，建立可复制的行业气象服务模式。

④ 着力培训与宣贯

试点工作面广量大，培训和宣贯既是试点工作的必须内容，又是服务标准化的重要手段。分阶段、分期、分批次、分对象从内到外、由浅入深开展标准和标准化基础知识、服务标准化试点工作培训，有"事半功倍"的效果。

⑤ 制定标准化管理办法

试点工作的一个重要目标就是实施和不断完善对本单位的标准化工作管理，标准实施与持续改进也离不开标准化工作管理。

⑥ 开展气象服务满意度和使用效果调查

采用第三方跟进气象服务满意和使用效果调查，跟踪典型服务案例和服务过程，对气象服务满意度和使用效果的调查结果建立倒逼改进服务质量和服务效果的要求和改进方法，形成服务互动与服务质量提升机制。

3. 几点重要经验启示

（1）气象服务标准化是提高气象服务工作质量和能力水平的有效途径

通过梳理内部业务工作流程，细化了各岗位的工作职责和要求，增强了气象服务的系统化、规范化、统一化的组织和实施，强化了内部管理并建立规范、协调、高效的运作机制确保气象服务的系统性、规划性、协调性。

（2）气象服务标准化是提高气象服务有效性、协同性的科学手段

通过预警信息提供的标准统一，建立了"一体化"的用户预警信息服务平台，不但保证了专业预警信息的同步，而且大大减少了人力成本和出错率；气象服务建立服务回访和灾害性天气过程的服务互动机制等措施，很大程度上弥补了由于预报的偏差引起的服务不到位情况，服务质量和效果、有效性大大提高；精细化预报产品向精细化服务产品的转换效率和服务质量也大大提高。

（3）气象服务标准化为构建行业气象服务品牌提供了有利、有益条件

积极引导试点参与示范单位建立有效预案制度，服务使用和服务提供有效对接，服务效果和质量显著提升，构建服务品牌基础夯实。譬如，盐田国际集装箱码头每年需修改完善台风、暴雨、大雾、高温、大风等气象灾害内部防御预案，并建立与气象服务提供流程对接的沟通机制和响应机制，明显提升了防御气象灾害的主动性，防御过渡和防御不到位的情况比往年明显减少，成为行业气象服务防灾减灾中的优秀典范单位。

（4）气象服务标准化为创新各类气象服务模式奠定了发展基础

以轨道交通、生态旅游、危化场所等的服务为例，从短时临近、专项预警的产品内容、形式、效果评价、质量管理与服务改进等环节上予以标准化，形成专业专项预警气象服务标准体系，为同质化的专业专项服务的拓展提供了可复制、可借鉴标准化服务模式。针对如何提高行业气象服务质量、提升服务效率和满足消费者需求等方面，创建"内外同管、质量同控"的行业气象服务标准化评价体系和管理新模式，使行业气象服务的质量和效果有一个良性循环的监督机制。

（5）气象服务标准化是突破气象服务发展瓶颈的有力、有效措施

气象服务需求无限，形式和内容千差万别，服务过程的不确定风险因素和责任因素显著增加的服务形势与有限的气象服务供给水平和能力之间的矛盾日益突出，气象标准为数不多，气象服务标准更少，气象服务效益难以得到最佳秩序的体现和发挥。而标准建设是件非常靠近法规且易实施的一项综合性工作。通过标准建设，气象服务在顶层设计上有标准体系为基础，在服务内容上有标准为依据，在服务过程中有标准为规范，服务提供均有标准可依、有规范可循，气象服务质量保证、规避风险就有基础和保障，是气象服务融入社会、融入经济发展的重要纽带和桥梁。

（6）气象服务标准化也是培养气象服务复合型人才的重要渠道

标准化试点涉及面广，工作量大，试点工作要求迫使必须做出前瞻性思考和创新性探索，以及综合性素质的培养和提高，否则工作很难有实质性突破，标准化强调的质量和效果是事物发展追求的最终目标，也是气象服务取得最佳发展的有力措施，因此，必然也是培养复合型人才和集聚成果的一条重要渠道。通过试点，标准和标准化知识在全中心得到了普及和宣贯，全员素质普遍提升；由中心主持或参与编写的国家、行业、地方标准越来越多，在气象服务过程中发挥越来越突出的作用。试

点项目纳入了国际 ISO 组织的标准非经济效益评估试点(深圳子项目),评估结果获该组织官员的高度好评。

(二)标准化在气象服务可持续发展中的效用探讨

通过分析当前气象服务发展瓶颈及瓶颈原因,发现其与标准化缺乏有关,标准化在气象服务发展中所表现的"基础性、规划性、统一性、协调性、创新性"的基本效用能直接消除瓶颈形成机理,破除瓶颈,得出标准化在气象服务可持续发展中具有其他发展方式不可替代的效用,且这种效用是长效的,二者互为良性循环支撑。对开展气象服务标准化试点、实施气象业务体系改革和建立现代化、标准化、信息化的气象服务体系具有较强指导意义(孙石阳 等,2013,2015)。

1. 问题的提出

分析当前气象服务发展瓶颈及原因,保障气象服务可持续发展是当前气象服务工作亟待解决的一个重要课题(汤绪,2014)。标准化是为了在一定范围内获得最佳秩序,对现实问题或潜在问题制定共同使用和重复使用的条款的活动,具有规划性、统一性、协调性、优化性的特征。因此,探讨标准化在消除气象服务发展中的瓶颈因素、科学认识和发挥标准化在气象服务可持续发展中的效用可能是解决问题的关键所在,对研究保障气象服务可持续发展具有可行性和科学意义。

2. 气象服务发展瓶颈及原因分析

(1)主要瓶颈及其制约

① 数据瓶颈制约了气象服务向高端需求发展

气象数据管理体系并未形成,数据资源应用远落后数据存储,形成海量存储、低效处理的气象数据应用瓶颈。瓶颈导致的结果是一方面造成数据资源的严重浪费;另一方面制约了各类气象数据的综合利用,特别是不能有效构建气候、气象资源评估类的数据专项应用平台,提供科技含量高、技术性强的产品能力欠缺。

② 系统瓶颈制约了气象服务向高效高质发展

系统顶层缺乏规划,必将导致各业务系统横向分离、纵向基础薄弱的局面。一方面,气象预报系统与气象服务系统未进行集约统筹的标准化设计,气象预报预警信息不能与服务信息有效融合,气象服务系统缺乏将网站、手机、客户端、"12121"等各传播手段来统筹设计,系统的扩展性和伸缩性比较差,服务能力、效率严重受制约。另一方面,由数据瓶颈直接导致系统瓶颈,服务能力强的系统难以构建,服务缺乏软实力。

③ 信息瓶颈制约了气象服务向社会化发展

目前,气象数据与用户信息融合应用刚起步发展,由于缺乏信息的标准化对接和数据应用标准的统一,各类气象服务信息与用户及需求信息的有机融合能力不强,气象信息的加工、集成不能与用户需求、风险及地理特征、行业指标等信息在时空上进行有效匹配,阻隔了用户对气象信息服务的"切身体验",在使用效果上大打折扣,社会化发展阻力很大。

④ 管理瓶颈制约了技术支撑服务的快速发展

专业技术随社会进步而快速发展,一项新的专业技术从产生到转换成服务需要一个过程,传统的管理模式以经验管理为主,多属行业内或行政体制内自内而外或自上而下的行政干预模式,其管理对象比较单一,在信息、技术、应用发展快速的现代社会,这种"准静态"管理模式已跟不上日益增强的服务需求,往往会出现技术已成熟,服务却跟不上的情况,满足不了现代化气象服务管理需求。

⑤ 机制瓶颈制约了气象服务的协同发展

发展气象服务,不可回避的一个矛盾是公益服务和专业服务的"市场竞争"问题。该问题的实质是公益服务和专业服务如何协同发展、互为补充的问题:当一项专业服务成为一个行业、社会领域普遍认可并接受的服务时,专业服务可发展成为一种公益服务;当公益服务发展缓慢时,专业服务就是一种弥补公益服务的最佳方式。但目前公益气象服务和专业气象服务的运行体制和机制是有很大区别的,这种情况在新的发展形势下制约了二者协同发展,其障碍和弊端也越来越明显。

(2)形成瓶颈原因分析

① 缺乏标准化的数据管理体系造成数据瓶颈

以往气象监测、预报、服务信息均以信息存储为主,在管理上也以存储、数据审核为重点内容。随着大数据时代的到来,数据更强调的是一种资源提供、管理、使用的概念(迈尔-舍恩伯格 等,2014)。包括基础、中间、分析、应用、控制、管理等各类数据的综合管理和应用,是一种基于数据海量、管理统一、格式规范的面向智慧应用、科学应用的巨型资源信息库,必须基于标准化的数据管理体系才能实现。

② 缺乏标准化的顶层设计造成系统瓶颈

因缺乏气象服务标准体系,对气象服务保障、运行管理、平台建设、信息提供、评价与改进等服务环节的实施主要体现在对单个服务的结果上。如果仅从某一服务事项的结果看,其服务效果也许不错;但从整体、全局来看,服务效果却是很有问题的(赵祖明,2013)。如在系统运行和服务出口上,其自身功能是非常不错的,但从全局分析,系统在产品提供上并未能统筹考虑各渠道的"一体化"应用,产品并不能快速服务出去,气象服务效果势必会严重受到影响。

③ 缺乏标准化的信息使用造成信息瓶颈

由于信息标准不统一,气象服务平台不能便捷使用气象预报、预警等基础信息,气象服务在内部就存在信息融合难的问题;此外,行业、用户需求信息具有鲜明的时空属性,由于标准不统一,气象信息难以和用户需求、灾害风险特征等信息进行有效匹配,专业产品的设计及加工不能融合用户需求、风险特征、时空特征、行业指标等信息,与外部信息融合的难度更大。

④ 缺乏标准化的服务管理体系造成管理瓶颈

自内而外或自上而下的管理方式,其最主要的特征是服务的单向性,是呈"监测—预报—服务"的线型管理,管理体系缺乏系统性,外部评价和改进机制欠缺,对外部的使用和反应不能有效输入到整个管理过程中,发展也就缺乏原动力,运行效果几乎呈"准静态"。

⑤ 缺乏气象服务标准造成气象服务机制瓶颈

当前气象服务机制瓶颈除政策、法律法规因素外,另一个因素就是气象服务标准的缺乏,造成公益服务和专业服务在服务的覆盖面、信息内容、质量及要求上缺乏相应的界定标准。公益气象服务的提供以面向大众一般性需求为主,专业气象服务的提供在质量和效果上比一般性要求会更高。无论哪种形式的服务,总会被服务对象用"挑剔"的眼光来审视整个服务,而目前检验和评价服务的标准本身就比较缺乏。

3. 标准化在气象服务可持续发展中的效用探讨

(1)标准化的基本效用

① 基础性作用奠定服务可持续发展基础

在新形势下,气象服务面临更大挑战,必然要求气象在数据采集和处理、信息流转、技术研发、运行管理、服务提供和使用等各个环节予以标准化,在这里就是要求最佳秩序地利用现有基础和条件更加高效地开展各类同质化的气象服务,也就是必须是建立在气象服务现有基础上和现有问题上的标准化发展。

② 规划性作用突破数据瓶颈和系统瓶颈

服务标准化的一个重要内容就是服务业组织必须建立一套行之有效的服务标准体系。服务标准体系具有"规划性、统一性、协同性"的特征,气象服务标准体系对气象服务业务的数据支撑、系统运行、服务提供同样具有"规划性、统一性、协同性"的特性要求,能从规划角度、综合作用于数据瓶颈和系统瓶颈形成机理,从而保证整个业务体系运行不会出原则、方向问题。

③ 统一性作用突破信息瓶颈和管理瓶颈

法律法规可以约束违法、违规行为,但制定周期和执行有其相关条件,且不能事事以法律法规来规定服务所有行为。而制定标准却是件容易实现且较易实施的一项技术性工作。通过标准制定和标准化实施,气象服务在顶层设计上有体系作为基础,气象服务信息的形式、内容、质量、责任界定均有标准可依、有规范可循,规避气象信息服务的内部、外部风险也就多了许多制度保障。

④ 协调性作用突破服务机制瓶颈

"PDCA 循环"机制是标准化的一项重要建设内容。建立基于"PDCA 循环"的

"服务↔监测（预报）↔服务"的平台型管理模式,在管理机制上能整合各种资源,促使内部各项业务、服务提供统一、协调发展,在效果上能形成服务提供和服务使用的互动,促使整个服务能与服务需求有机、协调发展;在服务的规范性上能形成内、外协调与统一的服务标准,预报的不准确所需的服务弥补也是一项重要的气象服务协调内容。

⑤ 创新性作用为发展不断注入新动力

标准化能正确反映服务的本质及效果,标准化"服务倒逼、持续改进"的属性决定了标准化的创新性。这种创新是塑造气象服务品牌元素,增强服务影响力和提供永不停息的发展新动力。创新除体现在气象信息的准确、及时和有效性上外,还体现在气象服务的品牌建设和影响力上,包括气象服务的知名度、美誉度、独特性、相关性、彰显性等(徐雷,2011)。

(2) 标准化的可持续支撑效用

① 标准化支撑气象服务可持续发展的效用

以上分析表明,当前阻碍气象服务发展的五大瓶颈及瓶颈形成机理均与标准化的缺乏直接相关,而一方面标准化的基本效用具备从根本上突破这些瓶颈及消除这些瓶颈因素的能力,即分别从通过数据、系统（平台）、信息、管理、创新 5 个方面的标准化建设来突破当前五大发展瓶颈及消除其形成机理,继而支撑整个气象服务的可持续发展;另一方面,气象服务可持续发展的"物质要素、规划要素、统一要素、协同要素、优化要素"的基本发展要求正是标准化突破气象服务可持续发展瓶颈的效用发挥的全面体现。

② 标准化与气象服务可持续发展的良性互撑效用

从图 3-5 分析驱动机理,可得出:

一是标准化以其基本效用为气象服务的可持续发展奠定了基础,是突破当前瓶颈、驱动气象服务向前发展的原动力;

二是阻碍当前气象服务发展的数据应用、平台构建、信息融合、运行管理、服务机制等瓶颈均可通过标准化手段来进行突破,而且通过标准化来消除这些瓶颈的形成机理也是根本性的,作用是长效的;

三是标准化驱动气象服务的可持续发展效用是一个互相促进、有机循环过程,标准化的实施越好,气象服务的可持续发展效用就会越顺利、越有效;同样,气象服务可持续发展的经验、成果反过来也可以指导、丰富、发展气象服务的标准化。

从图 3-5 分析驱动方式,可得出:

一是气象服务标准化能构建有效的气象服务标准体系,气象服务标准体系是支撑和保障气象服务可持续发展的效用发挥基础,换句话说,可持续发展的气象服务体系一定是以标准化的气象服务体系为基础的;

二是气象服务的可持续发展成果反过来也可以指导、丰富、发展气象服务标准体系和气象服务标准化,这与分析驱动机理得出的效果是一致的。

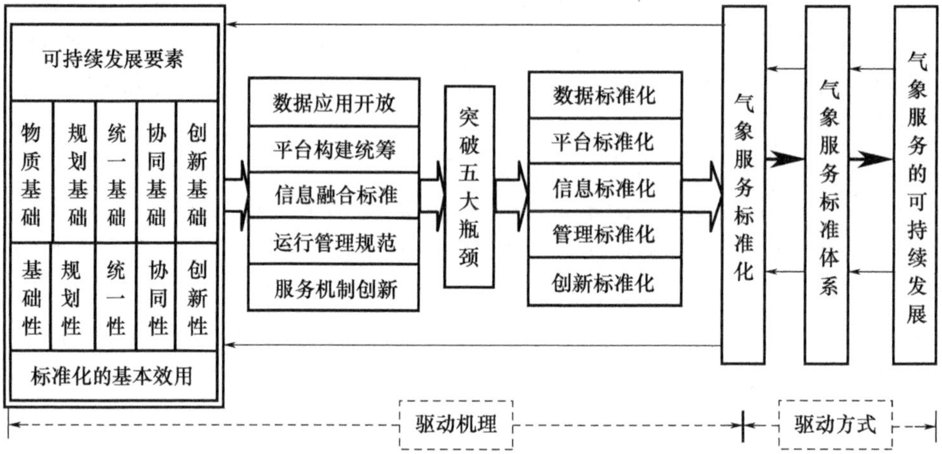

图 3-5　标准化对气象服务可持续发展的效用驱动链示意图

4. 建议

通过以上探讨,结合当前气象部门开展的气象服务标准化试点、实施气象业务体系改革和建立现代化的气象服务体系等工作要求,提出以下建议。

一是当前亟待开展气象服务标准化建设工作,其促进气象服务可持续发展的效用优势已不可替代。标准化对突破气象服务可持续发展瓶颈的效用具有其他措施或手段不可替代的优势,其"基础性、规划性、统一性、协调性、创新性"的基本效用是破解当前气象服务发展瓶颈的形成机理、突破气象服务发展瓶颈、保障气象服务可持续发展的重要条件。

二是标准化是可持续发展气象服务的重要工作抓手,其工作重点是建设气象服务标准体系。标准化与气象服务可持续发展的良性互撑效用表明:气象服务标准体系建设是气象服务标准化支撑气象服务可持续发展的效用发挥的关键环节,气象服务标准体系的运行既是气象服务标准化驱动和发展气象服务的主要方式,又是气象服务可持续发展的目标体现和依赖基础。

总之,影响气象服务可持续发展的因素比较复杂,瓶颈因素因时、因地也有差异。本书仅从分析和突破当前气象服务发展瓶颈的角度,对如何更好地发挥好标准化在气象服务可持续发展中的效用做出一些探讨并提出建议,旨在抛砖引玉,为当前气象部门开展气象服务标准化试点、实施气象业务体系改革和建立现代化的气象服务体系提供相关理论研究参考,引导气象服务更加健康、有序、快速地发展。

（三）标准化是突破特区气象服务发展瓶颈的有力措施

深圳市社会经济迅猛发展,对低碳、生态、宜居环境的发展追求日益提升,对城市气象服务提出了更多、更深层次服务需求,服务要求更高、更精、更专。然而,服务能力的提升速度与服务需求的增长之间存在差距,服务能力和水平成为制约特区气象服务发展的主要瓶颈。2011年是深圳的"大运"之年,"质量"之年,首个国家级气象服务标准化试点示范单位落户深圳特区,其意义更加重大,内涵更加丰富。深圳气象立足特区服务需求,转变观念、突破现有模式、先行先试,以标准化为主要措施,创新服务机制、完善服务平台、创建服务品牌,改进服务模式,有效提升服务能力和水平,突破发展瓶颈,使特区公共气象服务真正走向社会化、科学化(孙石阳,2011)。主要有以下几个方面的措施。

1. 标准化厘清服务重点和工作目标,增强工作的实效性

关系城市安全、城市运行保障、市民百姓福祉的气象服务是工作重点,其中面向环境、水文、交通、能源、旅游、卫生等行业的专业气象服务,以及重大活动和重大工程等的专项气象服务和突发公共事件应急气象服务等是公共气象服务中的服务难点和发展重点。围绕以上工作重点,明确试点工作总目标,就是通过城市气象服务试点项目建设,构建以城市气象服务标准化体系、气象服务标准化实施体系、气象服务标准化评价体系为支撑的气象服务标准化工作新平台,规范气象服务过程和服务产品,普及气象防灾减灾知识,营造高质量、高水平的城市气象服务环境,推动气象服务标准化建设,扩大服务覆盖面,提高服务质量和服务效益,为深圳市气象服务和气象防灾减灾工作的有序、健康、协调发展提供有力支撑,不断提高深圳气象质量。归根结底,就是要利用服务标准化的工作要求来进一步明晰服务重点,准确定位服务工作目标,以增强工作的实效性。通过标准化管理和指导,其他工作可由市场或社会中介承担的服务准入社会力量来完成,以缓解社会、公众对气象服务的需求与现有气象服务能力和水平之间的矛盾,实现规范化的有所为和有所不为。

2. 标准化完善气象服务过程,提高服务的有效性

按照决策、专项保障、公众信息、专业和防雷五项服务分类,对整个气象服务过程,包括产品制作、产品格式、信息传输、服务方式、服务使用、服务反馈与评价等环节进行梳理,形成规范化的服务提供和使用模式。一是对服务产品相关标准、服务提供过程的相关标准、服务使用相关标准(或指标)及其应对管理体系进行归整,实现服务提供和使用方的标准化衔接。二是对照气象服务过程中的流程和内容,分析其对气象标准(包括气象规范、地标、行标、国标和其他行业涉及气象的各类标准)的采用情况,制定和完善气象服务过程中缺失的规范和标准,使标准化率达到80%以上。三是通过与试点使用单位开展气象服务标准的实施与评价,建立对生产标准、使用标准的实施和评价工作机制,使气象服务的效率和减灾效益显著提高,整体提高服务的有效性。通过标准化实施,使气象信息发布及时率达98%以上,气象服务信息覆盖率达到95%以上,气象服务公众满意度达到90%以上,辖区内标准化的气象灾害防御与应急预案、措施的有效反应率超过95%。

3. 标准化选点与培育服务对象,构建行业气象服务品牌

此次试点共选取了深圳有行业代表性的7家单位,分别代表了城市应急管理、港口与码头、建筑施工安全管理、金融保险、地铁运行管理、危化场所、生态旅游在内的行业服务对象,签署了试点合约,建立了试点工作机制。积极引导合约单位建立有效预案制度,实施气象灾害防御管理体系;建立服务使用标准、运行管理制度、灾害防御管理体系、安全等级评价指标和持续改进措施等,监督并有效推行服务标准化实施;开展"标准提升气象服务质量行动"和实施防灾减灾标准管理体系、ISO2000质量体系和防雷安全标准体系;探索建立服务对象气象灾害安全等级评价指标体系;配合开展各项气象服务的满意度调查,建立服务意见与改进反馈机制等措施,双方融入有效的质量管理与控制元素,达到提升气象服务社会经济效益和企业形象的实效等。通过一系列气象服务标准化行动,力争使合约单位安全质量的标准贯彻实施率达到100%,构建行业气象服务品牌不是空话。

4. 标准化融入各服务业务,创新各类气象服务模式

(1)与国家大城市精细化预报服务试点业务相结合

以城市交通、旅游服务过程为例,从精细化预报能力、产品制作、服务方式及内容、流程及质量控制、防御应对、服务效果、质量改进机制上予以标准化,完善交通、旅游气象服务标准体系,创建精细化行业气象服务模式。

(2)与台风、暴雨、雷电预警及防御、防雷检测服务等业务相结合

以轨道交通、生态旅游、危化场所等服务为例,从短时临近、专项预警的产品内容、形式、效果评价、质量管理与服务改进等环节上予以标准化,完善专业专项预警气象服务标准体系,创建专业专项气象服务模式。

(3)与气象灾害预警信号业务相结合

基于公共服务使用、传播气象灾害预警信号等的需求,在信号的"预警""信息""资源""区域"等方面建立基于背景、属性、等级、表现形式下的规范性协议要求,形成气象灾害预警公共服务协议,创新气象灾害预警信号公共服务方式。

(4)与社区气象灾害防御管理业务相结合

引导小区实施气象防灾减灾标准管理体系、防雷安全标准体系,建立安全管理示范小区的气象灾害防御管理体系及安全等级评定指标,创新小区气象灾害防御与安全等级评定方式。与各类气象服务业务过程相结合,参照ISO质量管理体系,针对提高服务质量、提升服务效率和满足消费者需求等方面,创建气象服务标准化服

务评价体系和管理新模式。

向政府、社会、行业、市民提供标准化的气象服务是必然趋势,也是高质量做好深圳公共气象服务的必然要求。深圳气象以国家标准化试点为契机,进一步解放了思想,学习国际公共服务和世界气象组织先进经验,全力以赴,大胆改革,为创新发展公共气象服务做出积极贡献,为全国公共气象服务的社会化发展和可持续发展提供了深圳经验和发展借鉴。

(四) 气象服务标准化实施要点及改进建议

服务标准化是服务组织为在一定范围内获得最佳秩序,对现实问题或潜在问题制定共同使用和重复使用的条款的活动。服务标准化在气象行业已推进得越来越深入,自深圳 2010 年 8 月开设首个国家级服务标准化试点后,贵州、北京、山西、上海、内蒙古、辽宁、山东等地气象部门也相继开展公共服务与社会管理等相关标准化试点(杨新 等,2013;朱晓东,2012)。但受传统气象业务体系的惯性影响,气象行业在标准化进程中,对标准体系的搭建主要以业务体系为主,重点是气象标准体系。2016—2017 年中国气象局减灾司、法规司联合组织开展气象信息服务市场监管标准体系建设,相关标准的编制和发布弥补了气象信息服务对接市场并走向社会化、市场化的关键一环。无论是气象服务标准化工作试点还是常态的标准化工作实施,分析当前气象服务标准化实施中存在的主要问题,详细解析标准化两大实施要点,提出气象服务标准化实施的改进意见,对气象服务标准化的持续深入推进,标准化气象服务模式的复制推广,综合提高气象服务水平和气象服务效益均具有重要现实意义(孙石阳 等,2013)。

1. 当前气象服务标准化实施存在的主要问题

当前,气象服务标准化的实施主要存在以下两大问题。

一是如何完善气象服务标准体系并有效运行的问题。目前,国内气象服务标准呈逐渐增多趋势,如气象服务术语、气象灾害预警信息发布、气象信息服务市场监管等系列标准相继出台,气象服务标准体系不断完善和深入。但总体看,气象服务单位及从业人员的标准化意识亟待提升,气象服务标准的制订还远不能满足服务需求,当前气象标准体系基本较多的还是侧重于探测、预报、信息等领域的业务技术标准,涉及气象服务的标准较少,气象服务方面的国家标准就更少了。综合分析,以服务标准为架构基础的气象服务标准体系(主要是子体系及其文件)还不健全,体系的规划性、统一性、协调性离服务业组织标准化体系的建设要求、建设目标还有较大差距。

二是如何提升气象服务标准化实施的质效问题。影响气象服务标准化实施的质效主要有两方面。一方面是体系不健全。由于行业标准相对较多、地方与国家标准相对较少,综合推进服务标准的社会化能力相对有限;而社会化程度是服务质效与能力的一个重要指标体现,需要服务地方标准和国家标准,协同推进建设和共同发力才行。另一方面是 PDCA 循环机制不健全。从我国目前气象服务相关标准的实施效果和质效监管分析可以看出,国内气象服务相关标准的实施改进与倒逼机制与国外同类气象服务标准的实施与改进机制的差距也较大。比如:世界气象组织(WMO)逐步建立了一套质量管理框架(QMF),以便为各成员组织建立质量管理体系提供指导意见。框架要求对服务流程逐步做改进并接受舆论监督,从而有效地完成产品和服务质量的监管;美国通过发布不断改进的公共警报协议(CAP)(OASIS标准)这种简单而又通用的传播格式,使一致性预警信息通过预警系统同时传播,在简化预警任务的同时,预警效率显著提高。

这两大主要问题的出现,归因于没有充分把握好气象服务标准化的实施要点,对气象服务标准化实施的重点、难点及内涵并没有真正理解和掌握,也就很难达到预期效果。

2. 气象服务标准化的实施要点

(1)气象服务标准体系的实施要点

① 充分做好气象服务标准体系与气象标准体系的衔接、融合

气象服务标准化要在气象标准体系的总体框架下,对现有服务业务和管理制度进行标准化梳理和规范,必须做到来源于现有服务,反过来又要指导和规范、发展现有业务。方法是通过对现有各类气象标准按技术、服务、管理等进行归类整理,对现有气象服务流程进行分类梳理,把握好各类气象标准在服务过程中的应用范围、程度和作用,从而定位好各类相关标准在气象服务标准体系中的位置和作用,不断完善气象服务标准体系和驱动该体系有效运行才有规范化的源文件实施基础。

② 充分做好对气象服务标准体系运行的评价与改进工作

气象服务对象需求千差万别,气象预报信息本身还存在不确定性。所以,做好对体系有效运行的评价与改进工作就成为检验气象服务标准体系的规划性、统一性、协调性是否真正发挥效用的关键。为了夯实当前气象服务体系构建的最薄弱部分——服务评价与改进标准的制定,实施与用户的互动和参与,需建立并不断改进"需求识别、标准化服务、沟通反馈、持续改进"的循环以用户需求为导向的气象服务标准化模式(见图3-6),使气象服务于内实施"平台化"动车供给模式、于外实现"个性化"智慧供给模式的愿景才可得到最大限度的实现,各服务对象也可得到所期望

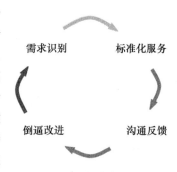

图 3-6 以用户需求为导向的
气象服务标准化模式

的服务,质效提升问题方可有效解决,实现双方的共赢(李上,2010)。

体系评价流程包括:成立评价组织和人员、建立评估方案和确定评价方法、对评价内容(体系文件、标准实施、实施效果)进行评价、评议数据和出具评价报告。体系评价内容包括:标准化工作基本要求、标准体系、标准实施与改进、绩效评估等几个方面。体系评价流程示意图如下(图3-7)。

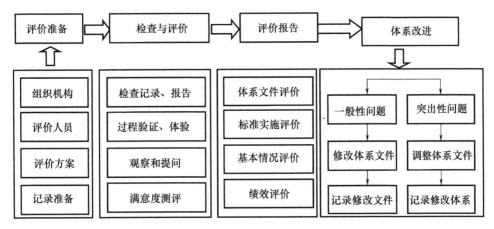

图 3-7 气象服务标准体系评价流程示意图

(2)气象服务标准文件的实施要点

① 不断完善和优化气象服务标准体系文件

气象服务标准体系由通用基础标准、服务保障标准、服务提供标准三个子体系组成。以深圳为例:目前(2015年统计),深圳气象服务标准体系共整理和采用执行的国家标准、行业和地方标准148个;通过修订、增加、转换企业标准89个;根据服务需求提出待制定行业、地方标准8个;新增通用基础标准2个、服务保障标准5个、服务提供标准9个。对这些体系文件,深圳市气象局每年都会严格按照标准化管理办法和标准体系运行实施意见进行有效管理、实施和完善,起到了事半功倍的运行效果。

② 有效组织开展对标准文件的实施评价

对标准文件实施评价是标准化实施的重点和难点。在实际操作中是将标准实施的完整性与抽查结合起来进行评价。首先,根据服务事项来梳理可能涉及的标准,检查相关文件;其次,通过查看样品、查阅原始记录等方式检查各环节是否依标准规定开展服务,以此进行评价并提出改进和处理意见。对一般性的问题可通过提醒、警告的方式来进行闭合,如遇到重要一点的问题要通过改进流程来进行闭合,违反规定出现责任事故的则根据相关规定处理。

③ 统筹设置服务提供中交叉流程和交叉服务的标准文件

气象服务不同于旅游景点、餐饮酒店服务,在服务内容上需要按"受众"的实际需求进行加工和提供,因此针对不同的服务对象所提供的"服务产品"是不同的气象信息。而这均以预报信息的准确性、有效性、针对性为前提,势必会产生服务提供中的一些交叉流程和交叉标准。为解决该矛盾,体系建设在服务提供上不能只停留于体系构建的结构性要求上,而是要根据服务的不同需求或产品的不同种类来梳理并构建服务规范、服务提供规范、服务质量控制等方面的标准文件,对这些标准文件依据业务实际运行情况进行合并、删减、集成之后,再根据标准文件的主要内容将文件合理补充到服务提供标准子体系中,统筹解决好交叉流程、交叉服务的标准文件设置问题,保障服务文件、服务内容的不重复、不交叉和互为弥补,整体实现体系结构和体系内容上的"闭合"。

在实际工作中,对体系的实施评价往往与标准文件的实施评价结合进行,部门检查报告和标准实施检查记录也是标准体系评价必须查看与检查的重要原始记录之一。在对标准文件实施评价的基础上,成立体系评价小组结合体系评价流程进行评价。

3. 气象服务标准化实施改进建议

(1)夯实气象服务标准体系运行机制

有效的标准体系运行机制是标准化实施的成败关键,所谓有效是指运行机制要与时俱进并发挥作用。根据实践经验,有效的体系运行机制应重点夯实以下内容。

① 有效的标准化工作领导机构和工作机构

领导机构是协调推动和组织建立标准化管理长效机制的组织条件。工作机构是按照标准化工作要求,配备标准化管理人员,明确标准化工作任务和内容,系统开展标准化工作的工作条件。应明确相关机构及人员的标准化管理职能和职责,才能积极有效地开展标准化工作。

② 常态化的标准化培训和标准宣贯工作机制

标准化工作需全体动员、全员参与,要营造一种良好的标准化工作氛围和自觉按照标准化运行和操作的工作理念,培训和宣贯必须贯穿标准化工作的始终,真正达到"人人学标准、人人讲标准、人人用标准"的培训和宣贯效果。

③ 高效运作的标准化管理机制

要构建"日常工作标准化、标准化工作常态化"的服务理念和工作氛围。标准化工作与实际日常管理工作并不矛盾,更不是"两张皮",只有做到二者的有机结合,才能相互支撑和发展。

(2)充分体现气象服务标准体系的开放性

气象服务标准体系要体现以用户需求为导向的气象服务特点,涵盖监测、预报、产品制作、网络传输、信息发送、服务接收、服务反馈、服务改进等服务环节形成的闭合链。气象服务标准化模式的建立应突破一些传统概念,体现体系的开放性。体系的开放性应重点聚焦以下几个方面。

① 突破传统气象产品概念

将整个气象服务事项的提供看成是一种"产品",将气象信息服务作为具体的"气象服务产品",围绕气象信息服务的质量和效果,有针对性地对气象信息服务流程、管理实施标准化,科学解决服务提供中"眉毛胡子一把抓"的问题,也为各类气象新产品的提供预留了广泛空间。

② 突破传统气象服务领域概念

打破常规,将服务标准体系科学延伸并有效、有机对接到用户使用领域,既避免了机械干预服务使用领域,又达到了能与用户有效互动、有效联动的双赢效果,从根本上提升防灾减灾救灾、趋利避害的气象服务质量和效果,更加体现气象服务社会、服务经济的贡献力。

③ 突破传统气象服务类别概念

传统气象服务概念包括决策、公众、专业专项等服务类别,在搭建气象服务标准体系时,要充分考虑现有气象服务业务的实际和将来业务发展趋势,如防雷体制改革后,可将防雷相关的专业技术服务一并纳入气象服务标准体系来考虑,延伸雷电防御技术服务的气象专业技术内涵,其他新增类别的气象服务也可类似处理,不断提高体系建设的规划性、系统性、协调性。

(3)合理处理实施评价中的棘手问题

体系的构建,最难也是最重要的一环就是搭建体系的气象服务提供标准子体系,各地气象部门因区域需求不一样,可根据具体情况来定,不必一概而论。所以在对体系和体系文件实施评价时,应合理处理以下常见的棘手问题。

① 文件内容的交叉与规范问题

同一服务事项的服务规范、服务提供规范、质量控制规范可以在同一标准化文件中体现,因为多数情况下对气象服务事项的规范从制度要求、流程规范、质量控制均体现在一个文件中,也就是通常所建的"实施方案""工作方案",为保留此类"方案"的完整性,不必对"方案"进行拆分,但必须进行规范。

② 现场实施评估的检查方式问题

对标准体系以及对标准文件的实施评价,关键在于评价方案的可操作性及实施效果,可采用对体系标准文件实施普查和事项抽查、自查和部门交叉检查、电子痕迹检查与纸质记录检查、询问检查与监督检查相结合的方式综合进行,提高标准化实施的评价质量和效果。

③ 信息标准和服务信息提供标准相互混淆问题

随信息化的快速发展,信息标准和服务信息提供标准在气象服务标准化实施中的作用和效果越来越突出,引起在服务实施、评价过程中的很多混淆,区分它们之间的标准是:信息标准是服务保障标准子体系的重要组成部分,服务信息提供标准属于服务提供标准子体系的重要组成部分,前者是后者实施服务的保障和支撑,后者是前者实施保障的对象和结果,实施评价时不能将此二类文件混淆。

在气象行业开展服务标准化试点,对统筹设计好气象服务业务体系、规范气象服务业务流程、完善气象服务管理制度、规避和明晰服务风险和责任、提高气象服务质量和效果具有十分重要的现实意义。由于标准化试点涉及的流程梳理和重构、标准体系构建和实施、检查和评价、反馈和改进的工作模式,与质量管理体系的 PDCA(计划、执行、检查、改进)管理流程基本类似,因此标准化试点事实上也为实施质量管理体系认证奠定了基础,对于今后在气象行业构建和推行气象服务质量管理体系建设的相关工作也具有实验和指导作用。

第四章　气象服务转型与管理

气象服务转型发展既是顺应国家事业单位改革所面临的重要问题,也是经济社会发展和现代智能技术发展对气象服务提出的客观要求,更是气象服务实现高质量发展的必然选择和实施途径。因此,从气象服务管理的视角,开展气象服务转型发展研究和新形势下实施高水平发展则显得非常重要。

一、气象服务转型

(一)当前专业气象服务转型发展思路探索

《中共中央关于深化党和国家机构改革的决定》对推进事业单位改革进一步作出了全面部署。专业气象服务业务转型发展是顺应国家事业单位机构改革所面临的关键问题、难点问题、系统性问题。气象防雷业务体制改革以后,转型发展当前专业气象服务尤为迫切和重要(孙石阳 等,2018)。

1. 存在的主要问题和发展瓶颈

(1)主要问题

① 体制机制定位不够清晰

专业气象服务主体定位不清晰、缺乏持续稳定的规划性和系统性发展机制、气象科技转化成服务实力机制不健全、气象部门与外部门间的协调机制不完善等。

② 科技支撑不够强

支撑专业气象服务的气象监测与预报预警的精细化能力不够、专业气象服务核心业务能力不强、专业产品的气象科技内涵低、专业气象服务市场需求调研与需求引领发展能力不足等。

③ 资源投入明显不足

专业气象服务投入少、服务人才缺乏、积极性不高;兼职人数多,服务市场开拓人员缺乏;聘用人员多,专业素养亟待提升;复合型高尖端专业气象服务人才亟待培养。

④ 市场监管有形无实

专业气象服务质量管理体系不完善,缺乏有效的气象服务市场监管,专业气象服务市场并未有效形成,气象服务社会化管理体系亟待进一步完善等。

(2)主要发展瓶颈

① 体制机制阻碍了持续发展

公益服务和专业服务的"边界"问题导致服务的提供主体、数据应用、平台建设、产品加工、信息覆盖、质量要求、检验评价、目标考核在体制机制上均很难精准发力。

② 数据应用约束了提供能力

缺乏从大数据采集到应用的"一体化"的顶层设计,科学高效的数据应用和管理体系并未形成,数据应用远落后于数据采集和存储,科技内涵高、技术性强、信息推送快的提供能力欠缺。

③ 系统提供降低了服务质效

各专业服务系统横向分离、纵向薄弱。系统的扩展性和兼容性比较差,服务提供链条非常"脆弱",服务能力、质量、效果严重受到影响。

④ 信息融合牵制了智慧提供

由于缺乏信息的数字化、标准化,信息融合能力不强,专业信息不能有效、有机融合用户需求、风险指标、时空特征等信息,于内难以智慧形成服务流程和信息(武玉龙 等,2017),于外难以培育市场。

⑤ 经验管理弱化了质效提升

经验管理呈"监测—预报—服务"的线型管理,管理缺乏系统性、互动性、倒逼性、前瞻性,科技支撑不到整个专业服务链,"一体化""平台化"协同发力很难奏效,满足不了高质效发展的要求。

2. 专业气象服务转型发展思路探索

(1)转型发展目标

按照事业单位改革职能转变要求,增强公益服务职能,服务聚焦防灾减灾、生态文明建设、气候治理业务往高价值产品供给发展;坚持统筹规划和集约化发展,理顺、分类整合与完善业务流程,科学构建集约高效、运转有序、服务优质的专业气象服务保障体系和提供平台;分类推进公益性、市场性服务改革;完善法规政策措施和标准化手段,加强对气象服务市场的监督、引导;依法依规多元化发展公共气象服务(刘敦训 等,2017;王新发 等,2018;李丽 等,2015;邵学鹏 等,2017;冯裕健 等,2014)。

(2)转型前置条件

① 转型理念和现行制度设计

当前体制是把气象服务作为准公共产品提供的,即既认为它有公益性,公共财政应该有所投入,又认为它有商业性,要求社会承担一定的投入。这种模糊不清的认识使得现实制度设计在公益性、商业性之间"摇摆",造成政府资源投入得不到稳定保障,影响了公共气象服务的水平和效率。

② 科学看待公共气象服务产品

将气象服务产品划分为由公共财政支持和"用者自付"两部分。总体上说,面向防灾减灾、城市安全、生态文明建设、气候治理等领域的交通、能源、水文、旅游、生态、海洋、农业、保险、卫生等行业气象服务,以及重大活动、重大工程的专项服务等作为公共产品提供,由财政资金来支持;在此之外的气象服务将作为企业、私人产品提供,按市场机制运作,强化市场监管。

③ 构建事业型公共气象服务标准体系

按照"以事定岗、以岗定职、以职定责"的改革要求,规避"政事不分、事企不分"的现象,不断构建和完善事业型公共气象服务标准体系、气象服务市场监管标准体系建设。

④ 健全公共气象服务政府多部门支持体系

出台相关法律法规、政策制度,使政府各相关部门自觉履行公共气象服务职能中信息传输、网络支持、资源共享、监督管理等相关职责,提高专业服务的事业性,也为社会化发展腾出空间。

(3)转型业务体系

① 转型服务提供平台

按照预报服务大平台理念,发挥部门核心科技优势,走"智慧化、信息化、标准化、集约化"的路线,构建"一体化"专业服务提供平台,将以气象实况、预报预警为主的信息服务向气象灾害风险预报预警、风险评估为主的专业服务转变。

② 转型发展气候服务

夯实气象数据应用基础,结合宜居、生态、低碳城市建设需求,构建气候分析与应用服务平台和公众应用气候数据插件,将以气候数据提供为主向气候风险与资源评估、气候数据应用产品提供为主的服务转变。

③ 转型信息供给方式

构建"集约化"的数据应用体系、行业大数据库,改"烟窗式"提供方式为信息融合式的供给方式,基于同一资源池和同质化的数据资源、不同的提供模式拓展专业服务领域,减少重复建设和"小、低、散"投入。

④ 转型服务提供理念

走智慧化发展道路,利用人工智能、云计算、大数据、"互联网＋"、物联网等新技术,融合社会资源,提供体验式、互动式、精细式、精准式专项服务,抢占服务制高点。

3. 专业气象服务转型发展政策建议

(1)着眼转型发展目标,科学构建"事业型"的服务体制与机制

建立公益一类公共气象服务中心,保障转型后的专业气象服务业务,主要向政府和部门提供决策支持、技术支持、辅助保障服务,既可扩展事业一类公共服务业务

空间,又给企业、社会组织腾出了业务发展空间,既满足现代气象业务体系中业务发展的需要,又符合国家有关事业单位改革、扶持社会组织发展的有关政策。

(2)顺应转型前置条件,积极培育"多元化"公共气象服务市场

创新方式、创造条件设立公共气象信息服务中心。为了"腾笼换鸟",也为了避免国有资源流失,该环节作为一种过渡性安排来看待。在该中心没设立之前,相关业务由公共气象服务中心代办、代管。在该中心运作一段时期后可进行转型(或重组)为国有企业,承接市场化的专业服务和信息服务,根据企业发展和国有资源配置情况再进一步社会化,积极培育"多元化"公共气象服务市场。

(3)立足转型业务体系,建立全国"一盘棋"的专业服务供给机制

按照"事企分类改革、统筹顶层设计、综合管控风险、稳步协同推进"的原则,横向逐步实施"政事剥离、事企剥离",纵向实施"国家—省—市"三级国有气象服务企业建制,充分发挥市场配置资源作用,激发市场活力,建立有利于全国专业气象服务集约化、规模化发展的上下左右分工的运作机制。

(二)关于我国专业气象服务转型发展的策略[①]

专业气象服务转型发展是顺应国家事业单位机构改革气象部门所面临的关键问题、难点问题、系统性问题。气象防雷业务体制改革以后,转型发展专业气象服务更显迫切和重要。通过创新与改革方式来转型发展专业气象服务,势必要站在气象服务事业发展的更高起点、发展影响的更大格局、发展动力的更强支撑上来深刻把握好当前发展专业气象服务所面临的主要问题(刘敦训 等,2017;冯裕健 等,2014)。能源气象服务是目前我国科技支撑能力强、专业服务覆盖广、社会经济效益明显的具有典型专业代表性的行业气象服务,以此为抓手,以"解剖麻雀"方式着眼于如何破除当前专业气象服务发展瓶颈,以"一斑窥豹"理念提出转型发展我国专业气象服务的试点策略建议,旨在抛砖引玉,激发更多研究为专业气象服务的转型发展出谋划策。

1. 当前专业气象服务发展存在的主要问题

根据2018年中国气象局减灾司组织的专项调研分析,当前我国专业气象服务主要有以下五大问题不利于气象服务体制机制的完善,进而影响"事企分开"和事业单位改革进程。

一是服务边界不清的问题。公益性专业服务和市场化专业服务的"边界"不清问题直接导致专业气象服务的提供主体、数据应用、平台建设、产品加工、信息覆盖、质量要求、检验评价、目标考核在体制机制上均很难精准发力。

二是科技支撑乏力的问题。由于科技支撑主要集中在气象监测、预报预警等基

---

① 以能源气象服务为例。

础性业务,科技支撑专业气象服务的监测与预报预警的精细化能力不足、专业气象
服务核心业务能力不强、专业产品的气象科技内涵偏低、专业气象服务市场需求调
研与需求引领发展能力不足等问题比较突出。

三是专业服务平台不专的问题。专业气象服务的供给缺乏从大数据采集到应
用的"一体化"的顶层设计,各专业服务系统横向功能分离、纵向基础薄弱;数据信息
的融合能力不强,专业信息不能有效、有机融合用户需求、风险指标、时空特征等信
息,于内难以形成智慧服务流程和信息,于外难以培育市场。

四是服务质效亟待提升的问题。现有的气象服务管理体制呈"监测—预报—服
务"的线型管理模式,管理模式缺乏系统性、互动性、倒逼性、前瞻性,气象核心科技
支撑不到或支撑不了整个专业气象服务链,一体化的平台发展、平台化的协同发力
模式很难奏效,满足不了高质效发展的要求。

五是服务市场亟须拓展的问题。面临气象服务市场主体发育不全、服务专业程
度不高、高端服务业态较少、服务缺乏知名品牌、发展环境相对不利、复合型专业服
务人才缺乏等诸多难题,社会化、市场化发展有心无力。

2. 我国能源气象服务的发展现状和发展特征

(1)发展现状

相关调研显示,2017 年,我国气象部门专业气象服务总体经济收益为 1.6435 亿
元,但服务各行业的经济收入情况参差不齐(见图 4-1)。初步统计,全国专业气象服
务总收益的 2/3 主要来自为国有或大型企业提供服务,能源气象服务收益占住整个
专业气象服务近一半的收益,而能源领域里的新能源(主要为太阳能、风能)气象服
务约占能源气象服务收益的八成(水电、供暖、供气服务约占两成)。所以,无论是从
能源专业气象服务提供的事业属性还是企业(市场)属性分析,还是从产品的科技内

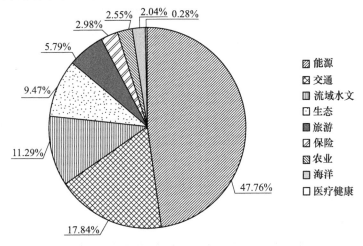

图 4-1 全国专业气象服务各服务领域收入占比

涵及其科技支撑产生的社会经济效益分析,目前能源气象都是我国专业气象服务中最具代表性和潜力的发展领域之一(见表 4-1)。

表 4-1 能源专业气象服务属性、产品及对象、效益情况一览表

服务属性	主要产品	服务对象	效益情况	备注
事业属性(气象监测、气候数据、气候区划、资源评估、天气预警预报预测)	1. 风能、太阳能监测,资源区划、评价、评估; 2. 灾害性天气、气候预报、预警、预测; 3. 风能、太阳能资源预估及其他行业决策报告	1. 政府及相关部门; 2. 规划、能源、环境等管理机构	约占能源气象服务总收入的 1/3(2017年能源气象服务总收入约为 7900 万元)	部分免费提供服务;收入部分主要来自政府投资。服务提供主要为气象部门气象服务事业单位
企业属性(气候论证、工程应用、专业预报预测预警、风险预警预测评估、精细化数据融合)	1. 新能源建站选址气候可行性论证; 2. 工程应用的风能、太阳能资源精细化评估; 3. 精细化太阳能预报、风功率预测及其发电量预报;特征气象要素预报; 4. 电力高影响天气风险评估和预警预报(精准防控)	1. 企业上级主管单位; 2. 企业生产单位; 3. 企业投资单位	约占能源气象服务总收入的 2/3(2017年能源气象服务总收入约为 7900 万元)	服务收入主要来自为企业提供的专业服务,国家、省级气象服务单位均有不同程度的开展

(2)发展特征

综合有关能源气象服务的调查分析,当前能源气象服务具有以下五大发展特征,对推进完善象服务体制机制建设相对有利,对实施气象服务相关事业单位、国有企业的改革具有相对有利因素。

① 服务提供属性边界相对清晰

无论是针对国家战略规划需求的风能太阳能资源详查评估、面向工程项目需求的气候可行性论证、资源评估发电量估算的服务,还是面向风电、光伏发电并网调度需求的数值天气预报、发电功率预测,乃至风电场、光伏电站安全运营的台风等灾害性天气预报预测预警服务,风能、太阳能服务供给对象的事业属性、企业(社会)属性都很清晰,服务边界相对清晰。

② 科技支撑特征相对显著

能源气象服务的"空间上的局地性"和"时间上的不稳定性"特征服务需求突出,其专业化气象观测和精细化特点也很明显:产品由常规气象要素预报延伸为特定气

象要素预报;由气象要素预报转化为出力功率和发电量预报;提供电网更加个性化、精细化、专业化的高影响天气风险评估和预报预警服务。在时空上的加密专业观测和超短期预报、高分辨率预报等的科技支撑特征相对明显。

③ 服务平台基础相对良好

中国气象局借助自己的业务技术能力和专家队伍资源,以全国范围的风能太阳能资源普查、详查为起点,基本摸清风能太阳能资源分布、特点和储藏量,为各级政府和行业提供了决策和专项气象服务。同时,伴随着我国风电、光伏发电产业快速发展,各级气象部门也积极面向地方政府、开发商企业,提供包括针对风电光伏发电区域规划、工程选址设计、建设运行的全方位的专业专项气象服务,发展了业务技术能力,积累了服务经验,培养了一批专业技术队伍,有利于构建能源专业气象服务一体化的服务平台。

④ 需求倒逼质效提升问题相对突出

风能太阳能作为新能源和可再生能源,越来越受到世界各国的高度重视,2020年国民经济和社会发展统计公报显示,2020 年我国能源消费总量为 49.8 亿吨标准煤,天然气、水电、核电、风电等清洁能源消费量占能源消费总量的 24.3%,上升 1.0个百分点。大力发展风能太阳能等新能源、有效利用我国丰富的风能太阳能资源,对调整以煤炭等化石能源为主的能源结构,增加能源供应,保护生态环境,实现能源资源的合理开发和优化配置具有重要意义。我国风电太阳能发电产业的快速发展正孕育大量的气象服务需求,气象事业与产业发展结合的潜力和空间巨大,需求的牵引对事业、企业的发展将变得十分有利,倒逼能源专业气象服务质效提升的问题将变得更加突出。

⑤ 服务市场属性特征相对鲜明

一是国际上丹麦、芬兰、美国、日本、法国、英国等风能或太阳能呈现出很高的气象经济效益。二是我国风能太阳能预报气象服务开放程度、市场化程度较高,由气象部门、社会组织、企业共同向社会用户提供能源保障气象服务的市场格局已初步形成。三是多学科交叉融合共存程度高:风力发电、太阳能光伏发电涵盖气象、材料、空气动力学、控制与自动化、电气、机械、电力电子、检测认证等多个专业领域,社会化、市场化需求倒逼性强。

3. 能源气象服务转型发展的有效性特征分析

(1)能更加有效契合国家改革发展的要求

毋庸置疑,当前国家事业单位机构改革促使我国专业气象服务必须转型发展,而专业气象服务转型发展面临"服务边界不清、科技支撑乏力、专业服务平台不专、服务质效亟待提升、服务市场亟须拓展"五大问题。产生这些问题的根本原因是专业气象服务体制机制的不健全和亟须完善。结合前面能源气象服务的发展特征分析,发展能源气象服务有利于促进和完善气象服务体制机制建设,对推进相关事业单位、国有企业实施改革相对有利,进而有利于"事企分开"试点,是着手解决"事企不分"的相对有利抓手,与国家事业单位改革发展的方向也相契合。因此,当前以能源气象服务为抓手,通过试点转型发展我国专业气象服务是时宜之选,对深入推进气象服务体制改革,优化现代化气象业务体系,推动气象事业单位机构改革,促进专业气象服务的社会化、专业化、市场化发展均具有十分重要的现实意义和实践意义。

(2)能更加有效推动事业单位改革的实施

当前,能源气象服务中特别是风能、太阳能资源利用的气象服务需求日益增多,服务"一带一路""国家安全""美丽中国"等国家战略保障需求的能源气象服务,无论其服务属性是事业属性还是企业属性的专业服务都呈显著增长态势,有利于支撑实施发展转型的明确目标导向;其社会效益和经济效益能被社会、行业、企业接受和认可,有利于支撑实施发展转型的资源配置;其在国家、省、市级能源气象服务领域均具有以科技发展为核心支撑的专业服务特性,有利于支撑实施发展转型的质效提升。通过实施对能源气象服务的转型发展,构建有发展需求引领、有目标导向的质效提升、有科技支撑的资源配置下的新型专业气象服务体系也就具备科学实施的试点基础,进而推动专业气象服务的转型发展就具备实践基础,同时,对有效实施事业单位改革将起积极促进作用。

4. 关于我国专业气象服务转型发展的策略建议

建议选点在风能、太阳能专业气象服务开展较好的企事业单位进行试点,树立"事企命脉相承、服务数据共享、服务提供互补、服务平台共建、服务质效相撑"的大专业气象服务理念,从构建专业服务体系、发展核心业务、平台功能建设、服务供给机制、有序培育市场五个方面提出以下发展策略。

(1)树立大专业气象服务理念,转型重构公共气象服务体系

由于能源气象服务具有转型发展专业气象服务的实践基础和品质特征,以现有能源气象服务为基础,梳理现有能源气象服务事业属性和企业属性服务事项,按照大专业气象服务的理念,在能源气象服务领域"构建'集约化'的数据应用体系、打造'一体化'的专业预报服务平台、营建'智慧化'的网络信息供给、完善'标准化'的专业气象服务管理体系、培育'市场化'的服务体制机制、促进'社会化'的气象服务供给方式"六个方面构建能源气象服务提供保障体系,以此模型为基础,打造大专业气象服务提供体系,进而转型重构和不断完善公共气象服务体系。

(2)事企分工明确发展核心业务,转型重构公益性公共气象服务机构

将现有太阳能、风能方面的气象监测、气候数据、气候区划、资源评估、天气预警预报等基本公共气象业务(事业属性部分)纳入基本的公共服务提供进行保障,保障转型后的专业气象服务(事业属性部分)的核心业务的发展,主要是面向政府和部门

提供专业类的决策支持、技术支持、应急保障支撑服务,转型构建公益性公共气象服务机构。这样,既可往上提升并保障能源气象服务中基本公共服务的业务空间,又往下给社会企业、组织腾出了市场业务的发展空间,既满足现代气象业务体系中业务发展的需要,又契合了国家有关事业单位改革、扶持社会组织发展的有关政策。

(3)服务提供共建共享互融发展,转型构建专业气象服务大平台

要往上提升并保障能源气象服务中基本公共服务的业务发展空间,需以提升能源专业气象服务产品的专业科技内涵为支撑基础。以太阳能、风能服务为例:将以气象实况、预报预警为主的信息服务向太阳能、风能气象灾害风险预报预警、风险评估为主的专业服务转变。以太阳能、风能气象基础业务需求为牵引,转型发展气候服务和气候数据应用服务,夯实气象数据应用基础,将以气候数据提供为主服务向气候风险、资源评估、风险评估、风险区划等高气象科技含量产品提供为主的服务转变。以此为雏形,基于大专业气象服务理念,发挥气象部门核心科技优势,走"智慧化、信息化、标准化、集约化"的路线,统筹构建"一体化"的大专业气象服务提供平台,转型构建平台信息供给方式;通过构建"集约化"的数据应用体系、行业大数据库,基于同一资源池和同质化的数据资源、不同的提供模式、分类的标准管理来拓展专业气象服务领域,减少重复建设和"小、低、散"投入。

(4)以点带面、同质协同发展,转型构建大专业气象服务供给机制

建议在确定以风能、太阳能气象服务为主要改革事项的试点单位基础上,按照"事企分类改革、统筹顶层设计、综合管控风险、稳步协同推进"的原则,总结能源气象服务在"事企协同""上下协同"模式上的经验和做法,同质化、协同式紧跟国家机构改革和事业单位改革步伐,横向逐步实施"政事剥离、事企剥离",纵向实施"国家—省—市—县"国有气象服务企业建制,充分发挥市场配置资源作用,建立有利于全国专业气象服务集约化、规模化发展的上下左右分工统筹、协同发展的运作机制。规范和加强气象服务的多部门协作机制。气象部门的服务应该根据市场、专业特点,充分借助社会资源,探索和优化合作、融合机制,与相关企业在优势互补的基础上,分产品类型或服务领域,联合开展市场服务。

(5)激发事企活力促社会化发展,积极培育专业气象服务市场

由于能源气象服务事企业务清晰,责权分明,事业属性服务和市场基础较好,太阳能、风能业务事企分离有良好业务基础。为了"腾笼换鸟",也为了避免国有资源流失,可创新方式、创造条件临时设立一个内部运行与管理机构,该环节只是作为一种过渡性(临时性)的制度安排来看待和设计(不是重新设立组织机构,只是便于改革时期的管理过渡、资源整合、业务切割和规避不确定性风险而采取的过渡措施)。契合国家有关事业单位改革、国有企业改革步伐,在该机构运作一段时期后依照国家有关政策和国有资源配置情况进行转型(或重组)为国有企业,建立企业激励机制,承接市场化的专业服务和信息服务。再根据事业转型、企业发展情况,进行社会

化、市场化发展,依法、依规、有序、有效积极培育"多元化"专业气象服务供给市场。

由于专业气象服务的转型发展系统性强、涉及面广,探索和实践以能源气象服务为抓手,契合事业单位机构改革和不断推进整个气象服务体制改革是转型发展专业气象服务过程中的重要一步。只有不断完善改革政策措施,在改革中不断转型,在转型中不断发展专业气象服务,才能形成更趋完善的具有中国特色的公共气象服务体系,真正实现专业气象服务的可持续发展、科学发展。

(三)智能专业气象信息融合与服务系统建设

在分析气象信息服务现状与存在问题的基础上,对智能专业气象信息融合与服务系统的设计思路、主要功能、系统组成等进行了系统探讨。该系统的设计应以专业气象服务数据库与数据融合为基础,面向用户需求,建立个性化、精细化行业(专业)服务系统。系统主要功能应包括服务需求采集及识别与转换、用户气象灾害风险数据管理、气象服务信息综合显示、气象灾害监控与预警预报、专业气候分析与应用、信息智能分类服务、服务监控等。系统组成应包括气象服务信息采集及应用、行业服务数据库、产品生成与显示、气候分析与应用、业务监控、服务系统配置及管理、气象信息智能推送及服务等(孙石阳 等,2012)。

1. 气象信息服务现状与存在问题

(1)专业化、集约化的信息平台未形成,气象信息业务系统亟待整合

首先是专业、信息、影视等各信息服务横向处于相对分离状态。信息服务平台未进行集约化统筹设计,缺乏与专业的融合设计,专业服务缺乏将影视、网站等服务手段来统筹考虑,气象服务平台整体的扩展性和伸缩性比较弱,服务能力、效率严重受制约。其次是纵向基础薄弱,服务缺乏软实力。在流程、数据分析、产品应用、服务管理上,很难统筹开发集约化程度高、综合服务能力强的专业服务平台,造成气象服务业务在流程上分散、在应用上不专业、在系统中不融合、在管理上不统一的不良局面,已不能适应气象服务发展的需要,更不能适应三网融合的信息发展形势。

(2)产品针对性不强,科技含量不高,亟须建立和完善服务数据库系统

目前,除交通、旅游、环境等行业气象服务有专业服务系统支撑、加工与制作一定的专业产品外,其余行业气象服务大都属于手工编辑和信息加工的方式开展,产品针对性不强,科技含量不高,亟须建设专门的行业服务数据库系统。这是因为第一,行业、用户的地理位置和气象观测数据均具备鲜明的地理空间属性和时间属性,而专业产品的设计、加工缺乏用户需求、风险特征、地理特征、行业指标等行业数据支撑信息,与服务需求信息的融合缺乏数据库基础,服务的有效性、及时性、系统性、专业性就不能很好体现(吴涣萍 等,2008;刘东禅,2004);第二,气象业务中心数据库系统大都以承载气象预报业务和决策服务为主,气象服务应用技术平台不能充分应

用业务中心数据库和预警平台等技术业务资源建立专业服务应用数据库,专业服务缺乏信息融合基础,使气象服务能力不能很好地在行业气象服务中得以延伸。

(3)对行业与工程的气候服务需求缺乏深入分析和了解,亟须建立专业气候服务系统

目前,气候应用服务业务,一般由气候业务部门来负责完成,专业服务部门往往在此类业务中扮演提供气象资料的角色,究其原因是对行业应对气候变化、工程气象咨询评估等的服务需求缺乏深入分析和了解。不了解需求,气候应用技术服务没有着眼点和落着点,更谈不上应用技术的系统化,气候专业服务缺乏应用平台支撑。专业气候、气候环境、工程气象等科技含量高、技术性强的专业气候服务系统效率低,能力欠缺。

(4)系统缺乏顶层设计研发机制,亟须完善以需求为引领的服务平台建设机制

由于服务业务分散,产品设计和系统开发机械地停留在单个服务流程的实现上,没有将最新气象预报技术成果和气象信息应用技术成果有机地融入整个服务平台的系统建设与开发过程中,专业信息的加工、融合、制作、分发就很难上档次、规模。以需求为引领的公共服务平台建设机制亟待进一步完善,真正发挥并体现建设公共气象服务平台的引领作用。

2. 功能建设

(1)设计思路

为彻底改变"专业服务没有系统化、信息服务没有专业化"的局面,同时适应信息互联互通的发展趋势,系统建设思路如下:使用业务中心数据库和预警平台服务接口提供的技术资源,并以气候分析应用、气象科普知识、行业用户信息等服务数据库建设为基础,面向用户服务需求(欧阳里程 等,2011;钟儒祥 等,2011),建立气象信息智能化的分析与应用、气象能源开发和利用、气候环境服务、高敏感行业(交通、电力、旅游等)专业专项服务等的数据加工与处理系统,结合行业用户 GIS 地理与行业风险指标等信息,对气象预警预报、重点提示等信息进行时、空匹配和融合,对应建立各行业(专业)服务系统(卞光辉 等,1999;徐建芬 等,1999);同时,围绕服务数据库建设,整合、优化现有公众与影视气象信息、专业专项、雷电防御等专业服务流程,以信息数字的智能化应用为主线,统筹设计和建立功能完善、管理统一、以需求为牵引的专业服务数据库和关联数据库(图 4-2),以此构建集公众、行业、专业专项、气象影视等服务业务于一体的智能化专业气象信息融合与服务系统(图 4-3)。

(2)主要功能

① 需求信息采集、识别与数据转换

对用户的任意渠道、任意描述的非专业性、非系统性服务需求信息能进行模糊识别和服务数据的标准转换,使需求信息能进入系统并发挥作用。

149

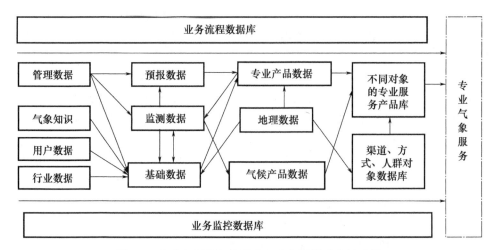

图 4-2 专业气象服务数据库组成与数据融合关系图

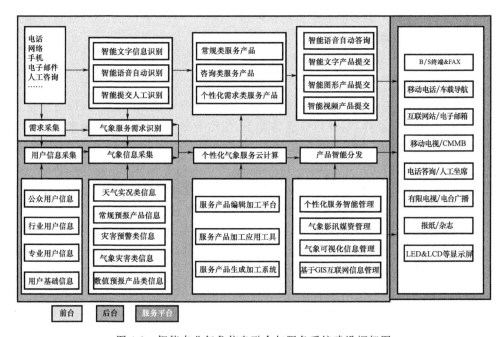

图 4-3 智能专业气象信息融合与服务系统建设框架图

② 面向需求的气象监测信息显示

系统能自动采集自动站、雷达、卫星云图等实况观测数据以及预报数据,在地理信息平台上基于时间、空间将观测的各类气象要素和行业用户信息进行叠加分析和综合展示。同时系统能提供接口,供用户系统调用。

③ 行业用户信息与天气风险的动态管理

建立基于行业特征的行业用户数据库系统,存储行业用户的基础信息、行业敏感特征信息、天气警示及风险指标信息、防范措施信息以及分发渠道配置等信息(张后发 等,2002;孙石阳 等,2009;廖贤达 等,2008)。

④ 行业(用户)的气象灾害监控与预警预报

系统在自动获取预警信息的类型、级别、生效区域的基础上,集成短时临近气象灾害自动识别与追踪外推技术,在转折性天气来临前自动识别与追踪、外推气象灾害,利用监控数据与外推数据与行业(用户)致灾指标进行基于时空匹配的 GIS 空间分析,依据行业敏感性、客户位置、服务定制和分发渠道等配置,自动筛选用户、分发产品,实现专业气象信息的自动分类分发。

⑤ 专业、工程气象咨询评估分析应用平台

主要面向太阳能、风能等气象能源的数据分析与利用、(大气)气候环境评价、工程气象咨询评估分析与应用等气候服务需求,建立多功能统计应用的气候数据应用平台。

⑥ 产品分发管理与分类服务的自动分发

服务信息面向专业、公众、影视业务需求,统一出口;出口接口是系统通过短信平台、传真平台、网站系统、专业用户接收终端、邮箱等服务方式按照用户需求和产品属性提供服务,遵循"平台＋系统＋类型＋格式＋时效＋对象＋方式＋语言＋发布通道"的体系和流程建立分类服务平台,重点增强面向网站、多媒体的信息服务能力。

⑦ 综合管理业务流程和业务监控

从流程源头的数据及数据管理整合现有服务业务流程和业务监控,建立专业、公众信息、影视信息综合业务工作平台,系统可扩展,能将新增的业务纳入平台进行管理和监控。

(3) 系统组成

① 气象信息的采集与识别应用系统

解决气象服务需求信息的采集、模糊识别与进行数据转换。研究识别个性化信息语义、用户行为特点、服务需求数据挖掘等技术点,根据用户的自然语义、模糊语音等信息格式,建立一种语义分析与识别的有效算法,将其转化为计算机可以理解、处理的数据格式。通过收集和分析用户信息来学习用户的兴趣和行为,挖掘用户的使用模式和服务需求特点,从而实现主动推荐服务的目的,使个性化服务更加智能化。信息采集与模糊识别和实时数据、预报数据、用户信息、预警提示信息等共同组成了系统的入口信息和启动因子。

② 行业(专业)服务数据库

(a)用户基础信息库:包括用户名称、概况、地址(市区街道)、经度、纬度、联系人、邮件、电话、传真、服务需求概述、所属行业(按行业标准划分)、气象敏感性描述、天气警示及风险指标、接受服务的渠道及其要求等内容。

(b)行业服务信息库:主要包括行业名称、致灾因子、敏感性描述和防范、行业对应的典型用户、行业分布信息、备注等。行业分布信息包括:主要地铁、干道(高速公路、高架桥)地理分布信息;主要开发地段、地铁施工点;主要旅游景点地理分布;主要易涝点、泵站分布信息;主要供电设施、水库分布信息;主要港口、码头分布信息;主要危化场所、石油库分布信息;主要中、小学校、教育场所分布信息等。

(c)气象实况监测和历史数据库:与业务中心数据库实行有效对接。

(d)气象服务产品库:包括各类服务产品,如自动站、雷达实况及外推产品,降水实况及估测产品、要素、预报预警信息等;也包括视频、影视、声讯等各类媒体格式产品等。

(e) 行业(专业)共享信息库:与环境、建筑、疾控、交通、供水、供电行业或单位的数据交换或共享的数据库,为开展行业(专业)气象服务提供数据分析基础。

(f)气象科普与气象知识数据库。分类别、分用途建立气象科普、气象知识、灾害防御的基础数据为服务系统提供数据基础。

(g)服务业务流程与监控信息库:建立专业、公众信息、影视信息综合业务流程库及状态数据库。

(h)产品属性库:根据产品的生成平台、系统或类型、产品数据库表数据源、产品格式、产品服务对象(人群)、服务方式、服务语言等情况,对产品进行编码,建立产品属性库。

③ 产品加工、生成、显示系统

(a)精细化、个性化的专业产品制作与生成。系统基于 GIS 平台,充分利用雷达和自动站资料基于行业用户需求进行时空匹配,提供针对行业及用户的雷达观测应用、自动站观测要素、雷达与自动站联合估测降水、多轨道要素复合产品等信息产品,并为开展行业的气象灾害风险预报、评估提供基础信息。

(b)行业(专业)用户的专业预警、提示信息生成。系统与气象台预警系统建立数据接口无缝对接,在获取预警信息的类型、级别、生效区域的基础上,与行业敏感特征和用户地理信息进行空间分析,依据行业敏感性、客户位置、客户服务定制和分发渠道等服务需求配置,自动筛选用户,实现预警提示信息的自动多渠道分发。

(c)短时临近气象灾害自动监控与预警、提示的制作和分发。实时动态监控气象灾害,结合雷暴外推以及自动站联合估测等信息,与用户信息进行时空匹配,计算未来一段时间内气象灾害会影响哪些敏感专业用户,推算灾害天气到达的时间,提供行业(用户)风险评估信息,提示用户。系统智能选取预估受影响的用户,依据用户个性化的服务需求生成相应的提示短信、传真、公报等内容,自动多渠道分类服务。

(d)服务产品综合应用显示系统。以用户为中心实时显示用户外围天气状况,从基本站、自动站、雷达、飞机和卫星等收集来的大量数据进行专业化的综合显示、提取和叠加,在此基础上及时跟踪和评估用户的天气风险情况。

④ 气候(环境)分析与应用系统

根据太阳能、风能资源利用与评估、大气(气候)环境影响评价、工程气象咨询评估、建筑气候环境分析等专业气候服务需求,按照行业技术标准、规范或要求开发(观测站、自动站)气候数据采集、专业分析、产品输出于一体的气候服务平台。

⑤ 系统管理与配置系统

分两类。一类是系统本身的管理,另一类是针对业务化运行的专业信息管理和流程、监控信息方面的管理。前者在系统建设时重点考虑,后者内容有:(a)地理空间信息管理;(b)专业用户基础信息管理;(c)专业用户警戒线配置管理。

⑥ 业务流程与业务监控系统

在综合专业、影视、信息等的业务流程基础上,建立业务流程与业务监控数据库,以此形成对整个服务业务和流程实施监控和管理。

⑦ 智能气象信息服务系统

该系统以业务平台建设为基础,功能实现上与气象服务信息发布系统和服务数据库系统进行对接。主要功能体现如下。

(a)新一代智能语音应答服务。利用"12121"的系统特点,结合移动新通信技术,在自动语音播报为主基础上,融合手机视频互动式语音应答(IVR)功能以及自动语音识别(ASR)、人工智能(AI技术),提供方便、灵活、多样化的智能信息服务。

(b)气象视频信息云平台服务。三网融合后在线视频服务覆盖面将迅猛扩大,数字新媒体技术的发展也使视频服务需求呈指数增长,服务形式从网站视频、IPTV、视频监控扩展到了移动多媒体、高清电视、数字家庭等新模式,视频服务的计算力和存储量要求更高。

(c)基于GIS的互联网气象信息服务。气象服务信息有图表、文字、图像、视频、语音等多种形式,建立基于网络地理信息系统(WEBGIS)的气象信息多维综合展示和推式气象信息的定制显示系统,主要提供多维气象产品及监视资料显示。

3. 结语

(1)智能专业气象服务系统模式国内外没有现成模式可学,工程量大,技术性强,影响因素多。其建设是一个系统工程,涉及面广,技术跨行业渗透,需做好充分调研和顶层设计。凡基础业务越成熟,在向智能信息服务延伸时效果就越好。如深圳在分区预警基础上,开展精细化专业预警服务,效果就非常好。

(2)发挥中心数据库作用,统筹建设服务基础数据库。建立完善的气象服务数据库并与中心数据库匹配对接是构建智能专业气象信息服务的基础,应充分发挥两类数据库及其信息数字化的纽带作用。

（3）信息融合主要是服务需求信息与气象信息、用户致灾特征与气象条件的时空融合，因此，利用数值预报（NWP）、云计算和GIS、AI技术十分必要，需要高性能计算机和海量存储能力作为支撑。

（4）智能专业信息融合主要体现在四个方面：一是对服务需求信息的自动识别；二是对气象灾害实况和临近预警的智能识别；三是对行业（专业）用户的致灾风险识别；四是系统数字信息的自我传递和自动操作的能力。

（5）开展专业气象信息融合技术研究从两方面入手，一是从基于用户需求的时空信息融合入手，二是基于时空气象信息的用户响应特征入手。对需求调研基础好的采用前者，监测能力强的区域适宜采用后者。

（6）智能识别技术包括从文字、语音、图形图像等方面进行识别。识别后的语音和文字如何去精确匹配系统的标准请求是智能化程度的主要标志之一。建议从简到繁、从易到难着手标准化、数字化、网格化统建，既避免不必要重复，也让标准化、数字化、网格化的服务系统更加具有兼容性、开放性。

（四）2011年世界大学生运动会专业气象服务系统建模

世界大学生运动会是世界性的体育盛会，也是重要的国际文化、经济、政治交流活动。2011年8月，第26届世界大学生夏季运动会在深圳举办。深圳属人口众多、行业密集型城市，做好大运会专业气象服务对保障城市运行、赛事开展、应急与安保措施落实意义重大。大运会专业气象服务除做好常规气象服务外，特别对做好受小尺度天气系统（局地天气）影响的场馆、不同对象（体育官员、执委会成员、场馆管理人员、运动员、安全保卫人员、城市运行保障人员、突发事件应急人员等）的精细化专业气象服务要求很高，其传输方式、传输内容需要比常规气象服务更加细化。同时，气象保障是决定比赛水平正常发挥的主要因素之一，且服务对象涉外人员较多，气象服务能否保证到位，不仅是技术层面问题，还事关国家的国际声誉的问题。这些特殊的要求，大大增加了大运会气象服务的复杂性、高要求（孙石阳 等，2011）。

国内许多省（市、区）气象台在专业气象服务系统建设方面有了很好的经验，但开展大型专项气象服务，并在兼顾日常业务建设与专项业务系统建设两不误的基础上，统筹建设专业气象服务平台的为数不多（张翼 等，2022）。深圳大运会专业气象服务系统以现有气象监测、预报预警服务平台为基础，本书将重点介绍这一系统建模思路。

1. 需求分析

（1）赛事要求

大运会气象服务主要对象可以分为6种。①大运会组委会中的竞赛赛场和赛程管理部门、体育官员、运动人员。②大运会组委会其他部门。③政府决策部门。

④国内外观众、旅游者、一般公众。⑤城市运行保障的行业。⑥围绕大运正常运行的安全、应急保障部门、志愿者响应等。

竞赛赛场和赛程管理部门主要指赛时指挥中心和分赛场赛时管理中心,为其提供的气象服务产品应满足大运会所有项目的基本气象需求。①公共需求:比赛前3天至比赛最后1天,4次发布比赛当日及未来3天的天气预报。②场馆大屏显示需求:提供天空状况:气温、相对湿度、风向、风速、气压。③赛事特殊需求:根据赛事特殊需求提供的气象保障服务。④其他单项需求:为具体单项的比赛环境提供的气象实况信息服务。⑤现场服务:足球、帆船帆板比赛需要提供现场服务。

(2)观众、游客和一般公众需求

大运会期间,大量国内外观众、游客以及公众需要及时了解气象信息,与日常气象服务相比,有两方面特点。①气象服务时效要求更高,针对性更强,关注面更广。②公众获取气象信息的渠道要便捷多样。

观众、游客和一般公众气象服务主要有以下几种。①通过大运场馆和市内相关信息显示屏提供气象信息。②通过手机短信为公众及时提供短时临近、分区预警、高影响天气提示等气象信息。③通过"12121"专用信箱、大运会气象服务网、气象门户网、小区广播、电台、影视、报纸及时提供大运气象服务信息。④通过气象咨询热线、人工坐席提供公众信息答询服务。

(3)城市运行保障需求

大运会期间及前后一定时期内,城市交通、旅游、供电、供水、供气、通信、物流、环境等行业将受到很大影响,天气、气候对城市运行保障服务显得尤为重要。

① 交通行业

一是易引发公共事件,各运行环节随时需掌握气象信息。中短期气候预测,天气预报、预警,重要提示,实况信息等对交通行业决策尤其重要,对机场、港口、码头、车站、公路的服务必须及时、到位。二是深圳及周边(特别是香港、广州)地区的天气对本地交通的影响也将十分明显,交通部门需准确、及时了解深圳及周边地区的天气情况。三是交通是否正常将影响到大运会运动员、体育官员、裁判员、观众的正常来深、工作与生活;赛时体育运动设施的物流、存贮对天气条件的要求很高。

② 旅游行业

一是提前让公众了解深圳气候状况和比赛期间的天气趋势,包括大运会期间以及前后1个月深圳及周边地区旅游气象状况。二是旅游天气信息服务方面,提供旅游适宜、不宜和应加防范的提示及相关旅游指数预报,包括紫外线指数、酷热指数、旅游气象条件指数、体感温度指数、高温中暑气象条件等级、负离子指数预报等。三是提供市区主要景点气象监测及预报预警信息、周边著名旅游区、国内外主要旅游城市2～3天的天气预报等,还包括高温、雷电、强降雨、5级以上阵风、能见度小于5千米等灾害性天气或不利旅游的天气预警、提示等。

③ 供水、供电、供油、供气行业

一是 8 月份正值高温季节,城市用水量和用电量急剧增加。需提供天气条件对供电、水量的影响预测,以及可能的气象灾害对供电、供水设施的影响预估。二是行业本身生产、调度、运输、管理等环节需要气象信息,特别是灾害性天气发生时,城市水、电、油、气安全生产与正常供应须重点保障和及时应对。大运会期间,提供天气风险对能源影响评估与建议,供行业决策者参考。

④ 公安与安全部门

一是为大运会反恐指挥中心提供气象应急保障服务。二是开展污染物扩散气象条件预报。三是及时提供短时临近预警、分区预警、高影响天气提示,重大公共事件的气象条件影响,污染物扩散的气象条件及影响等信息服务。

⑤ 环保部门

一是提供 2011 年 8 月份及前后至少 1 个月内深圳的气候环境状况,提供大运会期间深圳市环境气象条件评估报告。二是为环境行业及时提供气象预警预报服务。三是气候环境条件可能对运动员身体适应性等产生影响,为大运会组委会、体育官员、运动员提供空气质量预报、短时临近灾害预警、重要提示信息等。

⑥ 建设部门

一是对 2011 年 8 月灾害性天气及其影响进行预测和风险评估。二是分析污染扩散以及建设施工可能对环境产生的不良影响。三是在 8 月高温、台风、暴雨多,对施工人员的安全等可能造成威胁,因此要为建筑施工行业安全运作提供气象信息服务。

⑦ 卫生部门

一是提供可能引发公共卫生安全问题的气象信息,重点是高温热浪、暴雨洪涝、大风、霾等极端天气和气候事件对疾病流行和人体健康的影响。二是为卫生部门提供有效预防和减轻不良气象状况对运动员、裁判员、观众以及公众可能造成影响的信息。

2. 系统建模

(1)产品设计

① 产品需求

大运会气象服务产品按内容可分为常规产品和专题产品两类;按照服务对象可分为大运决策服务、公众服务、赛事服务、城市运行保障服务、安保与应急服务 5 类服务。常规产品包括:气候预报预测、气候评估、实况资料、天气预报预警(含提示信息)、短时临近预报等;专题产品需要在常规产品的基础上,将其与大运会赛事、场馆基础信息,行业需求、安保与应急需求、专业专项服务指标等信息相融合,形成不同的大运会专题服务产品,并面向不同的服务对象,通过不同的服务手段或方式开展服务。

② 信息集成

大运会气象服务面临服务种类多、针对性强、精细程度高、信息量大的压力,系统建模顶层设计思路是高效的系统化和专业化的信息集成,信息集成遵循"平台＋系统＋类型＋格式＋时效＋对象＋方式＋语言＋发布通道"的体系和流程。其中包括已有、升级和新建的平台和系统,既保证业务的连续性和不受影响,同时为开展大运会专项服务提供了拓展空间。

按照信息集成思路,需对每个产品建立产品属性,包括类型(实况、预报、预测、预警、评估、专业……)、出处(来自什么系统)、数据源(来自哪个数据表)、时效、格式、发布对象、发布方式及语言等。由系统根据产品属性将信息发送至相应的信息集成通道,实现产品的高效分类集成、个性化分类服务的目的。

(a)产品平台。Ps1:数据中心平台;Ps2:预报数据中心平台;Ps3:监测数据中心平台;Ps4:服务数据中心平台;Ps5:减灾数据中心平台……

(b)产品系统或类型。Pt1:监测实况信息;Pt2:天气预报信息;Pt3:天气预警信息;Pt4:天气提示信息;Pt5:气候预测信息;Pt6:气候评价信息……

(c)产品数据源。Pds1:本市自动站日数据;Pds2:本站中心数据……

(d)产品时效。Pa1:适时监测信息;Pa2:适时预警信息;Pa3:6 min;Pa4:10 min;Pa5:20 min;Pa6:30 min;Pa7:40 min……

(e)产品格式。Pf1:文字(文档);Pf2:图形;Pf3:文字短信;Pf4:文字＋图形;Pf5:数据嵌套图形;Pf6:数据链接;Pf7:表格……

(f)产品发布对象。Po1:普通公众、市民;Po2:大运组委会及相关部门;Po3:大运会场馆主信息显示屏;Po4:政府及有关部门;Po5:城市敏感行业部门;Po6:行业重点用户单位;Po7:专项服务对象……

(g)产品服务方式。Pm1:公众网;Pm2:决策网;Pm3:社区网;Pm4:气象服务网;Pm5:大运服务网;Pm6:传真服务;Pm7:手机短信服务;Pm8:"12121"系统;Pm9:WAP 服务;Pm10:电台服务;Pm11:电视服务……

(h)产品语言。Pl1:汉语;Pl2:英语;Pl3:其他语言……

(2)模型结构

做好大运会专业气象服务系统的顶层设计,需综合考虑 2 个因素:一是在现有日常气象服务系统基础上进行整合、升级和拓展,使服务能力延伸到大运会气象服务中,统筹兼顾日常业务与大运会专项业务的系统建设。二是大运会过后,其专项服务系统的建设经验和服务能力反过来可应用到日常业务系统的建设中,提升专业气象服务能力。

深圳大运会专业气象服务系统模型结构组成如图 4-4 所示。①气象信息收集、处理子系统:包括对自动站监测信息、气候监测信息、雷达监测及其他专业监测信息、天气预报与预警信息以及气候预测与评价信息的处理与加工。②大运会基础信息分析与处理子系统:包括对大运会及行业用户基础信息、地理信息、行业指标信息的综合分析与利用,提取时间、空间、行业指标因子的消息启动事件或因子。③消息(因子、事件)驱动子系统:根据时间、空间、大运会指标因子的消息启动事件或因子建立消息、事件进程。④预报子系统:根据消息、事件进程启用相关专业预报模型,计算相关因子,提取相关专业库信息,集合相关专业信息。⑤大运会服务产品生成系统:对预报子系统生成的产品结合大运会及用户基础信息、地理信息、指标信息生成不同的产品(含专业预警、监测实况、专项产品、对点服务等信息)。⑥大运会服务产品分发系统:对不同的服务产品结合自身特点、服务需求、地理信息建立相关产品属性及产品分类分发流程,不同的产品分别采用不同的发送通道。

(3)系统技改思路

① 研发技术要求

采用基于 ArcGIS 组件的二次开发模式,对产品信息、场馆地理信息、大运会专业服务指标、行业需求等信息进行降时空尺度的数据库管理模式(吴涣萍 等,2008),建立链接和分级管理。开发工具采用 ArcGIS Engine、C♯. NET、Power Designer、Visual Basic. NET、Windows 控件。数据库平台及版本采用 Oracle 10g 数据库,数据库管理从规模单一处理器、服务器扩展到多处理器、服务器集群,实现系统多维、多表结构数据的可伸缩性、可用性、可管理性和安全性。系统在网络架构上采用 C/S 与 B/S 混组体系结构。

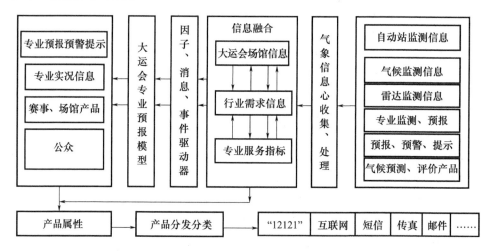

图 4-4 深圳大运会专业气象服务系统模型架构示意图

② 系统基数据和驱动信号

基数据种类很多,为便于理解,日常业务用到的数据在此不必赘述。为实现大运会新增加服务内容,模型设计需新增或修改的基数据有:(a)大运会赛事与对应的高敏感灾害性天气数据;(b)灾害性天气对大运会主要赛事影响环节与风险特征数据;(c)灾害性天气对大运会举办城市运行保障影响环节与防御指南数据;(d)专业预报方法库数据;(e)行业用户基础信息数据,包括行业归类、用户名或单位名称(尽量具体)、单位地址(指定到区)、地理位置(经度、纬度)、应急服务联系人(应急、回访与效益调研时需要)、服务方式(传真、电邮、短信、网络、电话等)和行业服务需求数据信息等。

系统驱动信号是指系统自动利用监控信息、预报预警信息、大运会专项服务指标信息等启动相应处理程序、产生相应产品信息的响应信号。主要有:(a)预报与分区预警消息驱动信号;(b)专业预报预警信息驱动信号;(c)大运会赛事专项服务指标驱动信号;(d)行业专业服务指标驱动信号;(e)自动站气象要素实时监控信号;(f)气象灾害实时监控预警信号;(g)雷达实时监控信号;(h)雷达回波云团实时监控预警信号。

(4)建模实例

以大运会帆船、帆板气象服务的现场服务为例,说明建模思路。以判断气象条件是否符合大运会帆船、帆板专项服务指标作为系统驱动信号之一:风速为 3~20 米/秒,能见度大于 1500 米;当风向摆动超过 50°,风速大于 20 米/秒时放弃比赛。建模的步骤为:(a)建立帆船、帆板比赛气象条件数据库;(b)建立帆船、帆板比赛的产品属性数据表及其相应数据库等;(c)与现有监测、预报预警、服务系统衔接;(d)根据产品属性进行服务调试,修改相关数据表和数据库;(e)子系统与整个服务平台衔接。

实现系统在实时提供实况监测信息的同时,根据帆船、帆板比赛的气象条件会驱动生成相关提示信息、集成相关产品、发送到不同的服务通道并进行服务(廖贤达等,2008)。

3. 结语

该系统建模思路是建立在深圳市现有的气象监测和预报预警平台基础上的,在实际应用中需要掌握以下几点。

(1)系统中用到的数据库建设是建好该模型的前提和基础,新建数据库和数据库的关联必须根据已有数据库建设和大运会服务的具体需求统一配置好,不断细化,最终达到业务化的目的。

(2)在实际应用中,需根据需求和已有业务系统建设基础进行综合设计、改造、集成,建立专业化的气象服务系统,并在业务应用中不断调试与改进,不断提升服务能力。

(3)如建模的基础不是很好,应从简到易搭建,但在顶层设计上可参考此做法,对产品属性结构表的建设要放眼业务发展的全局,以便系统不断升级。

二、气象服务管理

气象服务管理对推进气象服务高质量发展具有主导性作用。各级、各类气象服务机构(实体)按照一定的规则或关系组成了一个有机联系的机构体系。新形势下,推进气象服务转型发展,必须注重推进气象服务体制与机制创新。当前气象服务质量管理体系融入数据产品的供给管理体系、数据要素流通管理体系、数据交易安全管理体系的实践性、时间性、专业性、紧迫性要求越来越明显,气象服务质量管理体系亟待专业化、数字化、体系化、平台化、智能化快速发展。

(一)气象服务质量管理体系实施指南研究[①]

1. 现状分析

(1)国际相关现状分析

经过多年试验性探索,2013 年,WMO 发布了《国家气象和水文部门实施质量管理体系指南》。该文件的目的是为建立并实施一个质量管理体系(QMS)提供所需的指南,以确保并提高国家气象水文部门(NMHS)产品和服务的质量。WMO 各成员国在指南的指导下,相继开展了气象质量管理体系建设。据 WMO 秘书处统计,截至 2015 年,WMO 的 192 个成员国中有 117 个国家实施了质量管理体系,实施比例为 61%,其中欧洲成员国实施率高达 94%,亚洲成员国实施率仅为 50%。

在国际上,气象服务质量管理体系建设工作发展较为成熟的国家主要集中在欧洲地区,比如德国气象局(以下简称 DWD)。经过多年的探索和实践,DWD 基于 ISO9001 标准,按照 WMO-QMF 指南建立,覆盖了数据、观测、预报、服务、国际合作等整个气象业务方面,包括组织架构、质量政策与目标、体系文件、质量的不断改进、各过程的控制管理等。据 DWD 介绍,自实施 ISO9000 质量管理体系后,DWD 对业务进行了优化,更加明确了关键的战略性业务,建立了较完善的文档系统和业务质量管理指标,更好地实现了气象产品和服务的质量控制。同时,通过引入内部和外部审查审计制度,有效地发现了业务质量和管理中存在的问题,及时进行防控和持续地改进。多年来,DWD 的质量管理体系已经在日常业务中深入人心,持续提供长期、稳定、高质量的服务和产品,发挥着预期的作用,成为了气象服务质量管理体系国际最佳实践案例之一。

---

① 参考中国气象局法规司标准预研究友助项目(项目编号:Y-2019-03)相关研究报告,项目主持及报告执笔:孙石阳。

（2）国内相关现状分析

进入新时代,我国正站在由高速增长阶段转向高质量发展阶段的新起点上。根据《中共中央国务院关于开展质量提升行动的指导意见》和《国务院关于加强质量认证体系建设促进全面质量管理的意见》的文件精神,深入开展质量提升行动,促进各行业加强全面质量管理,是实施质量强国战略的必然要求。气象事业是我国服务和保障国家经济建设、国防建设、社会发展和人民生活的科技型基础性公益事业,在我国经济社会发展中的地位和作用日益重要。面对应对气候变化和服务国家战略等日益增长的需求,中国气象也进入高质量发展阶段。

2019年6月9日,中国气象局印发了《关于进一步深化气象标准化工作改革的意见》,文中提出应在气象业务及管理的各个环节增强质量意识、标准意识,推广质量管理标准和质量认证手段,树立全员、全方位、全过程的质量管理理念。鼓励和支持各级气象业务服务单位结合自身业务特点,运用先进质量管理标准和方法,通过开展标准化试点、推行质量管理体系、开展第三方认证等方式,促进气象业务服务质量水平的整体提升,培育和创建知名气象品牌。

基于WMO的倡导以及我国国情发展,作为WMO重要成员国之一,我国气象部门在气象服务领域的部分业务均开展了质量管理体系建设的尝试,如陕西省气象局和上海市气象局、福建省气象局部分预报业务均完成了质量管理体系认证。但都与WMO提出的在气象部门建立质量管理体系的要求有较大差距。2017年中国气象局启动气象观测质量管理体系建设工作部署,预计到2020年左右,在全国范围内全面建立气象观测质量管理体系,全方位提升气象观测管理水平和业务质量,到2021年前后,有必要将范围逐步扩大到预报与服务领域,形成全系统抓质量的强大合力,持续全面推动气象领域的高质量发展。

2. 存在的问题

（1）缺乏符合我国气象服务特色的质量管理方法的支撑

多年来,随着气象改革发展全面推进,为满足新时代气象事业高质量发展的迫切需要,各级气象部门已经历了多次改革,并相应地制定并更新了多套规章管理制度和标准,但实际工作与管理过程并未形成协调一致的机制。尽管WMO已出台了气象质量管理体系的实施指南,我国目前暂无相关的配套管理办法以支撑和指导气象服务质量管理工作的实际开展。

（2）气象服务关键过程控制有待优化

气象服务缺乏从需求出发的全流程规范管理体系,各流程的关键节点缺乏风险控制,满足需求的服务产品也有待提高,各流程所涉及的制度或指导文件、标准、技术规范均有待完善。各个关键流程的风险未达到有效防控,气象服务质量难以得到切实保障。

（3）气象服务用户反馈及运行保障机制有待完善

近年来,各级气象部门相继开发了相关的数据系统、管理平台,为气象服务的业务提供科学系统的技术支撑。但在运行过程中,由于缺乏系统化的用户反馈管理机制,对用户需求的调研、分析和反馈不足;服务与应用需求紧密联系不够,未形成可持续改进的保障机制。

（4）管理人员水平有待提升

气象服务各级业务人员主要来源于气象服务领域的技术骨干,对业务及管理工作的质量控制缺乏必要的知识和培训,员工的质量管理意识不强,质量管理能力有待提高。

（5）缺乏标准化手段提供支撑

目前我国尚未发布与气象服务质量管理体系相关的标准体系,在开展气象服务质量管理过程中,一直沿用 ISO9000 系列标准。但是该系列国际标准的原理、方法和要求具有国际通用性,无法与气象服务的实际特点和未来发展需求、创新手段和方法紧密结合。由于缺乏较强针对性和操作性的标准化手段的支撑与指引,工作人员在实际工作开展过程中,难以灵活应用和科学掌握质量管理体系的原理和方法,质量管理工作成效一般。

3. 应对措施

（1）探索建立适合中国气象服务特色的质量管理模式

ISO9000 族标准是迄今为止世界上最成熟的质量管理方法,通过帮助各类组织通过客户满意度的改进、员工积极性的提升以及持续改进来获得成功,具有广泛的通用性和指导性。在 WMO 成员国中,许多案例展示了通过应用 ISO9000 质量管理方法体系有力提升了气象服务质量和管理水平。

为借鉴国际先进管理经验,提升我国气象服务的标准化和规范化,中国气象局多次在相关文件中明确提出以质量管理体系建设为抓手深入开展气象质量提升行动。通过导入和应用 ISO9000 标准,结合中国气象服务的实际特点,形成具有中国特色的气象服务质量管理模式。

（2）梳理优化气象服务全流程

要全方位提升气象服务管理水平和业务质量,实现气象服务向高质量水平发展,应对气象服务领域现有流程进行全面梳理和分析;运用过程方法,结合 PDCA（策划—实施—检查—改进）循环和基于风险的思维,建立从用户需求出发作为输入到服务产品提供作为输出的全流程模型,注重对关键环节和过程结果的评估,形成气象服务全流程优化方案。

（3）设计质量管理体系运行保障

围绕增强持续改进能力,应依据气象服务的实际特点和发展需求,设计适用的质量管理运行保障机制,确保气象服务全流程实现可追溯管理。在各关键环节应切实做好风险评估,便于发现造成质量问题的原因,及时进行修订完善并持续改进。

(4)提高管理队伍整体素质

为保证质量管理体系整体的有效性,建立健全气象服务质量管理队伍,提升质量管理人员能力是建设质量管理体系的重点工作。通过借助外部专业咨询机构的力量,使相关人员得到必要的培训并参与体系建设过程,提升管理意识和能力,逐渐培养出一批既懂业务,又精于管理的优秀团队,确保质量管理体系有效实施。

(5)为气象服务领域质量管理体系建设形成标准化实施指南

通过总结质量管理体系建设以及运行经验,编制气象服务质量管理体系实施指南,为后续全面开展气象服务质量管理体系建设提供理论和方法支撑。在标准编制完成后,气象服务组织应对体系范围内的所有员工进行标准的宣贯和培训,以确保体系的实施效果得到最大及最优化。

4. 气象服务质量管理体系实施指南标准编制

(1)编制依据

标准的主要编制依据为:(a)国际标准化组织 ISO9000 系列标准;(b)世界气象组织(WMO)发布的《国家水文和气象部门实施质量管理体系指南》;(c)我国气象服务质量管理工作相关法律法规、政策指导文件;(d)我国气象服务质量管理体系工作建设情况等。

在编制体系实施指南标准时,应对质量管理工作的实际情况进行充分调研,搜集大量的相关标准、文献以及现有文件,确保编制的标准具备较强的适用性、专业性和科学性。

(2)编制思路

标准适用于全国范围内提供各类气象服务的单位或组织,考虑到各单位的实际业务流程有所不同,标准的编制应考虑其通用性和实用性。各单位可依据指南的总体框架,再结合自身情况开展质量管理体系工作。

标准可按照国际标准化组织(ISO)和世界气象组织(WMO)基本要求,结合国内气象服务现状和特点,以梳理气象服务全过程为主线,建立覆盖气象服务全流程的质量管理体系;以 PDCA 过程方法为核心,运行并持续改进气象服务质量管理体系。

① 建立完善全面的质量管理模型

按照"策划、实施、检查、改进(PDCA)的管理模式要求形成气象服务闭环,从输入到输出的全方位考虑,建立一个全面可循环的质量管理体系,为气象服务的优化和改进提供强有力的支撑。

② 梳理气象服务质量管理体系有效运行的全流程

根据 WMO 的实施指南以及气象服务的实际特点和业务情况,梳理科学有效的气象服务质量管理体系运行流程,将体系与日常工作高度融合应用,以确保有效地指导气象服务组织和人员提供高质量的气象服务产品。

③ 优化完善运行机制

针对气象服务产品制作发布、服务对象关系管理、产品偏差控制、服务质量评价和文件信息管理等已有流程进行调整和完善,形成了持续改进的自我完善机制,逐步建立起更加高效、集约化的管理体系。

(3)编制目标

通过该标准的研制及发布,为全国范围内不同层级的气象服务组织开展质量管理体系工作提供强有力的技术支撑。通过标准化管理,气象服务从输入到输出全过程可追溯,便于查找和解决造成质量问题的原因。同时,通过对体系的评价和持续改进,确保持续满足服务对象的需求,助力气象服务组织为预报服务、防灾减灾和应对气候变化等工作提供高质量的气象服务产品,为服务国家战略和气象现代化提供支撑。

(4)标准总体框架

经研究分析,体系的实施主要由"体系建立"和"体系运行"两大模块组成,标准可根据这两大模块分别给出具体明确的要求。

① 体系建立

在体系建立方面,气象服务组织可基于 ISO9001 标准的要求进行总体设计,包括体系建立的总体要求、组织保障、质量方针和目标、支持、过程管理以及体系文件。

(a)总体要求。在对体系建立进行总体框架设计时,可利用 SWOT 分析表,理解组织及其环境,考虑内部环境以评估组织实现预期结果的能力,考虑对组织造成影响的外部环境。组织还应充分理解、监视和评审所有与气象服务有关的相关方的信息及需求,以确保稳定提供符合相关方需求及适用法律法规要求的产品和服务。之后,组织再通过确定体系涵盖的范围和覆盖的所有过程来策划建立完善全面的质量管理体系。

(b)组织保障。应确保为气象服务质量管理体系提供有力的组织保障。包括成立体系推行小组具体负责体系的建立和运行,任命组长和副组长具体负责监督指导体系的推行工作。在体系覆盖的各部门设置专门的体系小组成员,参与体系推行工作。

(c)质量方针和目标。气象服务质量方针由体系小组组长确定和批准,该质量方针在界定的气象服务质量管理体系范围内,应适应组织的宗旨和环境并支持其战略方向,也为建立质量目标提供框架。气象服务质量管理围绕该质量方针和质量目标开展,以满足服务对象的需求。

(d)支持。应切实保证并提供气象服务质量管理体系所需的资源,体系范围内的工作人员所需具备的能力,体系工作人员有知晓质量管理体系质量方针及目标的意识。同时应建立起顺畅的内外部沟通机制,以确保不同部门和层级之间的有效沟通,共同有序地推进质量管理体系工作。

（e）过程管理。在体系建立阶段,应考虑体系涉及和覆盖的所有过程以及各过程之间的相互作用,包括支撑过程、管理过程以及服务提供过程。三大过程形成一个大闭环,同时各过程形成一个小闭环。组织将 PDCA 循环应用于整个体系以及所有过程,确定每一项工作在气象服务质量管理体系中的节点及作用。通过实施各工作事项,以输出不同类型的高质量的服务产品,最终满足服务对象的需求。

（f）体系文件。通过识别各大过程的各个环节,理解各过程的相应作用之后,再按照需要的程度形成文件。体系文件应由参与过程和活动的人员编写。描述工作流程时,应明确何人、何时、何地、依据什么文件做什么工作、如何做,必要时,可绘制流程图。

② 体系运行

体系运行是体系建立的主要目标,通过体系运行可以检验体系总体框架的适宜性和有效性,也是持续改进质量管理工作的必备环节。体系文件发布实施后,各单位应及时组织开展体系运行。运行期间要严格执行体系文件,确保各项工作要求落实到人,在关键环节应确保做好体系文件控制和记录控制。

在体系运行阶段,气象服务组织可参考 WMO 发布的《国家气象和水文部门实施质量管理体系指南》文件中的内容,结合各组织的实际情况,确定体系运行的全部步骤,形成清晰顺畅的运行流程,同时对各阶段的工作提出明确要求。

（a）运行启动。气象服务质量管理体系运行应得到体系小组组长批准之后启动。在启动期间,可招募有经验的组织或个人,为组织的员工提供体系的入门培训。体系小组结合建立好的质量管理体系,开展差距分析。通过召开质量管理评审会议,对前期差距分析的结果进行评审,并确定体系涉及的各项流程,与日常工作中采用这些程序的员工共同编写制定体系文件。

（b）体系检查与评审。气象服务组织可通过开展内部审核、管理评审和外部评审对体系进行检查与评价,确保体系的有效性。内部审核:按照体系要求,应挑选并培训内部审核员,负责各建设单位气象服务质量管理体系的内部审核。内部审核一般在体系运行一段时间后实施,其主要目的是确认体系的运行是否满足体系文件和标准要求,找出不符合项并采取纠正措施。各单位应制定体系内审方案,根据方案要求组织开展内审工作。管理评审:管理评审是体系认证的必备环节,在内部审核及整改结束后开展,其主要目的是对体系运行期间的适宜性、充分性和有效性进行综合评价,对气象服务质量管理体系运行中的重要问题进行研究、部署以及确定后续改进方向。外部认证:当组织完成了内审和管理评审工作后,按照质量管理体系认证要求,体系小组应向第三方质量管理体系认证机构申请认证。受审核的单位应按照体系小组的安排做好体系认证准备工作,包括确定审核计划、审核组分工、落实各项工作等。当完成现场审核并评定合格后,各单位按照审核意见落实整改措施,获得质量管理体系认证证书。气象服务质量管理体系运行全流程可参考图 4-5。

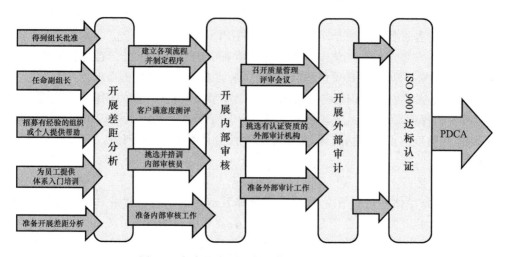

图 4-5 气象服务质量管理体系运行全流程图

(c)体系持续改进。体系小组应判断各过程可能出现的风险及机遇,注意识别是否存在可能发生的潜在不符合事项,及时研究是否采取相应的预防措施。必要时,应制定相关的改进方案,包括修改和完善相关的体系文件,或发布和执行新的体系文件。体系的改进应是长效化且可持续的。

5. 小结

为适应我国气象事业的发展,提供更高质量水平的气象服务产品,掌握先进的质量管理方法并将其应用到气象服务全过程中,是所有气象服务组织及服务人员应采取的一项重要战略决策,这也将有力地推进我国气象服务高质量发展和气象保障的高水平供给。

(二)气象服务数据交易试点探索初步研究①

我国的气象服务早期以面向公众服务为主,通常对气象数据的准确度和精度要求不高。随着我国国民经济发展和极端天气频发,越来越多的行业和企业认识到气象服务的价值,对高精度的气象数据需求越来也大,企业付费意愿明显增强,付费数量稳定增长,研究气象服务数据交易规则对推动数据要素流通、最大程度安全释放气象数据潜能、激活数据要素市场新质生产力、提升气象社会服务现代化能力意义重大(刘东华 等,2022)。

---

① 参考刘东华、林霖、张习科、孙石阳《气象数据要素试点改革研究》,中国气象局气象发展与规划院专项基金资助项目(项目编号:ZCYJ2022003)。

1. 气象数据交易规则初步探索

（1）气象服务数据确权机制

① 原始数据和气象数据产品和服务的确权

根据中国气象局 2020 年发布《气象数据管理办法（试行）》第六条，气象部门依法履职过程中获取的原始数据属于国有气象资源，其所有权归国家所有，气象部门依法依规对其进行管理和使用。作为国有资源，气象数据应尽可能地对外开放，以实现气象数据从资源化到资产化的跨越式发展，为经济社会发展赋能。

从气象数据产品和服务层面，在国家培育数据要素市场的导向下，取得收益是驱动市场主体进行交易的根本动力。虽然国家立法并未明确数据财产权益的归属，但国内法院通过运用竞争法，逐步认可了大数据成果的财产权益性质。另外，在地方的立法实践中，也开始对数据的财产权益予以承认和保护。如在 2022 年 7 月正式公布的《深圳经济特区数据条例》率先提出了数据的人格权益和财产权益，明确"自然人、法人和非法人组织对其合法处理数据形成的数据产品和服务享有法律、行政法规及本条例规定的财产权益"。近期公开的《上海市数据条例（草稿）》规定，自然人、法人和非法人组织对其以合法方式获取的数据，以及合法处理数据形成的数据产品和服务，依法享有财产权益，且可以依法进行交易。因此，市场主体基于已开放的原始气象数据，进行实质性加工和创新性劳动而形成的气象数据产品和服务依法享有财产权益，可通过数据交易取得相应的收益。

② 气象数据授权运营

《中华人民共和国国民经济和社会发展第十四个五年规划和 2035 年远景目标纲要》规划中提出"开展政府数据授权运营试点，鼓励第三方深化对公共数据的挖掘利用"。

从地方政策文件看，2020 年 10 月，成都市发布了《成都市公共数据运营服务管理办法》。2020 年 4 月，北京市大数据推进工作小组办公室发布了《关于推进北京市金融公共数据专区建设的意见》，探索通过授权开放的方式推动金融公共数据应用。2021 年 7 月，广东省发布了《广东省人民政府关于印发广东省数据要素市场化配置改革行动方案的通知》，提出"创新公共数据运营模式。推动公共数据运营机构建设，强化统筹管理力度，补齐运营主体缺位短板，创新公共数据开发运营模式。建立健全公共数据运营规则，研究制定公共数据授权使用服务指南，强化授权场景、授权范围和运营安全的监督管理。"前期公布的《上海市数据条例》专设"公共数据授权运营"一节，规定："本市建立公共数据授权运营机制，提高公共数据社会化开发利用水平。"并明确采用竞争方式确定被授权运营主体，授权其在一定期限和范围内以市场化方式运营公共数据，提供数据产品、数据服务并获得收益。

关于授权运营主体的选择方式，目前国家层面也在制定相应的政策文件，可根据数据特点,依法采用市场化、行政化等不同配置模式,选择通过前置审查的数据运营单位,审查的重点内容包括数据运营单位的资本结构、组织架构、网络环境和数据管理能力。成都、北京、贵州地区目前采用的是行政化配置模式,授权当地国资企业运营公共数据。上海在《数据条例(草案)》中则倾向通过市场化配置模式,采用竞争方式确定被授权运营主体。

根据《气象数据管理办法(试行)》第五条"气象数据管理遵循统筹管理、集约建设、统一出口、有序供给、充分利用、安全可控原则"和第十七条"气象部门通过财政性预算资金获得的气象数据归气象部门共同使用,产生的收益,按照国家有关规定执行",可考虑由中国气象局授权其下属企事业单位或深圳市气象局下属企事业单位或独立第三方,作为气象数据的统一运营主体,搭建安全可靠的气象数据开发利用环境。其他地方气象局搭建数据支撑子平台,实现和统一开发利用平台的对接,保证跨域数据及时更新。

市场主体通过气象数据开发利用平台开发的数据产品和服务,可通过深圳数据交易所上架并对外交易。数据产品上架前,深圳数据交易所(简称深数所)数据商将对数据产品关联的数据资产进行审查,确保数据来源合法合规。

(2)气象服务数据定价机制和收益分配机制

① 气象服务数据定价机制

授权运营的气象数据要成为市场化产品,需要数据授权运营单位或使用平台进行气象数据开发利用的数据商投入一定的人力、物力或者其他数据。因此,经过再开发产出的市场化产品可以按照成本回收原则或市场调节原则进行定价,允许相关主体实现成本补偿或者获得合理的投资回报,激励相关主体的参与积极性,提高气象数据再利用的可持续性。

(a)公益性或普惠性目的数据利用定价机制

原则上对于以公益性或者普惠性为目的的气象数据的利用主要由数据授权运营单位进行开发,执行成本补偿收费的定价机制。这里的定价是围绕气象数据服务定价,而不是气象数据本身。由数据授权运营单位和数据使用单位双方共同协商,特别是让数据使用单位充分表达意见,尽可能降低数据使用单位的成本。

(b)经营性目的数据利用定价机制

对经营性目的的气象数据利用由市场主体进行开发,实施合理收费或市场调节收费。授权运营单位可基于其向市场主体提供的开发利用平台收取合理的平台服务费。市场主体通过深圳数据交易所进行交易的气象数据产品和服务依从"数据商报价、交易所估价、买卖双方议价"的价格生成路径,有别于国内其他数据交易平台定价模式。考虑到数据交易是依赖于供需关系的市场化行为,应当基于市场规律定价,深圳数据交易所在产品定价模式上充分借鉴股票交易市场,参考股票发行市盈率法定价模式,即 P(股价)=EPS(每股税后利润)×PE(市盈率)。其产品定价模式为：

$$P(\text{数据价格})=PS(\text{初始定价})\times DM(\text{定价系数})$$

式中,指标 DM 是由交易所或具有行业权威性的第三方评估机构综合考虑数据质量、数据贡献度、数据信用度、数据交易历史评价等因素加权平均构成的定价系数。

② 气象服务数据收益分配机制

(a)气象数据服务交易的收益分配机制

气象数据服务交易是一个集数据、算法、算力于一体的复合型交易。交易过程中的数据提供方、算法提供方以及算力提供方都可基于投入的资源以及产生的贡献而享有一定比例的收益分配。同时,还要向从事交易撮合、场景拓展以及平台运营的服务提供方支付一定的费用和报酬。具体的收益分配比例和费用支付标准遵循市场规律,由各相关主体协商制定。

(b)气象数据授权运营收费

公共数据的授权经营,不同于普遍意义上的数据开放,满足的是特定主体的数据需求,往往指向的是特定主体的商业利益,不属于政府必须提供的公共产品,如果完全由财政列支,则属于全体纳税人为个别市场主体的个性化需求买单。故而气象部门向被授权运营单位收取一定的费用,完全具有正当性。

各级气象部门可根据本地区、本部门的实际情况,建立数据成本核算制度,统筹考虑数据采集、存储、加工、管理等因素,分类核算数据成本,由中国气象局进行成本汇总,作为气象数据授权运营的收费参考标准。中国气象局可在价格部门和财政部门的指导下,结合数据核算成本,参照行政管理类、资源补偿类收费标准和流程,制定气象数据授权运营收费标准管理办法,由中国气象局或其授权的气象部门向被授权运营单位收取相关费用。再由中国气象局或其授权的气象部门根据各地气象部门的成本核算情况并结合其他考虑因素进行分配。

授权运营费用可作为被授权运营单位运营成本的组成部分,在制定气象数据服务价格时予以考虑。

(3)气象服务数据可信流通机制

气象服务数据可信流通是对数据安全的基本保障,根据气象数据的不同流通的流通场景,包括低保护场景、中保护场景和高保护场景。因此,构建一套完整的气象服务数据可信流通保障机制必不可少。随着数据沙箱、联邦学习、区块链等关键技术的研发应用,实现数据"可用不可拥""可用不可见"已具备一定技术基础。针对气象数据可信流通,应构建一套保障气象数据可信流通的与交易所衔接的"气象数据交易支撑平台",该平台应具备如下功能：

① "数据可用不可见",采用隐私计算技术,对气象数据进行有效的保护；

② "数据全流程不可篡改流通记录",采用区块链技术,对支撑平台的数据流通进行全生命周期的监管和记录,保障数据可控、可溯；

③"数据中台"功能,可以针对交易进行快速响应,满足气象数据交易的支撑;

④"数据测试"功能,能够提供数据测试沙箱,对客户或者潜在用户提供利用数据进行测试验证的环境。

(4)气象服务数据合规监管机制

气象服务的合规监管可分为授权运营监管和气象数据服务交易监管两方面。

① 授权运营监管

建议气象数据被授权运营单位负责气象数据的安全及安全漏洞的及时修复,"气象数据交易支撑平台"的维护、交易评价及服务的改进、交易的投诉处理等。气象局对被授权运营单位的运营合规性和安全性进行监管。

② 气象数据服务交易监管

气象局是气象数据服务的行业主管部门。为更好地对数据交易过程中气象服务数据合规监管,建议由气象部门牵头成立数据审查委员会。成员可由气象部门、公安部门、国家安全部门、数商代表等组成,针对数据交易产品的安全与合法性进行审查,通过审查的数据方可进入交易环节。该组织主要负责对涉及国家安全、公共安全利益的数据进行有效监管。

(5)气象服务数据交易标的及方式

① 数据集

数据集也可以称为数据包,是一段时间内某类数据的集合,一般已经过清洗、分类、结构化等初步加工步骤。呈现方式主要包括 excel、csv、音频、视频、图片等。交易方式主要为文件传输、文件下载、API 接口等。

② 数据服务

(a)数据联合建模。由需求方给定算法模型,一个或者多个数据提供方基于多方安全计算、联邦学习等隐私计算技术,提供训练数据集并在各自的隐私计算节点进行算法训练,最后输出算法模型参数。常见交易方式为隐私计算服务。

(b)模型化数据。将一个或多个字段的数据内嵌于算法模型中,由用户输入查询条件,模型相应输出基于字段数据的运算结果。常见交易方式有 API 接口、应用程序等。

(c)数据分析工具。将一个或多个字段的数据内嵌于工具中,由用户输入查询条件,模型相应输出基于字段数据的可视化分析结果。常见交易方式有账号权限、应用程序。

(d)数据集成管理服务。对数据进行汇聚分类,并提供数据管理分析工具的服务。交易方式有数据库使用权限、应用程序等。

(e)数据分析报告。数据分析报告是基于大量历史数据,分析总结规律和趋势,并通过文字、图表等可视化方式进行展示。常见交易方式为文件下载。

（6）气象服务数据交易相关主体

① 数据提供方

数据提供方提供数据资产的使用授权，主要履行以下责任义务。

（a）保证其发布的数据资产通过合法方式收集，具有与交易行为相对应的授权权限，且能够提供相应的证据予以证明。

（b）将数据资产的名称、描述信息以及使用场景限定等内容在深数所平台上进行发布。

（c）保证数据资产的质量，包括数据完整性、真实性、准确性等。

② 数据商

自营类、经纪类数据商主要履行以下责任义务。

（a）对数据资产进行尽职调查，对数据产品权属、质量、价格和安全风险进行评估和审核，向深数所提交相关证明材料，按规定公开披露相关信息。

（b）基于数据资源目录和场景需求清单，对一个或多个数据资产进行开发利用，加工成标准化数据产品。

（c）提供安全可信的数据流通技术和流通环境，向数据购买方进行交付。

③ 数据购买方

数据买方主要履行以下责任义务。

（a）按照电子合约相关约定使用数据产品并履行支付义务。

（b）确保具备与参与交易活动相适应的安全保护水平。

（c）法律、行政法规或本市地方性法规对特定交易存在特殊资质要求的，从其规定。

（7）气象服务数据交易流程

① 上市准备

数据提供方将合法拥有的数据资产发布于数据资源目录，录入信息包括但不限于表名、字段描述、数据样例、主键加密方式等，吸引数据商及社会力量根据市场需求开发数据产品。数据商在正式上市发布数据产品前，应对其所使用的数据资产合规性进行审核，确保权属清晰、质量合格、安全可靠。

② 价格生成

深圳数据交易所坚持市场主导的原则，构建适应复杂数据交易中的定价评估模型，追踪市场化交易行为，使数据产品价格渐渐趋于市场化。在产品定价模式上充分借鉴股票交易市场，即产品上市发行依据"先期估价，上市发行，最终由市场决定价格"准则。

定价模式为：P（数据价格）＝PS（初始定价）×DM（定价系数）。其中 PS 初始定价为卖方报价，指标 DM 是由深数所或具有行业权威性的第三方评估机构综合考虑数据质量、数据贡献度、数据信用度、数据交易历史评价等因素加权平均构成的定价系数。

③ 产品试用

通过对数据产品的特征提取、标记和整合,深数所为数据购买方提供产品搜索、发现和推荐服务。数据购买方在正式下单前,可基于深数所搭建的测试沙箱对数据产品进行试用。试用过程留痕,深数所结合试用情况优化数据产品推荐机制,对恶意试用进行惩戒。数据购买方在试用后,完成数据匹配度和数据相关性的价值分析,作为双方议价基础。

④ 交易签约

交易价格及收益分配达成一致后,进入签约环节。交易合同签约主体为数据提供方、数据使用方、(经纪类)数据商及深数所四方或数据使用方、(自营类)数据商及数据交易所三方,以电子签约形式在交易平台实现。电子合约中明确买方和卖方及此次交易涉及数据和相关内容。合同中应包括"数据许可条款",约定数据的使用区域(境内或境外)、交易主体身份确认、交易方式、数量、用途等,要求使用方采取有效措施保证数据安全,如对数据使用者进行身份确认,约定不得将数据授予第三方等。同时,交易所保留对数据产品用途的审计权,保证交易双方履行合同约定。由公证机构为合同签署提供全流程鉴证及合同备案。

合同签订完成后,由数据购买方发起购买数据产品的请求并完成支付,买方资金划入到平台第三方账号。交易所接受资金后,通过平台发送交付指令给数据商,数据商准备相应机器资源,启动产品交付。

⑤ 产品交付

针对不同的数据产品形态及数据产品使用场景,交易所支持文件输出、API/SDK 等数据服务接口输出、联合在线计算结果输出等多种形式交付。数据商获得交易请求后,按照合同约定交付方式交付数据,并将订单状态修改为"已发货"。数据购买方确认数据产品与合同约定匹配并确认收货后,双方进入清结算环节。

2. 气象数据要素市场试点改革探索

气象数据在流动中具有市场价值属性主要来源于两种方式:一是通过其数据本身和其他数据的融合来提升其具有的数据市场价值;二是在流通过程中使其价值通过加工、融合、包装而让其从数据的公众性提升到具有一定的专业性,从而提升数据市场价值。整体来看,数据要素市场配置改革属于一项系统工程,需要从产品分类、数据监管、机构机制、市场培育、服务提供、产业孵化等多个环节来进行综合研究,通过持续不断深入开展气象数据交易试点改革来推进气象数据交易不断向前发展(张习科 等,2023)。

(1)积极探索推进数据要素市场配置改革的前置条件

如果气象数据确权、数据监管、数据评估等在线下交易时没有得到很好解决或者没有形成标准化的业务流程,那么想通过信息化手段、平台化交易的措施来解决数据交易中出现的或可能出现的系列问题显然是困难重重。通过研究分析,推进气象数据要素市场配置改革需要具备的四个基本前置条件是:第一,要有完善的气象数据要素资源体系,包括加强气象数据资源采集汇聚、推动气象数据高质量汇聚、建设标准化的气象数据要素资源体系等工作;第二,要构建成熟的气象数据要素市场体系,包括加快建立气象数据确权机制、加快建立气象数据定价规则、加快建立气象数据交易市场化机制、搭建包括数据交易撮合、交易监管、资产定价、争议仲裁在内的全流程数据要素流动平台、建立全社会数据资源质量评估和信用评级体系、积极营造便于数据要素流通的市场环境等;第三,要有壮大的气象数据要素应用体系,包括推动数据要素全面深度应用、开展重点行业应用试点示范,支持交通、旅游、能源、建筑、水务、生态、农业等重点行业企业探索各具特色的数据应用模式;第四,要有稳固的数据要素安全体系,包括推动数据安全监管体系建设、建立数据市场风险防控体系、建立面向企业的数据安全备案机制,提升数据安全事件应急解决能力等安全要素。

(2)积极探索气象数据要素市场试点改革的模式经验

深圳从 2021 年开始,通过与相关企业合作,以"新能源气象服务"探索气象数据要素市场试点改革。深圳试点改革的气象数据模式探索:从产品的生产驱动来讲,交易类型分为需求定制型和市场产品型,两者的区别在于生产驱动的差异;从产品供给方来讲,交易类型分为独立供给、联合供给、授权供给等方式,以上三种方式的差异在于数据版权主体和结算对象的差异。六种气象数据交易模式见表4-2,从表可看出,需求定制型分为模式 A、模式 B、模式 C,市场产品驱动型分为模式 D、模式E、模式 F。

表 4-2　气象数据交易模式一览表

驱动供给	独立供给	联合供给	授权供给
需求定制驱动	A 模式	B 模式	C 模式
市场产品驱动	D 模式	E 模式	F 模式

A 模式:该模式是由市场需求方 x 发起,通过交易平台数据商 k 传递需求到数据供给方 y,并由数据供给方 y 独立供给产品,结算主体为 y。

B 模式:该模式是由市场需求方 x 发起,通过交易平台数据商 k 传递需求到数据供给方 y,数据供给方联合第三方 z(算法提供方、辅助数据提供方等)并由多方联合生产产品,供给需求方 x,结算主体为 y、z 参与收益分配。

C 模式:该模式是由市场需求方 x 发起,通过交易平台数据商 k 传递需求到数据供给方 y,数据供给方联合第三方 z(算法提供方、辅助数据提供方等)并由多方联合生产产品,并授权 t 为该产品版权运营商(t 可以是 x、k、y、z 或其他),供给需求方 x,

结算主体为 t、y、z 参与收益分配。

D 模式：该模式是由数据供给方 y 根据市场调研,规划生产的一批具有市场通用价值的数据产品,通过数据商 k 上架交易平台,市场需求方 x 通过交易平台查阅到相关产品,然后下订单订购该产品。该模式的结算主体为 y。

E 模式：该模式是由数据供给方 y 独立或者联合市场资源方 m,根据市场调研,规划生产的一批具有市场通用价值的数据产品,该产品生产过程中由数据供给方 y、联合市场资源方 m 并联合其他算法供应商 n 合力打造,约定产品版权归共建方共同所有,产品最终通过数据商 k 上架交易平台,市场需求方 x 通过交易平台查阅到相关产品,然后下订单订购该产品。该模式的结算主体为 y、m、n 参与收益分配。

F 模式：该模式是由数据供给方 y 独立或者联合市场资源方 m,根据市场调研,规划生产的一批具有市场通用价值的数据产品,该产品生产过程中由数据供给方 y、联合市场资源方 m 并联合其他算法供应商 n 合力打造,产品具备市场化后授权 t 为该产品的版权运营商,t 一次性买断该产品的版权或采用分润方式运营,产品最终通过数据商 k 上架交易平台,市场需求方 x 通过交易平台查阅到相关产品,然后下订单订购该产品。该模式的结算主体为 t、y、m、n 参与收益分配。

深圳试点采用 C 模式进行开展,因按照需求定制来驱动,最后没有与市场直接挂钩而没有形成最终交易,主要原因就是前面所提到的几个前置条件均不成熟。目前,深圳气象已是深圳探索公共数据授权运营模式的重点领域之一,深圳市气象局是市政数局探索公共数据授权运营试点单位之一。结合前面推进数据要素市场配置改革的前置条件分析,真正最终可促成数据要素市场试点改革的交易模式"F 模式"可能更加适用和具有科学性,因为市场产品驱动授权供给模式在流程上、机制上具有倒逼推进数据要素市场配置改革前置条件的更快、更好配置。

3. 气象数据交易的关键问题探索

（1）气象数据交易的共性问题

① 确权问题

尽管气象部门也出台了许多有关数据共享管理的办法和出台对外共享数据目录清单,但在实际业务执行中,一些专业化的数据或产品随成熟度增强、受众面增多可变为公众或行业公益公共气象数据或产品,而尚有数据交易价值需求的数据或产品可能暂时由于具有安全、涉密、准确性等方面的因素而没有纳入到数据对外共享数据目录清单中,这些数据一旦合理合法变现交易后,其本身的价值权属仍停留在第一次交易的过程中,对后续数据交易的确权和价值挖掘就很难界定和进一步体现,这也就是前面所分析的"一锤子买卖"的交易场景效果。而这种"一锤子买卖"交易在后续数据要素市场也存在很大风险隐患,包括数据交易市场出现的同质化情况、数据交易流通的不可信等一系列问题,如何正确处理好在数据开放、数据共享与数据安全之间的关系,寻求三者之间达到使用平衡、安全平衡是一种非常困难的事情。

② 安全问题

气象数据的原始数据是不能交易的,能交易的是经审查过的中间数据或产品数据,这些数据因其来源或服务需求不同,可以以动态数据、静态数据、数据集、散点数据、格式数据、非格式数据、文本数据、图形数据等多种形式存在,其安全性受数量、环境、使用对象、时间、地点、系统开发、研究应用等需求影响,数据或产品的安全风险与管控级别有明显差别。在使用上或应用上虽有安全使用规定和脱敏性要求,但在可信流通的实施过程中,目前在技术、管理、机制等方面的交易要素均不成熟,安全问题很难有序、有效地在短时间内得到解决,气象产品数据流通"一管就死、一放就乱"的特征依然明显。

③ 机制问题

这里主要是指数据交易可信流通过程中的数据确权机制、数据价格评估机制、数据定价机制、收益分配机制、政企合作机制等均还有诸多不完善、甚至是空白的地方,涉及法律、法规、标准、规范等诸多建设内容,而这些建设内容,仅仅通过一次试点来发现所有问题是不可能的、也不现实。当前有关主流研究提出的数据要素市场机制建设思路仍在不断探索和完善中,还有许多基础性和开创性工作需要完成,气象数据流通交易也离不开这一揽子机制建设来支撑,在行业规范、保障措施体系这两个方面均有许多不完善领域。气象数据交易模式中无论是需求定制驱动模式还是市场产品驱动模式,最终需要解决的关键问题还是数据所有权问题,确权机制是气象数据交易中的核心问题,"谁来确权"(管理层面)"怎么确权"(机制层面)"确权实施"(流程层面)三者必须形成完整的、闭合的、高度协同的气象数据要素交易体系。

(2)气象数据交易的个性问题

① 二级市场气象数据价值挖掘难度更大

根据前文分析,气象数据交易场景的价值体现更多的是取决于数据本身的专业性和其与其他行业融合生成的产品价值挖掘体现,其专业性强的特点决定其在二次价值挖掘、二级市场的开发和拓展方面,价值挖掘和升值空间难度很大(而这在其他行业的二次挖掘中数据融合生成的产品价值升值比较容易实现)。可复制的市场化气象数据交易场景难以标准化打造,前面分析的案例基本是以气象数据产品一级市场买卖构成的商业价值作为定价依据。

② 气象数据交易要素配置难度更大

气象数据市场化培育晚,按照推进气象数据要素市场配置改革,气象数据作为商品真正在市场上的可信流通需要具备四个基本的前置条件来分析,在完善的气象数据要素资源体系、成熟的气象数据要素市场体系、壮大的气象数据要素应用体系、稳固的数据要素安全体系上还有许多的战略研究和基于战略研究下的改革措施等一系列配套工作来支撑发展。气象数据要素交易体系方能在创新改革发展中慢慢得以完善和壮大,气象数据交易要素配置工作方可取得实质性突破。

③ 数据安全风险管控难度更大

专业化的气候风险、生态气候、跨境服务等数据安全风险管控和对数据流通所服务的领域掌握难度很大,包括在推动数据安全监管体系建设、建立数据市场风险防控体系、建立面向企业的数据安全备案机制、提升数据安全事件应急解决能力、加强气象数据交易信息化能力支撑平台建设等方面的要求更高、难度更大。

4. 探索气象数据要素交易试点改革的经验启示

气象数据具有"公共数据"属性,并且原始数据本身具有很强的"保密"需求和专业性,因此,气象数据的交易更可以看作是基于气象数据产品的延伸服务交易,其数据产品交易本身是对气象数据更深的社会价值的挖掘。针对当前个性和共性问题,结合深圳探索气象数据要素交易试点改革的进展情况,有三个方面的经验启示值得借鉴。

(1)健全治理、供给、交易、利用"四位一体"的气象数据交易环境

① 不断健全气象数据治理生态

引入标准化、智能化数智治理方式,对业务数据与服务数据可灵活实施分类、分级、分时间、分区域、分交易属类等要素的精细化治理,从源头上为数据交易试点改革提供可靠、可信数据安全环境。

② 不断完善气象数据(产品)安全供给生态

打破地域局限,不断完善可交易数据(产品)的"时间""空间""专业"属性边界,构建面向全国区域的"气象交易窗口",做到安全可控可信交易,灵活满足市场需求。

③ 构建适应交易场景的数据交易支撑生态

气象部门数据交易支撑平台连接数据交易平台,数据交易支撑平台既是连接数据交易平台供给上游数据的支撑平台,也是获取众创利用平台产生的新数据新产品的管理平台,以此管理并通过数据交易方式实现"数据不出门、交易行千里"。

④ 构建数据产品众创利用生态

引入社会资源共建模式,气象部门把好政策关和安全关,做好数据的服务工作和安全保障工作,保障原始数据安全和最大限度地提供可创造社会价值的生产要素,形成让社会资源充分参与、让市场充分发挥、让技术充分能动的交易数据(产品)生产生态,同时气象数据交易的市场化环境也可得以良性循环培育。

(2)健全确权、安全、机制、交易"四位一体"的气象数据交易体系

① 逐步完善数据确权交易机制

法规层面应明确数据的分级分类管理和建立可信流通的确权机制,明确哪些数据可以直接进行交易、哪些数据可以在安全限定下使用、哪些数据为保密数据不能

参与任何商业化；理清并建立交易数据在交易过程前、过程中、过程后的确权机制，确权机制必须与全链条的数据供给与交易流程相结合并与之同步匹配。

② 逐步完善全域安全管理

从技术方面实现数据交易的安全保障，如在安全限定下使用的数据要能够从技术层面规避数据出网的可能性，真正做到数据"可用不可见""可用不可拥"；从技术层面对数据的流通环节可以完全掌握，避免数据的黑盒使用。

③ 不断强化数据基础服务能力

加强气象数据基础服务能力，数据交易过程是对数据进行调度和处理的过程，只有气象数据基础服务能力能够满足市场配置服务的要求，而不是事先假定的专业化、个性化需求，数据流通才能成为可能，数据在交易过程中的确权机制才可能科学体现。

④ 不断强化流通环节团队建设

气象数据要素交易流通商业化、专业化，气象基础数据是矿石，气象数据要素交易流通的是金属，因此要将矿石的采练过程专业化，可以通过组建运营团队或授权运营方式，将气象数据要素流通环节交给专业团队负责。

(3)试点构建政府管理、事业保障、市场交易"三位一体"的气象数据交易模式

① 试点出台领域更广泛的数据交易政策

按照国家政策提供开放共享数据，明确数据共享和数据交易定义，明确区分数据共享和数据交易范畴；同时，出台覆盖更广泛领域的数据管理政策，提升气象数据基础服务能力，对气象数据的专业化供给做到安全可控。

② 积极探索公共数据授权运营

积极推动公共数据授权运营，出台融合气象众创共享开放平台、气象数据要素交易支撑平台、数据交易平台（政府层面构建的数据交易中心机构）的数据交易和可信流通数据政策。统筹建设全链条的数据安全监控体系，从法规、流程、数据源、属性、价值评估等方面逐步建立全要素、全过程的监管和风险识别预警机制。确保交付的气象数据产品具备绝对的安全可控和可溯源等特征。

③ 积极探索构建气象数据要素交易平台

探索建设气象众创共享开放平台，对脱敏、开放、普惠的气象大数据进行价值挖掘、创新发展、商业交易。探索建设集隐私计算、全链条安全可控和可溯源、数据审查、门户系统等于一体的气象数据要素交易支撑平台，促进该支撑平台与政府数据交易平台有机对接，继续通过试点创新构建"三台"（气象众创共享开放平台、气象数据要素交易支撑平台、气象数据交易平台）业务互融、平台供给一体、权责明确清晰、数据可信流通、流程全域协同、服务安全可控的气象数据要素交易大平台。

第五章　气象创新发展研究

中国气象现代化既有世界各国气象现代化的共同特征,即气象站网布局科学、分工合理,监测精密协同高效,预报精准智能无缝隙,科技领先等特征,更有基于中国国情的中国特色。本章结合气象发展实际,对全球气象创新和极端天气过程在公共气象服务领域中的纽带作用开展了相关研究,旨在为全球气象科技创新思路融合行业气象服务社会经济发展模式上提供新方法、新模式、新途径提供借鉴,拓宽思路。

(一)全球气象创新发展分析与启示[①]

创新发展是当今世界最重要的发展理念之一,包括理论创新、体制创新、制度创新、人才创新、科技创新等。气象是基础性、公益性、科技型事业,以全球视野创新发展中国气象是当前我国气象发展重要战略之一。全球气象创新发展方式也多种多样,涵盖从发展数值预报模式到人工智能应用;从气象灾害识别到气象风险识别;从服务城市防灾减灾到服务弹性城市、韧性城市、海绵城市建设;从应对气候变化、气候治理到服务生态文明建设保障;从"互联网+气象"到"互联网⊕气象"(符号"⊕"表示创新含义)等多领域、多模式、多技术、多学科的融合发展(孙石阳 等,2019b)。

1. 全球气象创新概念

(1)全球气象创新内涵

① 全方位创新

目前最先进的创新理论是"三螺旋理论"(张来武,2018),即创新是由科学、技术以及市场应用这三个"螺旋桨"在一起融合,形成的一个复杂系统。在创新这一复杂的系统中,"三重螺旋"通过不断运算和融合形成了创新。在这样的理论体系下,创新可以分为四种类型:基于工程学的创新,以客户为中心的创新,基于科学的创新,效益全能型创新。"全球气象创新"的概念既包含以全球视野创新发展气象事业的创新,如全球监测、全球预报、全球服务、全球治理等;也包括以创新技术或方式支撑发展全球气象能力提升的创新,如全球气候模式、全球卫星监测、全球预测预报预警服务等的创新。因此,"全球气象创新"概念涵盖了创新理论的所有四种类型,也覆盖了发展气象业务的各方面、各环节。

---

　　①　参考中国气象局图书馆《科技信息快递》2017 年 6、7、8、11 期与 2018 年 1 期相关文献资料。

② 全开放创新

创新领域本身就具有开放性,全球气象创新驱动全球气象发展,全球气象发展反过来又孕育出气象创新机遇。近年来,国际上一些主要的气象强国、组织或区域气象中心均以机制相互融合、技术强强合作、数据相互共享、广泛调动社会力量参与从不同方位、不同领域深度实施开放式创新,不断强化气象的创新发展特别是科技的创新发展,既有包括数值预报全球模式和集合预测等核心技术的创新发展,也有包括利用众包数据、众筹智力等"互联网⊕气象"模式的创新与发展。

(2)全球气象创新主要领域

结合创新体系的四种类型,按照当前国际上气象业务体系的主要构成,将全球气象创新分型成气象监测、气象预报、气象服务、发展理念四个领域方面的创新。

① 气象监测

气象监测的创新在创新理论体系的基于工程学、基于科学、以客户为中心、效益全能型四种创新类型中都有体现。主要表现在气象监测技术、监测方式、监测领域、监测范围、监测质量、气象装备等领域的创新。创新气象监测是创新发展全球气象的基础性工作,也是高质量发展我国气象工作的基础。

② 气象预报

以基于科学的创新和以客户为中心的创新为主。主要表现形式为"数值预报模式"或"数值预报全球模式"的"全息化"(数据信息)+"无缝隙"(不同尺度模式衔接)+"细网格"(分辨率)的发展方式;此外,人工智能在天气预报中的应用特别是人工智能技术在处理高时空分辨率的大数据、数值模式物理参数化、改进模式后处理方案、提升高影响天气预警预报水平方面也取得了显著进展。气象预报是全球气象创新发展核心技术的重点领域,也是高质量发展我国气象事业的基石。

③ 气象服务

以客户为中心、基于工程学、效益全能型的创新为主。一是创新数据应用,主要表现为大数据的融合应用、挖掘使用、智能应用,及与社会经济数据、行为的创新融合应用等,还包括应用"互联网⊕气象"的模式促使全球气象信息朝一体化发展、一网式服务的创新应用,如气象遥测设备设施基于通感一体技术开展的自启动灾害监测与告警服务;二是气象服务产品的数智化、场景化创新应用,如利用"气象+交通""气象+金融""气象+港口"等场景化服务供给与行业的防灾减灾应急场景链条衔接起来,创新形成供给全链条、服务标准化的服务模式,数字孪生技术将快速推动这一创新应用;三是创新信息提供方式,主要表现为"互联网⊕气象""文化创意⊕"等的融合发展,其信息内容呈服务实时化方式发展,信息推送呈服务智能化展现,信息效果呈品牌化发展,"人工智能+数据要素 X"供给模式将很快成为现代气象信息服务的主流方式。气象服务是全球气象创新的重点领域,也是体现我国气象事业高质量发展的重要窗口。

④ 发展理念

以客户为中心、效益全能型、基于科学、基于工程的发展理念创新为主。科技发展改变了气象"预报"与"服务"格局。由于"互联网＋气象"和"互联网⊕气象"等的发展支撑,全球气象发展格局朝"人工智能＋全球气象业务智慧化""互联网＋全球气象利益共同体"的格局发展,"全球化""智能化""一体化""科技化"是全球气象创新发展理念的主流概念。全球气象创新发展理念体现了全球气象创新发展的战略思维,也是我国气象高质量发展战略思维的高度体现。

2. 全球气象创新发展分析

(1)智能监测呈宏观微观两侧融合式发展

① 利用卫星进行全球气象监测

气象静止卫星在时间分辨率上有明显优势,是理想的全球监测工具,广泛用于气象领域监测,也被利用在环境等非气象领域,比如监测洪水、火灾、火山爆发、痕量气体和干旱等。以 RS-AMV 为例,与 JMA 中尺度分析和高空观测相比,"葵花 8 号"卫星 RS-AMV 数据更加可靠。

② 使用事件驱动智能启动监测

日本利用"葵花 8 号"卫星系列卫星实现"事件驱动"针对特定目标区域的快速扫描能力,其目的是对风暴、火山喷发等突发事件,实施快速和时间加密的观测。可优先针对热带气旋和火山喷发等事件,让卫星观测从常规模式进入快速扫描模式,以获取更加详尽数据。

③ 社会化合作开展微气候观测

中国香港通过在指定地区(多为社区、学校)建立更多微型自动气象站,合作开展微气候观测,提供更稠密观测数据,发展适合更小尺度预报的模式后处理方案或动力降尺度方法,提供更精细的气象预测。

④ 利用大数据监测天气变化

2017 年 4 月,一家位于美国波士顿的名为 ClimaCell[①] 的创业公司宣布,该公司可以借助早在 2006 年被发现的通过比较手机通信塔之间信号强度估计降水量的技术,参考其他天气观测资料,做出更加准确的 3 小时预报,预报产品的分辨率足够高,可以给出不同街区的预报结果。

(2)预报模式呈全球全息无缝隙式发展

① 持续改进数值预报模式

一方面,NWP 有效预报时效(目前已达 7～10 天)已接近经典动力气象学中天气可预报性之极限;另一方面,原始方程模式在千米尺度上的参数化尚没有理论上

---

① 注:ClimaCell 为美国一家监测服务提供商。

的突破,模式耦合技术很难触及更真实的大气层多种物理、化学和生物等过程细节。ECMWF 下一代预报模式探讨用随机动力学方法解析非线性过程的突破,让更多卫星遥感解析出的要素(气溶胶、海冰和温室气体、活性气体)进入模式,从而让模式的模拟更加接近真实大气环境,全球对流解析模式(或风暴尺度模式)的研制已经成为模式开发的主流。

② 完善数值预报"大数据"同化

资料同化解决的是数值预报中的初值问题,随着各样式的卫星和雷达遥感探测产品的不断发展,观测资料的种类越来越丰富,数量也越来越大;同时,随着高性能计算水平的不断提高,数值模式也可以处理更高的模式分辨率和更复杂的物理过程,在此基础上可产生海量精细化的模式预报样本,同化及预报结果显然更接近大气真实状态。

③ 综合研究无缝隙数值预报模式

目前的预报模式分别考虑了大气、海洋、陆地和冰冻圈等组分,把热带过程对中纬度天气的影响或城市街道对城市风的影响纳入模式中,注重众包数据的使用也是提高模式无缝隙能力的明智选择。当 NWP 的空间分辨率从 100 千米精细化到 10 千米甚至是 1 千米时,模式的动力核心和参数化之间的界限也走向模糊,这势必会推动下一代天气和气候模式最终走向统一。

④ 广泛开展数值天气集合预报应用

目前,ECMWF 的集合预报由同一计算机模型的 51 个成员预测组成,集合预报获得更广泛应用,成为世界各主要预报中心当家预报手段的地位更加突出,EC-MWF 很注重对集合预报的评估和改进。在针对飓风"艾玛"的预报里,集合预报给出未来 10 天飓风路径的 120 千米可能范围这一关键信息,这是单一预报无法提供的。

⑤ 发展高分辨率混合数值预报模式

基于"大数据"理念,美国、欧洲、日本等数值天气预报采取混合模式(包括各国研究机构模式引入以及多模式的集合方法)与气候数据库的手段(采用各种跨学科的混合技术),推进预报有效性、可定制性和准确性的效果初显。

⑥ 期待揭开"灰色地带"的谜底

2017 年末,ECMWF 召开了一次"揭开灰色地带的谜底"学术研讨会。"灰色地带"是指数值天气预报和气候模拟活动中,因确定性的动力过程无法完整解析带来的对模拟对象没有把握的表达,或在模拟手段上采用的过渡性和缺乏成熟理论依据的方式。同时,也指数值预报在进入高水平分辨率(1~10 千米)时,一些新的方法和技术可能带来模拟能力在本质上的提升机会。"灰色地带"不仅会随着模拟活动的拓展而扩大,还会随着新技术或方法引进而被"收复失地",充分体现发展数值预报技术"更多挑战"和"更多收获"的深度博弈。

⑦ 利用人工智能技术提升预测水平

2018 年,天池数据挖掘国际顶级学术会议(IEEE ICDM)全球气象 AI 挑战赛由阿里云天池平台联合深圳市气象局和香港天文台联合举办,比赛分为初赛和决赛两轮,共有来自全球的 1700 多支队伍参加比赛。来自香港中文大学(深圳)理工学院的四位本科学生组成的参赛队伍成功从回归模型预测转到分类预测而一举夺魁。

(3)智慧服务呈多元互动一体化发展

① 气候数据的服务价值挖掘、可视与应用

2018 年 6 月,ECMWF 启动"欧洲气候数据存储(CDS)"服务,免费提供过去、现在和未来气候信息的一站式服务,极大改善了获取气候数据和工具的途径,提高气候数据转换应用的附加值,领域包括气候监测工具和服务、决策者的网络应用、公共和商业需求的增值服务,以及传播环境和社会挑战的有效途径等。CDS 由 ECMWF 的哥白尼气候变化服务(C3S)开发,利用了欧盟委员会哥白尼计划收集的大量的地球观测数据,产品类别包括再分析资料、卫星观测资料、季节性预报产品和行业气候指标等。其工具箱可以让用户建立自己的基于网络的应用程序,分析、监测和预测气候驱动因素的变化及其对商业部门的影响。例如,分析地表温度和土壤湿度的变化及其对能源、水资源管理或旅游业的影响。

② 模式产品与用户的互动式发展

ECMWF 提供了一种在 ECMWF 数据与产品使用的交流思想和经验的论坛,给用户提供一个交流机会,回馈 ECMWF 预测性能和对现有产品的范围,并了解 EC-MWF 最近预测系统发展。2017 年的主题是"风暴",重点针对在模型输出的处理、诊断预测风暴的弱点和 ECMWF 模式的优势、风暴对部门应用的影响等方面进行讨论。

③ 卫星数据资料的快速同化应用

中国风云气象卫星,尤其是风云四号气象卫星,其带来的是欧亚大陆东部遥感数据的全面提升。卫星提供的分钟级海量数据更新"倒逼"NWP 系统做出更新。日本、美国等国相继推出从 30 秒到 1 小时更新的高分辨率快速同化系统,有望大幅度提升短生命期、强对流系统的短临预报水平。美国气象业务于 2014 年实现高分辨快速更新同化(HRRR),每 1 小时进行数据更新。日本在"向日葵"系列卫星具有针对日本本土以及预报敏感区域快速扫描的能力,将其快速更新同化的时间间隔缩短到 30 秒,有望将龙卷等强对流预警时间增加 10 分钟左右,实现突破式进步。

④ 气象预报的"全程呵护"式效用服务

2015 年,由美国国家强风暴实验室(NSSL)专家最早提出的天气预报"全程呵护"理念,在防灾减灾方面,美国和欧洲的私人天气企业以及谷歌公司等,在全球一体化理念的实践过程中发挥了引领作用,依靠技术创新并综合社会科学、行为科学以及经济学的理念使气象预报影响的广度、深度能全方位体现其效用。法国气象局与 5 家企业联合成立法国气象集团,意在发挥国家气象机构与企业各自的优势,提高气象服务与网络新媒体快速融合的速度。

(4)发展理念呈开放融合高质量创新式发展

① NWP 核心技术"优中选优"的战略

美国在 2018 年完成的下一代全球降水系统(NGGPS)模式的研发,定位为"全球 3 千米到 10 千米、嵌入模式 0.5 千米到 2 千米",有效期 30 天的全球最先进预报系统。NGGPS 是在考核目前已有模式的基础上,采取"优中选优"的战略,即从候选的 6 个模式中,包括欧洲中期天气预报中心(ECMWF)和加拿大的模式,选出最优者继续开发。如 NGGPS 模式研发成功,很可能为美国其他模式,尤其是飓风和中尺度预报模式提供范本,从而加速其模式的全面更新换代 。

② 预报员数据同化(DA)理念

预报员数据同化(DA)将成为预报员与预报模式长期共处的新机制。在 2015 年召开的国际数值天气预报会议上,预报员 DA 的理念被低调抛出。预报员 DA 借助了 DA 理念,将预报员的预报经验,对一些天气过程中,常用 NWP 模式容易出现的"偏激"错误进行把握。

③ 全球地球系统模式对接策略

当 NWP 的空间分辨率,从 100 千米精细化到 10 千米甚至是 1 千米时,模式的动力核心和参数化之间的界限也走向模糊,这必然会推动下一代天气和气候模式最终走向统一。学者建议在欧洲、北美以及亚洲气候研究领先的国家,建立共同支持机构,开展以大洲为代表的高分辨率气候模式研究,在根本性的科学问题上寻求突破。

④ 数值预报模式"融合博弈"发展方略

世界各主要气象预报中心在开展自身创新的同时,也通过技术输出扩大其系统和产品开发能力的影响和价值。尤其是一些区域模式和预测服务系统,在移植和在受援落地过程中,面临了一些新的科学挑战,例如,需要针对当地不同气候类型、地形环境和与激烈天气类型相关的不同灾害类型等进行调整,也是改进和调整模式能力和服务系统功能的绝好机会,这样的输出往往能达到"双赢"的目的。

⑤ 高质量减少灾害风险的标准化服务策略

当气象灾害风险已经被监测到或即将出现时,在有效时间、特定空间场景下及时向公众发出气象风险告警是非常必要的,也是可行的。有效的减灾工作可以归因于加强基础设施建设和气象监测预报的不断进步,以及公众对天气警报作出整体反应的准备。互联网的出现大大提高了预警的有效性,根据天气系统尺度,警告的时间尺度也从日到小时到分钟。WMO 还制定了减轻灾害风险路线图(WMODRR),同时给 WMO 会员和外部使用的文件,用以理解国家气象水文部门(NMHS)通过 WMO 内协调的减轻灾害风险(DRR)行动计划。

⑥ 发展适应应急管理转型的服务模式

近年来,世界主要国家纷纷推动应急管理模式的变革,主要表现为由推动传统的以政府为中心的应急管理模式向基于社区的灾害风险治理模式转型。如日本阪神大地震以来,推动实现基于社区的灾害风险治理模式;美国 2013 年以来推动实施全社区应急管理模式。实践表明,这些转型大大地提高了公众参与程度与能力,进而提升了社区灾害风险治理绩效。

⑦ 多学科参与解决气象防灾减灾问题的思路

"天气界"已经意识到并建议,改进公共安全需要的不仅仅是提供及时、准确的天气预报,还必须相应地扩展其业务目标,让社会和行为科学成为研究和业务的组成部分,重点越来越多地放在帮助个人和社区降低脆弱性和在天气灾害事件来临前规避风险。2017 年美国飓风季的实践,让美国乃至全球气象人不得不认真思考这个建议。

3. 对我国气象创新发展的几点启示

（1）统筹集约促进气象创新全方位融合式发展

融合,用经济学语言来说,就叫创新。气象的全方位融合创新发展,能加速发展我国气象能力,这一策略将在气象信息提供的所有阶段进行,从监测观测到资料同化、模式、预报、传播和交流、理解和解释、决策和制作产品,也包括气象信息融合的机制建设等。这主要体现在:一是在气象大数据的融合应用上,包括与天、地、空监测数据的融合应用,如 COSMIC-2 瞄准提升 6～8 天预报,提供的海洋、南北极资料非常珍贵,ECMWF 也对这些数据资料十分看好,对发展数值预报全球模式、混合模式有极大推进作用;二是在全球气象事业不同体制机制的融合发展上,如世界气象组织用标准、规范、行动计划、防御指引等在成员组织或国家、地区减少灾害风险的标准化服务所起的积极作用等;三是体现在气象服务提供与被服务对象在防灾减灾、趋利避害的整个过程中,对气象"灾害监测""风险识别""科学防御""风险管理""科普意识"上的认识和行为上的深度融合,例如:"应对灾害有准备的城市""应对天气有准备的国家"等,其最终体现的是整个社会的气象防灾减灾、趋利避害的社会联动和防灾效果在目标上的趋同一致。

（2）系统推进数值天气预报核心技术跨越式发展

以目标为导向,围绕中国气象"提高全球监测、全球预报、全球服务、全球创新、全球治理能力"发展目标,充分利用和发挥好气象卫星监测资料的效用,中国气象在全球监测能力上已不亚于欧美、日本等国家,在实时防灾减灾服务、数值预报模式资料同化、气象大数据融合应用、应对气候变化、气候环境监测等方面具有"全球化""网格化"优势,但在卫星资料的应用上,由于数值预报模式本身及预报能力上的原因,卫星资料及包括雷达、自动站等气象资料的同化应用远没有得到很好发挥,必须牢牢抓住我国数值天气预报模式等核心技术的发展,学习欧洲中期天气预报中心(ECMWF)做法,持续诊断、评估与发展我国自行研发的数值预报天气模式,揭开我国数值天气预报模式的"灰色地带"谜底,遵循数值预报系统发展自身规律,建立"运行—研发"全链条式的发展方式,系统梳理模式动力框架、物理过程、地球系统分量模式和同化系统中的关键科学问题,集中力量开展攻关研究,持续性地开展模式评估与改进,实现我国数值预报系统的有跨越式发展。

(3)科学构建气象"预报"与"服务"格局平衡化发展

随着科技进步与发展,气象界"预报"与"服务"的协同发展不平衡、不协调、不匹配的情况日益凸显,"气象预报能力和气象服务水平如何科学协同发展问题""一个没有被使用的完美预报并没有体现出太多价值"和"一个虽然及时但准确性不高的预报也同样不受欢迎"。这涉及当前科技发展到一定程度后,摆在我们面前的是如何更高质量发展气象服务的这样一个关键问题:如何实施预报能力与服务水平之间的科学平衡以达预报服务质效的最优化。所以,需重新审视如何夯实我国气象核心科学技术,重点在揭开我国数值预报模式"灰色地带"的谜底上必须要有战略谋略,需集中力量、加大投入、集聚人才、稳定队伍、持之以恒、稳步发展;在提升智慧气象服务侧要有统筹方略,抓住高质量发展气象能力的根本,走"信息化、集约化、标准化、智能化"发展方式,利用大数据、人工智能技术提升气象预报、预测、预警、服务水平,协同创新气象服务供给侧改革措施,以科技为支撑,以需求为引领,科学打造高质量发展"预报"与"服务"业务新格局。

(4)开放合作,加速提升中国气象"全球化"国际影响力

当前,我国气象正由气象大国向气象强国发展,在 WMO、IPCC 等世界性国际组织中的地位和国际影响力日益提高,但同时也要看到,我国数值预报模式也缺乏类似信息领域"芯片"的核心技术;我国 AI 技术尽管水平在国际上具有良好的发展优势,但支撑 AI 的大数据采集、挖掘、处理、分析、应用的技术基础还十分薄弱。社会经济学认为,"合作博弈"是推动高质量发展的有效机制,"关起门"来搞研发不是明智之举。所以,要快速发展我国气象数值预报技术,提高数值预报技术、现代信息技术和系统支撑我国智慧气象的发展能力,仍要坚持走开放发展、融合发展之路。一是要加强与世界先进数值预报强国的交流与合作,聚四海之力,集八方之策,在合作博弈中砥砺前行,自主创新发展我国数值天气预报核心技术、信息化能力的支撑技术、智慧化服务的 AI 关键技术。二是要站在更高起点上,充分发挥我国世界气象中心(北京)的国际影响辐射作用,加强我国气象与世界气象在技术领域、服务领域的国际合作与情报交流,积极参与 WMO 及 IPCC 相关工作和行动计划,以能力提升和作用发挥争取更多世界气象话语权,不断提升我国气象"全球化"能力的国际影响力。

(二)极端天气过程在公共气象服务领域中的纽带作用

2008年春运时期,我国南方出现大范围低温雨雪冰冻天气过程,通过阐述该过程对深圳主要高气象影响行业所带来的影响,立足全国,对其进行致灾特征分析,寻找深圳本地致灾机理和影响因子。分析指出,极端天气过程在公共气象服务领域中的纽带作用及其关键。深圳交通气象服务实施个例也充分说明,在同等资源条件下,思考极端天气过程如何使公共气象服务向纵深领域进一步拓展具有重要启示意义(孙石阳 等,2009)。

1. 背景情况

2008年1月中下旬至2月上中旬,我国南方地区遭遇罕见的低温、雨雪、冰冻天气,强度之强、范围之广、致灾之重、影响之大均属历史罕见(万素琴 等,2008;赵琳娜等,2008;吴乃庚 等,2008;刘敏 等,2008)。

深圳气候资料显示,1968年2月份曾出现过24天的低温情况,但在2月13日、18日出现断开。本次我国低温雨雪冰冻过程,深圳市自2008年1月24日开始出现低温(最低气温<10℃),一直持续到13日,持续日数达21天,属连续低温日数最长的一年。2008年春节期间(2月6—12日),深圳天气复杂多变,前期阴雨为主,后期阴天到多云为主,偶见晴天,温度偏低,感觉寒冷,寒冷预警信号一直持续到2月15日。

交通运输承受巨大压力,损失严重。截至2月5日17:00,春运四种运输方式累计发送旅客360.15万人次,同比下降7.54%。铁路运输方面,深圳火车站和深圳西站日滞留旅客最多达5.7334万人。民航运输方面,在2月25到27日,深圳机场飞往全国的航班许多受天气影响而停班和晚点。从1月29日至2月5日,共取消航班86班,延误航班682班。公路运输方面,从1月29日至2月3日,除发往省内各地、广西、福建部分地区、海南和江西赣州以南方向的班车正常,其余的省际班车基本停运,其中,途经京珠北高速的省际班线、包车已全部停运。

在这次低温雨雪冰冻过程中,各敏感行业遭受严重灾害。煤气中毒事件迅速增加:中毒总宗数和死亡人数随着温度的下降而明显上升,1月10日到2月15日煤气中毒总计689宗,死亡40人。农业损失预计一半:蔬菜、花卉大量冻死或冻坏,鱼苗大量死亡,农业减产严重,深圳西丽果场荔枝产量预计减半,持续低温对芒果开花坐果也会造成一定影响。春节前后,感冒、心脑血管疾病患者增多,感冒就诊人数增多,心脑血管疾病患者比2007年同期增加四成,其中危重、急症病人较多。交通事故增多:从1月26日起交通事故数量比平时同期上升9%。蔬菜价格明显上涨:蔬菜价格普遍上涨一倍,禽蛋鱼类出现近两成的涨幅。用电量迅速增大,供电趋于紧张:据当时市贸工局反映,深圳电站顶峰发电,全市电力虽无大影响,但日趋紧张,压力很大,已做好应急准备。旅游人数迅速减少。靠从外地运输原材料供给的一些制造业务因原材料缺乏被逼停产,也有因产品不能外运的一些企业被逼停产。

2. 致灾特征分析

(1)多种气象灾害并存

一方面,受灾区直接遭受暴雪、冰冻、低温等多种灾害性的天气的持续袭击,同时还遭受由此引发的次生(再生)灾害的破坏,如暴雪、冰冻、低温灾害天气可以直接将农作物、(野生)动物冻死,树林损毁,给生态环境造成破坏,引发生态灾害;造成供电设施被毁、公路不能使用,引发供电、交通瘫痪、交通事故频发等再生灾害;造成因食品短缺而物价上涨、人员高度密集伤亡事故增多等次生灾害。另一方面,深圳本地没有直接遭受冰冻、雨雪等灾害天气的影响,但受到持续低温的影响和因异地低温、雪灾、冰冻而带来的衍生灾害的影响,交通、农业、旅游等行业损失十分严重。

(2)多种天气极端事件迭现

此次南方大范围低温、雨雪、冰冻灾害性天气均属历史罕见,在很多地区属50~100年一遇,极端最低温度、雪深与雪压、雨凇观测均破历史观测记录,同时,持续时间之长、影响范围之广也是历史少有,属典型的极端灾害性天气。雨雪、冰冻、低温灾害性天气的同时出现是导致受灾区遭受重度破坏的主要原因之一:若只有雨雪,例如,在北方经常见到的雨雪天气,或者若只有低温,或在北方经常出现的干冷天气,都不会造成如此大的灾害。纯冰冻对电力设施会造成严重破坏,但如果没有积雪的加压,低温的维持,很多高压电线铁塔是很难被压垮的。

(3)多种灾害交互致灾

直接由气象灾害引发的灾害称为再生灾害,由再生灾害引发的下一级灾害为次生灾害。由于此次过程直接的(一级)气象灾害至少有暴雪、低温、冰冻三种天气,每种灾害性天气都会形成一定的再生灾害(二级)、次生灾害(二级以上)。反过来,次生灾害(再生灾害)也会交互影响到再生灾害(原生灾害)。

(4)多种行业衍生灾害凸现

此次特大灾害天气过程,在时间上表现为与我国传统节日春节相吻合,在地域位置上表现在湖南、江西、贵州最为严重。广东省特别是珠江三角洲是内地务工人员最集中的省份之一,春运时期,京广铁路、京珠高速是连通广东省与内地的主要通道,仅深圳就有900多万人次离开深圳,而其中大部分人员是需要走京广铁路、京珠高速公路,衍生出来的灾害就是人员滞留、交通运输计划几乎全部落空。为应对人员滞留情况,铁路部门需不断调整运输计划,疏散旅客,采取维持场站安全、提供补给、预防疾病等措施,致使场站运行成本急剧提高,营业收入急剧减少,损失可想而知。同时,旅游、卫生、城管、食品加工、物流等行业的灾害风险显著加大。

3. 对开展公共气象服务的纽带作用的思考

(1)极端事件的深入理解

当天气的状态严重偏离其平均态时就可以认为是不易发生的事件,不易发生的事件在统计意义上就可以称为极端事件。从统计学角度讲,由于平均值和变率之间复杂的相互作用,由平均温度变化引起的极端高温、低温事件的变化变得复杂化(Gumbel,2004)。

目前国际上在气候极值变化研究中最多见的是采用观测值中的最大或最小值作为极端值的阈值,超过这个阈值的值被认为是极值,本次南方低温雨雪冰冻事件可以认为是极端事件;也有人对不同气候要素采用不同分布型的边缘值来确定气候极值,或者取某个影响人类或生物的界限温度作为气候极端值或阈值(如高温日数、霜冻日数)。

因此,极端事件是一个动态的概念,既具有历史性,又具有变动性。一个极端事件的出现,本身为下一个同类极端事件的出现提出了新的条件;同时,极端事件也具有时段性,现在所讲的百年一遇很多是局限于当前的观测资料史,也就是一百年左右。

(2)致灾因子的综合分析

分析致灾因子对开展有针对性的气象服务十分重要,也是能有效拓展气象服务领域的重要条件。如同这次春运期间对深圳交通行业提供的专项服务,按照传统做法,提供深圳本地天气预报对减少本地灾害损失意义不大,但提供全国各地的天气预报和预警信号的发布情况对其意义非常重大,而这个影响其损失的致灾因子仅局限于本地分析是很容易被忽略的。因此,分析影响行业领域生产、造成灾害的致灾因子时应该考虑以下几个因素。

① 本地天气因素、本地气候因素

本地发生的灾害性天气、气候的直接破坏作用,特别是极端灾害性天气、气候的毁灭性打击作用。

② 本地地形、地貌特征

暴雨落在山区易出现山洪,落在街道易出现积涝;大风刮在沙漠上带来沙尘暴;雨凇出现在山区明显加重破坏电力设施;雷暴引起感应雷、直击雷易造成人员伤亡、房屋损坏、设备损毁等,在城市,雷击事故更是频发。

③ 自然现象、社会现象的衍生因子

有两个重要影响因素,一是在空间上表现为非本地(周边或密切相关地域)发生的重大灾害性天气、气候事件而引发;二是在时间上社会人群活动需求特征与天气、气候的破坏特征存在明显冲突。俗话说:"春运看广州",不用说有天灾,就是无灾,每年的春运广州火车站都要承受很大压力。此次南方大范围的低温、雨雪、冰冻天气过程对我国南方的电力、交通破坏极其严重,交通、电力基本瘫痪,而此时正是在外务工人员返乡过年的高峰期,仅深圳预计节前要发送旅客 500 万人次,每天近 50 万人,其中大部分旅客是往北旅行的,因此交通瘫痪带来的旅客滞留、车辆受阻情况可想而知。

④ 再(次)生灾害与衍生灾害的反作用因子

反作用因子在致灾程度上起恶性循环的作用。因此,缓解灾情、夺取抗灾减灾胜利要从源头上消除再(次)生灾害与衍生灾害的影响,从源头上讲只有保障供电铁路才会通,保障电煤供给成为关键,而电煤供给同样需要交通来支持,所以,另辟渠道,千方百计保障电煤供应和进行交通疏散的处置办法是非常英明的。

(3)预报释用的需求结合

本次过程对气象预报的专业释用有很大启示,针对深圳而言,有以下几个方面。

① 拓宽服务面

要立足全国,关注气象对深圳各个行业的影响,特别是关注对交通(铁路、公路、民航、水运)、旅游、物流、食品供应、能源供给、水环境、城市大气环境等方面的影响,拓宽服务广度,加深服务力度。深圳属于典型移民城市,外来人员多,春节、国庆等重大节日期间,返乡人员上百万,国内、省内主要区域和主要交通干道的天气状况也是影响交通运输行业的一个重要因素。因此,对交通等行业的气象服务显得尤为重要。

② 提升预估能力

要立足全面防灾减灾,关注可能出现的各类灾害性天气、气候对深圳的影响,包括灾害的再(次)生与衍生影响,熟悉各类极端灾害性天气、气候的致灾特征是做好灾害预估的前提。南方有许多人没有见过大雪,更没有见过冰冻,对其直接的破坏作用了解不够,即使作为气象工作者,对罕见的极端天气、气候的破坏作用亦预估不足,而这种预估是体现专业服务的最好手段。

③ 提高敏锐性和及时性

每次重大灾害性天气过程的出现,政府、公众、社会都给气象部门以极大关注,这对政府和公众重视气象、推动气象发展有积极的一面;同时也带来了更多的责任和压力,从技术上讲,气象部门对此次过程的总体预测是准确的,因为它不同于暴雨,受局地影响因素少、天气尺度大。但之所以还存在服务不到位的地方,原因有二:一是敏锐性不够,没有将这种天气过程的影响力与破坏性预估到位,不敢讲;二是及时性与服务需求的时效存在差距,由于预报时效的限制,向有关部门提供服务时,有把握的预报时效短,服务对象在使用产品时,局限于短期的调度与规划,一旦致灾,应急处置难度增大。

(4)服务效益的显著体现

灾害性天气过程的气象服务是能体现气象服务效益的最好案例。根据有关新闻报道,此次过程使灾区农(林、渔)业、交通(公路、铁路、民航)旅游、电力、物流、公共设施管理等行业损失惨重,全国因灾受到的直接经济损失达 1111 亿元。就深圳而言,灾害对交通、农业、旅游、供电、食品供应、电子、人体健康、房屋租售等方面产生了严重影响,借助气象服务的力量,有些损失是可以在很大程度上避免的,有些行业甚至还可以享受增值服务。

① 交通

节前预计发送旅客 500 万人次,实际发送 100 万人左右,并且前往北方的旅客大量滞留,运输成本增加,造成了不可避免的直接经济损失。但如果根据天气形势报告,提前(从 1 月 24 日开始)停止相关路线的售票,运输成本会降低很多,从大局讲,可以为减少旅客中途滞留、缓解交通压力、抗灾减灾作出巨大的贡献。从 1 月 27 日开始,根据天气形势与交通状况,国家、省(市、区)政府采取紧急应急措施,劝留与疏导工作成效显著。

② 农业

农业部门利用了气象部门的预报,防灾效益明显,但由于估计不够,采取措施不力,造成大量蔬菜、花卉、种鱼和部分不耐冻鱼被冻死或冻伤,影响果树发育,当年荔枝、龙眼大幅减产。

③ 旅游

旅游人数大幅减少,收入损失近 2 亿元。但东部华侨城旅游人数还是比较多,原因在于他们利用了气象服务,2008 年春节留深人员增加,留深人员去旅游的人数不少,减少了相关损失,增加了相关收益,属于成功的案例。

④ 电子行业

因为物流、交通的原因,原料供应短缺、产品无法外送,损失较大,有的干脆停产。

⑤ 商业

有喜有忧。由于留深人员比往年多且天气又冷,房屋租售是往年同期的数倍,短租房最抢手,短租公寓也十分火爆,商场保暖衣物、保暖棉被、取暖器旺销,给零售业提供了一次意外的促销良机。这场突如其来的灾害性天气,考验了零售企业的供应链与应急处理能力,先期掌握天气变化并能应变的的企业,善于顺应时势,可借机获得可观的收益。一场"谁有弹药谁胜出的战争"在无形中"打响"(祝燕德 等,2006)。

⑥ 水资源管理

利用阴雨天气的有利时机,积极蓄水。在冬季、初春时节,深圳的日降雨量一般不会很大,水库蓄水实际就是换种方式存"金钱"。

(5)拓展领域的有利时机

① 合作沟通纽带

对加强调研、拓展专业化的服务领域有积极作用。以需求为牵引,服务紧扣用户生产环节、致灾机理的服务需求,更加容易沟通与合作。

② 服务延伸纽带

对灾害影响预估、提高产品的精细化服务效果有强化作用,用指标说明影响程度和服务效果(马鹤年 等,2008),让用户直接见证社会效益和经济效益,使气象服务产品更易被关注、被接受。

③ 风险评估纽带

对灾后调查,提升灾害风险评估技术有指导作用。抓住不同灾害性天气特别是极端灾害性天气对不同行业的影响环节和影响机理,对寻找致灾因子、量化风险评估指标、积累服务经验、提高服务效益十分有用(王博 等,2007;万君 等,2007;黄兴华,2008;殷剑敏 等,2006;谢梦莉,2007;陈艳秋 等,2007)。

④ 行业融合纽带

对加强跨行业技术合作、资源的共享应用,提高产品科技含量起事半功倍的效果;对跨行业产品的研发,靠气象部门"单枪匹马"独干,也许需要很长时间,而且非常困难,通过行业合作,再难的问题也变得迎刃而解了。深圳是个行业密集型城市,交通、旅游、商业、食品加工、农业、保险等行业的服务空间十分广阔,只有加强横向联合,实现资源共享和优势互补,才能满足公共气象服务要求"扩大覆盖面、提高满意度"的科学发展。

4. 发挥对拓展公共气象服务纽带作用的典型案例

以交通气象服务为例。深圳市早期建立的春运交通出行气象服务、泛华南主要高速公路和国道的天气预报预警、主要干道天气服务、轨道交通风险预警、物流交通气象服务等系列交通类气象服务系统,在地理空间上已不能连续覆盖到整个交通行业链,在产品集约上也不能完全实施底层数据的数字化融合与行业大数据的信息融合,智能化、专业化水平和服务手段均出现了数字化上的发展瓶颈。为彻底改变系统研发的"小、低、散"局面,深圳市气象局从 2015 年开始,以全链条综合保障智慧交通气象服务需求为牵引,以系统提升轨道交通、物流交通、公路交通、城市交通、旅游出行等智慧大交通气象服务的能力建设为抓手,以"集约化＋智能化＋标准化＋网格化"为"四化一体"的综合开发理念,在构建以"数字底座"为支撑并以数字化技术融合贯通系统的全流程研发的数字化智慧交通气象服务模式及应用方面进行了积极探索。以此为抓手,在推进建设新型智慧行业气象服务模式、转型发展数字化智慧气象保障服务、满足数字政府气象保障需求、高质量融入智慧城市建设等方面均取得了实际拓展作用和应用效果(孙石阳 等,2022)。

(1)极端天气过程奠定了交通气象服务良好合作基础

在同等的资源条件下,2007 年春节期间甚至以往春运时期,深圳市春运办并没有把市气象局纳入成员单位。2008 年春运,正值低温雨雪冰冻过程影响前期,深圳市气象部门抓住有利时机,主动上门联系市春运办并即时提供服务,使交通气象服务一改过去服务的被动局面,让对方深深体会到气象服务的重要性和必要性。2009 年,市春运办主动将市气象局纳入到市春运工作领导小组成员单位,并主动联系气象部门合作开展春运交通气象服务产品的研发,提供气象信息服务渠道。同时,将春运长途车辆GPS(全球定位系统)运发监控系统,所有场站、路口视频监视系统提供给市气象局共享使用。由此,深圳市交通气象服务得到进一步的深入开展,数字交通气象、轨道交通气象、港口行业气象服务愈加精细化、智能化、场景化,这些服务在实践中已经创造出更加广泛的社会效益和经济效益,为进一步发展好气象社会服务现代化提供了示范案例。

(2)嵌入式提供数字轨道交通全场景服务

通过大数据、物联感知、融合通信等新一代气象技术打造的深圳市轨道交通专项气象系统,基于"网格＋气象"数据供给方式,构建了轨道交通行业气象服务技术指标体系,依托先进技术打造了一体化的自动服务平台,形成基于轨道交通风险影响的大城市轨道交通精细化气象服务平台。图5-1是智慧地铁气象系统一体化构建信息嵌入示意图,从示意图可以看出,平台通过智慧气象与智慧地铁的无缝对接,高水平的精细服务可个性化覆盖地铁站台、低洼地段、高风险区域、在建地铁工地、高架桥、站城一体化、城市轻轨路线等全轨道交通区域,运用智慧识别风险的运管思维,智慧提供主要灾害预警预报、重点时段重点监测的精细式叫应服务,实现了轨道交通气象全场景服务全方位实时保障轨道交通"无死角"安全运营。

智慧气象				智慧地铁				
轨道交通专项气象系统								
WEB	GIS	自动站/指标站	大数据	物联感知	融合通信	自定义阈值	系统融合	风险点对靶
高精准	高效率			高标准		个性化		
大城市轨道交通精细化气象服务保障模式								
构建轨道交通行业气象 服务技术指标体系			形成基于轨道交通风险影响的 大城市轨道交通精细化 气象服务预警体系			依托先进技术 一体化打造地铁气象 自动服务智慧供给平台		

图 5-1　深圳智慧地铁气象系统一体化构建信息嵌入示意图

(3)凸显气象科技能力现代化特征

数字化轨道交通气象服务模式具有风险监测一图感知、预警发布一键直达、应急响应一体联动、服务要素一库融合四大特点。

① 风险监测一图感知

根据城市轨道交通在监控和防御灾害性天气过程中的需求,进行指标站的选择、阈值确定、风险点对靶,建立起城市轨道交通气象监测网,网格化实施气象灾害风险数据集收集与完善,建立细网格化(1 千米×1 千米)城市轨道交通气象灾害致灾风险指标体系。

② 预警发布无感直达

系统 24 小时实时自动运行,应用智能大数据分析,气象监测预警预报数据 2 分钟内传递到地铁运营的工作界面,预警发布无感直达。

③ 应急响应一体联动

一旦发生险情预警,地铁操作应急响应 5 秒内自动提示,通过短信、邮箱、恶劣天气呼叫系统送到地铁相关责任工作人员,一体联动,防灾减灾。

④ 服务要素一库融合

服务已覆盖深圳所有在运行线路及龙华轻轨。系统可自动扩展,增加线路,无须再建系统,保障服务要素一库融合。

(4)凸显气象社会服务现代化优势

深圳大城市轨道交通精细化气象服务,具有高标准、高精度、高效率、个性化、可拓展等优势。

① 高标准构建轨道交通行业气象服务技术指标体系。发布地方标准,高起点、前瞻性建设轨道交通气象服务标准化体系,城市轨道交通灾害性天气防御过程中灾害性天气监测、预警、应急与联动、效益反馈和服务等各方面,更具各操作性、有效性。

② 气象数据细网格化管理,轨道交通气象服务监测精度高

天气指标站、降尺度融合自动站等实时监测,网格化的矢量实时气象灾害风险集,通过"分灾种、分时段、分人群、分区域"精准数据分析,实现逐分钟,精确至 1 千米的预警监测。

③ 预警及时,为运营决策及应急响应争取宝贵时间

系统实现台风预警及实时定位的精细化服务,提前 24 小时利用深圳市气象台发布的台风预警信息,结合风力实况监测,为制定精准的作业计划提供依据。系统实现阵风实况监测及预警,一旦风速将达到用户设定阈值,提前 15～30 分钟报警并发布应急响应提示。系统实现局地强雷暴、暴雨提前 30 分钟报警,服务地铁的运营。

④ 系统高度融合,预警信息应急联动效率高

深圳地铁专项气象服务系统与地铁运行系统深度融合,实现了预警预报数据 2 分钟内传递到地铁运营的工作界面。气象阈值和地铁操作应急响应前置对接,突发天气触发阈值时,地铁操作的应急响应 5 秒内自动提示,将地铁、轻轨运营线路和站点预警有效使用率提高至 95%。

⑤ 预警防御自定义,实现高度定制个性化服务

可任意设定区域作为防御区域,并设定大风、降雨、能见度、雷电、气温等要素的预警阈值。根据工作需要,订制适合地铁运营要求的防御策略。

⑥ 数据集约化,气象服务系统可扩展

系统高度集成,通过系统集约化、数据网格化、应急联动标准化、预警智能化,改变了"一条线路一套系统""一个风险点一个模块"的模式。

(5)凸显服务高气象风险行业的高气象经济效用

① 有效降低灾害性天气对地铁安全运行的影响

自 2010 运营开通以来,深圳地铁专项气象服务系统共发送专业预警信息十多万

条,有效降低了灾害性天气对地铁安全运行的影响,保障了因气象灾害影响的地铁运行安全事故为零,重大灾害天气服务效益显著。

② 大城市轨道交通精细化气象服务融入城市综合防灾减灾应急管理体系

在深圳地铁运营总部调度中心,深圳地铁运行调度系统与深圳轨道交通专项服务系统融合联动,地铁安全管理系统应急预案精确对接服务系统进入地铁运营总部应急指挥中心,形成了以满足用户需求为核心目标,聚焦用户应急需求的"短、平、快、准"的服务提供与防御气象灾害平行应急的服务格局,并进一步融入城市综合防灾减灾应急管理体系(轨道交通行业防御气象灾害应急协同"520"模式)。

参考文献

卞光辉,方乾,郑兴华,等,1999. 江苏省城市专业气象服务系统[J]. 气象科学,19(4):413-416.

卞娟娟,米卫红,张晖,等,2013. 智能人机交互技术在气象服务系统中的应用[EB/OL]. [2013-10-22].
   https://kns.cnki.net/KCMS/detail/detail.aspx? dbcode=CPFD&filename=ZGQX201310003168.

曹春燕,陈元昭,刘东华,等,2015. 光流法及其在临近预报中的应用[J]. 气象学报,73(3):
   471-480.

曹春燕,贺佳佳,陈训来,等,2016. 涉及停工停课的预警信号发布策略和技巧[J]. 广东气象(2):
   58-62,76.

陈积祥,2002. 回归后的香港天文台(上、下)[N]. 中国气象报,2002-07-01/04(3).

陈晓辉,2015. 科技创新引领标准化管理创新研究[J]. 中国标准导报(2):36-39.

陈艳秋,袁子鹏,盛永,等,2007. 辽宁暴雨事件影响的预评估和灾后速评估[J]. 气象科学,27(6):
   626-631.

段景瑞,桂楠,2017. 智慧气象在智慧城市建设中的应用思考[J]. 农家参谋(12):38.

段文广,范飞勇,刘燕,等,2021. 智慧气象服务融入智慧城市时空信息云平台的思考与探索[J].
   气象科技进展,11(6):71-73.

段元秀,2020. 大数据时代利益相关者视角下政府气象数据的开放共享[J]. 连云港师范高等专科
   学校学报(4):104-108.

方胜,易冬梅,2022. 深圳市气象局为公众提供有温度的气象服务筑牢气象防灾减灾第一道防线
   [N]. 深圳特区报,2022-05-25(A08).

冯裕健,孙国栋,林霖,2014. 关于完善气象服务市场机制的思考[J]. 气象软科学(2):58-61.

复旦DMG,2022. 中国地方政府数据开放报告(2021年度)[EB/OL]. [2022-02-10]. https://
   www.sohu.com/a/521755818_121124365.

傅长吉,邢静洋,2016. 论科学文化与科技发展的相互关系[J]. 理论界(1):112-116.

顾建峰,2021. 重庆智慧气象探索与实践[J]. 气象科技进展,11(2):32-38.

胡胜,曾沁,冯业荣,2008. 北京2008奥运会天气预报示范项目基本情况简介[J]. 广东气象,30
   (6):1-4.

胡欣,2021. 有关智慧气象服务云平台架构设计的思考[J]. 数字通信世界(11):9-11.

黄兴华,2008. 湖南省构建极端气象灾害预警评估技术体系[N]. 中国社会报,2008-08-19.

姜景玲,郭茂威,郝喜兰,2010. 交通行业服务标准体系研究[J]. 交通标准化(8):30-33.

兰红平,魏晓琳,李程,2013. 精细化预报预警平台在深圳的试验应用[J]. 气象科技进展,3(6):
   19-26.

兰红平,孙向明,梁碧玲,等,2009. 雷暴云团自动识别和边界相关追踪技术研究[J]. 气象,35(7):
   101-111.

兰红平,陈训来,孙向明,等,2010. 深圳市气象灾害分区预警系统研究[J]. 气象科技,38(5):
　629-634.

兰红平,刘敦训,孙石阳,等,2019. 构建精准化智能化预报服务体系的深圳实践和展望[J]. 气象
　科技进展(3):94-99.

李朝华,王磊,衡志炜,2020. 突发性强对流天气快速识别预警改进方法[J]. 高原山地气象研究,
　40(3):10-16.

李程,兰红平,曹春燕,等,2017. 深圳市恶劣天气呼叫系统的设计[J]. 广东气象,39(2):54-57.

李丽,崔宜少,张丰启,等,2015. 现行体制下提高专业气象服务能力的思考[J]. 气象研究与应用,
　36(1):122-125.

李上,2010. 公共服务标准化体系及评价模型研究[D]. 北京:中国矿业大学:31-101.

廖贤达,姚学民,黄学忠,2008. 行业气象服务要点探讨[J]. 气象研究与应用,29(4):86-88

林孔元,黄瑞祥,刘正光,等,1994. 气象预报智能系统集成化问题的研究[J]. 气象,20(6):39-42.

刘东禅,2004. 基于 webservice 的气象服务系统的研究[J]. 计算机工程,30(增刊):625-628.

刘东华,林霖,孙石阳,等,2022. 气象服务数据交易规则探析[J]. 科技视界(33):5-10.

刘敦训,桑瑞星,申丹娜,等,2017. 关于促进我国专业气象服务发展的思考[J]. 气象软科学(4):
　49-55.

刘敏,黄焕寅,张海燕,等,2008. 湖北省 2008 年初低温雨雪冰冻灾害气象预报服务总结和反思[J].
　暴雨灾害,27(2):172-173.

刘新伟,黄武斌,蒋盈沙,等,2021. 基于 LightGBM 算法的强对流天气分类识别研究[J]. 高原气
　象,40(4):909-918.

刘燕,2018. 气象预报服务的特点与改进建议探讨[J]. 气象科学,38(16):241.

马鹤年,沈国权,阮水根,等,2008. 气象服务学基础[M]. 北京:气象出版社:256-258.

马菊,张丽,石涛,等,2013. 安徽省物流专业气象服务集约化发展探索[J]. 科技创新导报(32):
　222-223.

马雷鸣,鲍旭炜,2017. 数值天气预报模式物理过程参数化方案的研究进展[J]. 地球科学进展,32
　(7):679-685.

马旭林,陆续,于月明,等,2014. 数值天气预报中集合——变分混合资料同化及其研究进展[J].
　热带气象学报,30(6):1188-1194.

迈尔-舍恩伯格,库克耶,2014. 大数据时代[M]. 盛杨燕,周涛,译. 杭州:浙江人民出版社:
　67-140.

苗开超,罗希昌,张淑静,等,2019. 基于色域分析的大雾图像特征提取与等级识别方法[J]. 科学
　技术与工程,19(35):228-233.

欧阳里程,张维,邝建新,等,2011. 广东省专业(行业)气象服务调查分析[J]. 广东气象,33(6):
　64-66.

全国服务标准化技术委员会,2009. 服务业组织标准化工作指南[M]. 北京:中国标准出版社:
　24-84.

邵学鹏,白秀芳,于宏君,等,2017. 专业气象服务现状及发展对策[J]. 乡村科技(33):84-85.

深圳市气象局,2007.2006 年"5.31"深圳市突发海事应急救援[EB/OL]. [2007-09-25]. http://

weather. sz. gov. cn/szsqxjwzgkml/szsqxjwzgkml/qt/yjgl/content/post_5614476. html.

深圳市气象局,2022a. 乘风破浪 70 载,不忘初心再出发——深圳气象 70 年发展系列之历程篇[EB/OL]. [2022-06-28]. http://weather. sz. gov. cn/zhuanti/szqx70year/ content/post_9927398. html.

深圳市气象局,2022b. 乘风破浪 70 载,不忘初心再出发——深圳气象 70 年发展系列之观测篇[EB/OL]. [2022-07-06]. http://weather. sz. gov. cn/zhuanti/szqx70year/ content/post_9927660. html.

深圳市气象局,2022c. 乘风破浪 70 载,不忘初心再出发——深圳气象 70 年发展系列之服务篇[EB/OL]. [2022-07-06]. http://weather. sz. gov. cn/zhuanti/szqx70year/ content/post_9928468. html.

深圳市气象局,2022d. 栉风沐雨 70 载 勠力同心筑防线 深圳气象支撑城市经济高质量发展再踏新征程[EB/OL]. [2022-07-01]. http://weather. sz. gov. cn/zhuanti/szqx70year/ content/post_9927399. html.

深圳市气象局,2023. 深圳市气象局 2022 年工作总结[EB/OL]. [2023-02-21]. http://weather. sz. gov. cn/mobile/xinxigongkai/guihuajihua/gongzuozongjie/content/post_10438129. html.

深圳市气象局,2023. 深圳市人民政府关于印发《深圳市加快推进气象高质量发展的若干措施》的通知[EB/OL]. [2023-08-18]. http://weather. sz. gov. cn/gkmlpt/content/10/10791/post_10791680. html ♯26032.

深圳市气象志编撰委员会,2020. 深圳市气象志[M]. 北京:气象出版社:104-116.

沈文海,2015. "智慧气象"内涵及特征分析[J]. 信息化研究(1):85-91.

施雅风,姜彤,苏布达,等,2004. 1984 年以来长江大洪水演变与气候变化关系初探[J]. 湖泊科学,16(4):291-292.

宋文娟,李立信,韩启光,2017. 香港天文台公共气象服务发展[J]. 气象科技进展,7(1):227-237.

孙石阳,2018. 气象软科学(2018)[M]. 北京:气象出版社:137-144.

孙石阳,辛源,2018. 当前专业气象服务转型发展思路探索[EB/OL]. [2018-10-24]. https://kns. cnki. net/kcms2/article/abstract? v＝NR7yonmY8oPZQJo7E2Lfd4zKEoUj0b7XJaSNQy5EfGa6seDcAUBpRx9y9eJx5yK _ zoIeTniYXEwqYWzKUFPBlgFC9X0gzFiE6EanyerH45PiSKjOeUTO2L-aeDYoPYwxIhNC90nu0d1Nps1zwSf5aA==＆uniplatform＝NZKPT＆language＝CHS

孙石阳,邱宗旭,唐小新,2011. 2011 年世界大学生运动会专业气象服务系统建模[J]. 广东气象,32(3):60-62.

孙石阳,周韶雄,余立平,2015. 标准化对突破气象服务可持续发展瓶颈的效用探讨与建议[J]. 中国标准化(3):86-90.

孙石阳,申丹娜,董昊,2019a. 基于质量发展的气象预报服务模型探索[J]. 气象科技进展,9(3):225-229.

孙石阳,申丹娜,李栋,等,2019b. 全球气象创新发展分析与启示[J]. 气象软科学(2):54-62.

孙石阳,邱宗旭,刘东华,2023a. 新形势下深圳市智慧气象服务高质量发展研究[M]//袁义才,陈凯,郭晨,陈晓宁. 深圳蓝皮书. B. 8:深圳智慧城市建设报告(2022). 北京:社会科学文献出版社:121-134.

孙石阳,苏琳智,刘东华,等,2023b. 气象风险识别的数字化耦合迭代技术及应用[J]. 气象与环境科学,46(4):104-111.

孙石阳,余立平,杨琳,等,2009. 2008 年极端天气对深圳高敏感行业的影响与气象灾害预评估策略实施[J]. 广东气象,31(5):31-35.

孙石阳,刘东华,邱宗旭,等,2012. 智能专业气象信息融合与服务系统初步探讨[J]. 广东气象
　(6):51-54.

孙石阳,余立平,邱宗旭,等,2013. 气象服务标准化实践及模式发展探讨[J]. 中国标准化(12):
　79-82.

孙石阳,兰红平,刘东华,等,2016."互联网+"物流交通气象服务系统研发及模式推广[C]. 西安:
　第33届中国气象学会年会:277-281.

孙石阳,周佐欢,苏琳智,等,2022. 深圳市数字化智慧交通气象服务系统的研用[J]. 广东气象
　(5):76-80.

汤绪,2014. 气象服务发展框架、方向与青年人的参与——基于WMO气象服务相关战略及计划的
　分析与思考[J]. 气象(3):261-268.

唐伟,周勇,王喆,等,2017. 气象预报应用人工智能的现状分析和影响初探[J]. 信息化研究(11):
　69-72.

万君,周月华,王迎迎,等,2007. 基于GIS的湖北省区域洪涝灾害风险评估方法研究[J]. 暴雨灾
　害,26(4):21-25.

万素琴,周月华,李兰,等,2008. 低温雨雪冰冻极端气候事件的多指标综合评估技术[J]. 气象,34
　(11):13-16.

汪银,2019. 大数据背景下气象信息传播力[J]. 中小企业管理与科技(上旬刊)(1):158-159.

王博,崔春光,彭涛,等,2007. 暴雨灾害风险评估与区划的研究现状与进展[J]. 暴雨灾害,26(3):
　28-31.

王明,刘文婷,陈英英,等,2021.FY-4A卫星夜间大雾识别及其在高速公路服务应用中的潜力分析
　[J]. 暴雨灾害,40(2):190-200.

王世川,曹俐莉,2009. 国际服务标准化的发展及借鉴[J]. 标准生活(11):28-29.

王新发,王玮琦,罗文英,2018. 专业气象服务现状及对策[J]. 山东工业技术(9):201.

王兴,朱彬,卞浩瑄,等,2019."互联网+"背景下我国智慧气象服务模式优化研究[J]. 中国管理信
　息化,22(23):135-137.

王兴,吕晶晶,王璐瑶,等,2021. 基于深度神经网络的强对流天气识别算法[J]. 科学技术与工程,
　21(7):2737-2746.

王兴,周娟,卞浩瑄,等,2020."互联网+"背景下智慧气象业务与服务众创架构研究[J]. 浙江气
　象,41(2):17-22.

王子昕,王咏青,张静,等,2022. 多源数据融合在强对流天气中地面风场的识别应用[J]. 高原气
　象,41(3):790-802.

吴涣萍,罗兵,王维国,等,2008.GIS技术在决策气象服务系统建设中的应用[J]. 应用气象学报,
　19(3):380-384.

吴乃庚,林良勋,李天然,等,2008.2008年初广东罕见低温雨雪冰冻天气的成因初探[J]. 广东气
　象,30(1):4-7.

吴越,杨蕾,2014. 破解气象业务现代化重大核心技术难题——中国气象局副局长宇如聪解读《方
　案》重点内容[N]. 中国气象报,2014-10-31(1).

武玉龙,付亚楠,2017. 智慧气象服务体系的研究综述与展望[J]. 现代经济信息(19):355.

武玉龙,付亚楠,刘旭阳,2017. 智能网格预报的研究评述与展望[J]. 内蒙古科技与经济(23):77-78.

肖芳,唐历,姜海如,2023. 深圳气象灾害防御先行示范的实践与启示[J]. 特区实践与理论(2):64-70.

谢梦莉,2007. 气象灾害风险因素分析与风险评估思路[J]. 气象与减灾研究,30(2):57-59.

徐建芬,蔡玉琴,陈学君,等,1999. 综合气象服务系统[J]. 甘肃气象,17(4):46-48.

徐雷,2011. 标准化提升公共服务质量与价值[J]. 质量与标准化(1):29-31.

许小峰,2018. 从物理模型到智能分析——降低天气预报不确定性的新探索[J]. 气象,44(3):341-349.

许懿,2022. 深圳气象局70周年——栉风沐雨70载,勠力同心筑防线[N]. 南方报业传媒集团南方＋客户端,2022-07-01.

杨新,白光弼,胡小宁,等,2013. 陕西气象服务标准化建设与管理[J]. 陕西气象(3):48-49.

姚力波,王仁礼,孟维然,等,2006. 基于Oracle Spatial空间数据库的GIS数据管理[J]. 测绘与空间地理信息,29(2):81-83.

殷剑敏,辜晓青,林春,2006. 寒露风灾害评估的空间分析模型研究[J]. 气象与减灾研究,29(3):30-34.

张朝明,2021. 基于位置服务的智慧气象信息服务系统开发与应用[J]. 电子元器件与信息技术,5(2):79-80.

张春野,2017. 探索科技创新标准化推动经济转型升级的思考[J]. 中国质量技术监督(2):66-67.

张后发,陈书丽,赵世发,等,2002. 建立高等级公路和城市道路气象服务系统的构想[J]. 气象教育与科技,24(1):21-23.

张来武,2018. 产业融合背景下六次产业的理论与实践[J]. 中国软科学(5):1-5.

张明兰,王晓燕,2009. 服务标准化的特征和对策研究[J]. 上海标准化(11):8-12.

张习科,孙石阳,刘东华. 推进气象数据要素交易试点改革的政策建议[M]//袁义才,陈凯,刘东华,陈晓宁. 深圳蓝皮书.B.5:深圳智慧城市建设报告(2023). 北京:社会科学文献出版社:80-90.

张翼,张润霖,庄聪,2022. 大型运动会场馆气象服务系统的设计与实现[J]. 广东气象,44(3):89-92.

张哲,陶建华,2006. 交通气象智能信息服务系统[J]. 交通运输系统工程与信息,6(6):163-168.

赵琳娜,马清云,杨贵名,等,2008.2008年初我国低温雨雪冰冻对重点行业的影响及致灾成因分析[J]. 气候与环境研究,13(4):556-561.

赵祖明,2013. 服务业组织标准体系建立实务[M]. 北京:中国标准出版社:11-68.

郑治斌,方虹,崔新强,等,2018. 气象服务供给侧结构性改革对策探析[J]. 现代农业科技(17):192-196.

中国气象报,2017. 气候众创平台实现科研向业务的华丽转身[EB/OL].[2017-09-07]. https://www.cma.gov.cn/2011xwzx/2011xqxxw/2011qxyw/201709/t20170907_448643.html.

中国气象局,2022. 中国气象局出台办法 加强气象数据共享服务与安全管理[EB/OL].[2022-05-28]. https://www.cma.gov.cn/2011xwzx/2011xqxxw/2011qxyw/202205/t20220528_4862213.html

钟儒祥,翁俊铿,张少通,2011. 基层台站气象服务如何开展[J]. 广东气象,33(2):56-58.

朱晓东,2012. 山东省服务业标准化发展模式及实践研究[D]. 济南:山东大学:18-54.

祝燕德,胡爱军,熊一鹏,等,2006. 经济发展与天气风险管理[M]. 北京:中国财政经济出版社:
90-91.

祝燕德,肖岩,廖玉芳,等,2010. 气象灾害预警机制与社会应急响应的思考[J]. 自然灾害学报
(4):191-194.

GUMBEL E J,2004. Statistics of Extremes[M]. Oversea Publishing House:27-198.

SUN S Y,2011. Making the pilot project standardization as an opportunity to develop Shenzhen me-
teorological service innovatively[J]. China Standardization(5):42-45.